本书系国家社会科学基金重大项目"中国西南少数民族灾害文化数据库建设"

（项目编号：17ZDA158）阶段性成果

本书受环境保护部科技司"中国当代环保史记编纂和资料整理研究"

（项目编号：0747—1561SITCA037）项目资助

本书系云南省哲学社会科学创新团队"西南边疆生态安全格局建设研究"科研项目

"云南生态安全屏障变迁及建设研究"（项目编号：2021CX04）阶段性成果

本书系第二批"云岭学者"培养项目"中国西南边疆发展环境监测及综合治理研究"

（项目编号：201512018）阶段性成果

高原城市湖泊流域的口述环境史

——以滇池流域为例

周　琼◎主编

科学出版社

北京

内 容 简 介

　　本书立足于滇池流域的地缘区位和资源优势，明确滇池的地位和作用，从口述史的角度积极探索探讨了滇池流域环境变迁研究的新视野、新方法、新路径，主要包括历史时期滇池的环境变迁、围海造田时期的滇池环境变迁、滇池的保护与再开发等方面的内容。此外，本书尝试总结和推广滇池流域环境保护的成功经验，探寻实现高原城市湖泊流域生态文明发展的新路径，为构建人与自然和谐相处的生态环境提供学术理论支持。

　　本书适合高等院校、科研机构从事历史学、生态学等专业的科研人员，以及从事环境保护和生态文明建设研究的相关专业师生阅读和参考。

图书在版编目（CIP）数据

高原城市湖泊流域的口述环境史——以滇池流域为例 / 周琼主编. —北京：科学出版社，2022.10
　　ISBN 978-7-03-073437-2

　　Ⅰ. ①高… Ⅱ. ①周… Ⅲ. ①滇池–流域–生态环境–历史–研究 Ⅳ. ①X321.274

中国版本图书馆 CIP 数据核字（2022）第 190327 号

责任编辑：任晓刚 / 责任校对：张亚丹
责任印制：张　伟 / 封面设计：润一文化

科 学 出 版 社 出版
北京东黄城根北街 16 号
邮政编码：100717
http://www.sciencep.com

北京虎彩文化传播有限公司 印刷
科学出版社发行　各地新华书店经销

*

2022 年 10 月第 一 版　开本：720×1000　1/16
2022 年 10 月第一次印刷　印张：14 3/4
字数：280 000
定价：98.00 元
（如有印装质量问题，我社负责调换）

前　言

　　滇池是云南省最大的淡水湖，也是西南第一高原湖泊，别称昆明湖、昆明池、滇南泽、滇海，湖面海拔约为 1887.5 米，平均水深约为 5.3 米，湖岸线长约为 163 千米，湖水面积约为 309.5 平方千米，蓄水量约为 15.6 亿立方米。滇池属典型的高原断裂构造湖，其封闭性特点决定了自身的抗干扰和自我修复能力较弱，湖泊生态也是一个脆弱性极强的系统，一旦破坏，治理、修复难度很大，这使滇池水域环境及生态系统的演替及变迁方向充满了不确定、偶然性及危险性。

　　云南省会昆明是以滇池为依托而发展起来高原湖泊型城市，昆明因滇池而兴，滇池因昆明的人文而驰名中外，仿佛一颗镶嵌在昆明心脏上的宝石，享有"高原明珠""昆明母亲湖"的美誉。滇池湖泊及其入池河道共 34 条，构成滇池流域区的主要水系，滋养着自司马迁撰写《史记》以后就聚居于此的"西南夷"。经过唐宋及元明清王朝的垦殖，滇池流域区最终成为"西南夷"地区的政治经济文化中心，在云南历史舞台上发挥着举足轻重的作用。滇池的水不仅孕育了聚居在昆明的人，也孕育了独属昆明的政治、经济、文化及生态系统，滇池及其生态系统的兴替存废，对云南、中国及全球高原湖泊有着举足轻重的影响。滇池环境及其水域生态系统的保护，也就成为云南省及昆明市生态文明建设、生态城市建设任务中的重中之重。

　　20 世纪 70—80 年代开展的"围海造田"工程，滇池附近的标准农田和居民用地不断扩大，森林覆盖连年降低，研究数据显示，1953—1982 年滇池湖滨地带的森林覆盖率从 59% 下降至 16.5%。由于当时缺乏专业有效的湖泊保护机制及措施、人们环境保护意识的淡薄，生活污水、工业废水和农业生产废水不加节制地直接排入滇池。滇池一时之间成为昆明的污水废水的接纳地，湖水遭受了严重的污染，富营养化特点突出，湖中藻类过度繁殖，水质急剧恶化。20世纪90年代后，伴随昆明城市化建设水平的不断提高和流域内人口的急剧增加，人类活动对滇池沿岸生态环境的负面影响日益显现，滇池水体富营养化的情况逐渐加重，水质日益劣化，在短期内就沦落为我国污染最严重的淡水湖泊之一，"20世纪50年代淘米洗菜，60年代摸虾做菜，70年代游泳痛快，80年代水质变坏，90年代风光不再"，这首广泛流传的昆明民谣，是滇池水质劣化及生态变迁的真实写照。此期，滇池流域水污染源主要包括陆域点源、农业农村面源、城市面源和水土流失，滇池治理亟待进行。

20世纪80年代末期开始，滇池生态环境的保护治理就提上了中央和地方政府的议程，从"九五"时期开始，滇池被列为全国重点治理的污染型湖泊，治理经费及人力物力的投入不断增加，但其难度之大、任务之艰巨远超人们的想象。"九五"后连续5个五年规划中，滇池治理均被纳入国家重点流域治理的规划项目中，1996年后先后投入治理资金500多亿元。

湖泊治理及其生态恢复所特有的复杂性、长期性、艰巨性，决定了滇池治理是个任重道远的事业。在这个漫长的过程中，仅靠政府的投入及官方治理机制的建设及推进是远远不够的，公众的自发参与，尤其是公民的环境保护意识的培育和参与治理的积极主动程度，对滇池治理和保护的成效具有举足轻重的意义。

从20世纪90年代开始，云南省、昆明市全面打响了"高原明珠保卫战"，"全民参与滇池治理"作为重点项目被纳入滇池治理的措施之中。其间出现了很多与滇池治理及环境保护相关的精彩故事，涌现出一个个滇池生态保护的优秀人物。如何记录、谱写滇池生态环境保护中最有意义、最具资鉴价值的篇章，成为现当代滇池环境史研究者的责任。

经过20多年的努力，滇池水污染治理和生态环境保护治理取得了阶段性成效。据滇池治理情况的连续性新闻报道，2016年滇池外海和草海水质类别由劣V类提升为V类，实现了20多年来的首次突破，2017年滇池全湖水质类别保持为V类，2018年滇池全湖水质达到Ⅳ类，草海稳定达到V类，为1988年建立滇池水质数据监测30余年以来的最好水质。2020年滇池湖体富营养水平明显降低，蓝藻水华明显减轻，流域生态环境明显改善，滇池外海水质稳定达到Ⅳ类，主要入湖河流稳定达到V类以上，7个集中式饮用水源地水质稳定达标。2022年是"十四五"滇池保护治理项目实施的关键之年，昆明市财政局下达省级补助资金6亿元，积极推动滇池保护治理的进程。

事实上，从 1949—1996 年的启动治滇到 1996—2015 年的大力治滇，再到 2015 年以来的精准治滇，通过采取一系列强有力的滇池环境污染治理创新举措，形成了"科学治滇、系统治滇、集约治滇、依法治滇"的新思路，使滇池生态保护治理经历了以牺牲生态环境为代价换取经济发展到投入巨资治理滇池换取美好生态，再到"退、减、调、治、管"构建滇池健康生态系统的根本性转变。滇池水质及滇池流域生态环境的改善，不仅给滇池和春城昆明带来了新的活力，也为昆明高质量发展注入了生态底色。

目前，滇池保护治理是云南生态文明建设过程中"最大的民生工程"之一。2015 年初，习近平总书记在云南考察时提出"争当全国生态文明建设排头兵"的殷切希望。滇池治理无疑是云南生态文明排头兵建设中无法回避的课题。2020 年 1 月 20 日，习近平总书记在滇池星海半岛生态湿地考察时指出："滇池是镶嵌在昆明的一颗宝石，要拿出咬定青山不放松的劲头，按照山水林田湖草是一个生命共同体的理念，加强综合治理、系统治理、源头治理，再接再厉，把滇池治理工作做得更好。"①2021 年 6 月，为认真贯彻习近平生态文明思想和习近平总书记考察云南时的重要讲话精神，昆明市滇池管理局牵头组织编制并发布《滇池流域水环境保护治理"十四五"规划（2021—2025 年）》，推动了滇池保护治理向纵深方向发展。2022 年 4 月，《云南省"十四五"区域协调发展规划》提出，要"像保护眼睛一样保护滇池，坚持依法治湖，全面落实"退、减、调、治、管"工作要求，改变环湖开发格局，着力解决城区雨污分流问题，狠抓面源污染治理，抓好补水系统建设，让滇池重放'高原明珠'光彩"。

这些历史场景及过程、政策及措施，都需要采集、记录、整理后才能进入历史，但由于历史记录存在偶然性的特点，很多重要场景不一定能够被记录下来，滇池环境变迁及治理、保护过程中的很多细节，也散落在民间、在人们的记忆中。于是，搜集、记录这些宝贵的重要历史侧面，就成为促动滇池环境口述史开展的源点之一。滇池污染及治污的历史，对昆明、云南、中国来说，记忆极为深刻，教训也极为惨痛，搜集资料、书写历史尤其是研究湖泊治理的历史，成为现当代生态文明建设中环境史学的重要任务。通过口述的方式搜集来自民间的湖泊环境变迁资料，无疑成为当代滇池环境史书写、昆明生态文明文化建设的基本任务。

近 40 年来，基于现代科学理念的环境保护事业由艰难草创到初步成型，中

---

① 《习近平春节前夕赴云南看望慰问各族干部群众 向全国各族人民致以美好的新春祝福 祝各族人民生活越来越好祝祖国欣欣向荣》，《人民日报》2020 年 1 月 22 日，第 1 版。

国人民特别是环保战线的同志，在党中央正确领导下表现出卓越的开创精神，并取得了举世瞩目的成就，同时也经历了许多艰难和曲折，这段历史需要反思。运用跨学科的研究方法真实地记录生态环境变迁及保护实践的历史事实，系统总结此前生态环境保护的经验和教训，对进一步推动环境保护和生态文明建设事业更加科学、有序和全面、深入地展开，具有非常重要的意义。

口述访谈是近期以来兴起的一种新史学方法，尤其适用于现当代史的研究。对今人来说，它是根据重要事件的亲历者和当事人的记忆与口述，记录一段近期详细、真实历史的方法；对后世来说，它是由当时人说当时事，通过当面访谈、笔录，保存参与者、亲历者提供的关于重要事件的第一手史料。

2016年，国家环境保护部委托南开大学生态文明研究院王利华教授领衔的"当代环境保护史"项目组负责"环境宣传教育工作—科普工作"专项项目"中国当代环保史记编纂和资料整理研究"，"滇池口述环境史"有幸成为王利华教授项目的试点案例，开始组建团队开展调研访谈工作。在王利华教授的指导下，原西南环境史研究所成员由此开始在周末、假期进行高原湖泊口述环境史系列调研活动，不间断地深入滇池及周边地区开展采访、调研活动，每届入学的博士硕士研究生、大三大四的以环境史为学年论文方向的本科生都参与其中。在组建滇池环境口述史调研小组时，特别跟成员说明了工作的宗旨、目的及要求：第一，为省外就读昆明的学生提供一个走近、认识滇池及其环境实况并见证滇池治理成效的机会；第二，为培养学生对环境史及湖泊生态、高原水环境史的兴趣，从自身的实践及感悟中，找到并掌握环境口述史田野调研的路径及方法。

小组成员以滇池生态环境变迁、保护及污染、治理的历史为核心主旨，寻找一些具有典型性、代表性的案例及人物、单位进行访谈，以"抢救式"的方式及目的，尽量多地获取及记录资料。先后进行了40余期的口述访谈、资料搜集整理，并亲自到一些典型变迁地进行实地考察和调研，力求能够找到全面展现滇池做生态变迁过程中的典型案例，展现其中的一些具体场景，发掘其在当代中国环境保护史中的独特性、在滇池生态环境变迁及其保护中、在云南生态文明排头兵建设中的重要价值，为研究者提供第一手材料，为政府进行高原湖泊水域环境保护及治理提供可供资鉴的经验，也为广大爱护滇池的人打开一扇可参与、可回顾的门。

虽然访谈的过程艰辛曲折，在实践中摸索、学习和感悟的个别访谈也缺乏专业性及深刻的思想性，使我们的调研工程及资料搜集存在着一些无法避免的遗憾，但无论是举办环境口述史的学术会议，还是到相关村寨去访谈，都得到了各领域师友们的鼎力支持，也得到了熟悉滇池环境的老师们、专家们的帮助，让小组成员了解到了一些滇池环境变迁中的特殊细节……每次想起这些情谊，都会让人感动，让人对滇池治理及保护中奉献了自己的青春和汗水的人们心怀敬意，让人一次次对国家及相关部门进行的生态文明建设、滇池生态修复行动及生态成效心生赞赏。当然也为一些生态破坏的现状及案例感到痛心疾首，环境史学的使命感及责任感也由此更加强烈，希望带动团队成员透过历史事实，认清水域环境的现实，总结经验教训，思考目前存在的问题及解决方法的决心也更加强烈。

2017 年以来原西南环境史研究团队在滇池污染治理和生态环境变迁开展的实地田野调查中，收集了大量的第一手口述访谈史料。由于参与调研的同学经历的访谈对象不同，得到的资料详略不一，期间成员不断毕业，新成员也不断加入，形成了一个充满活力，具有流动性、机动性特点的滇池环境口述史小组。每个学生调研访谈都会产生五个资料：照片、录音、日志、录像、调研报告。学生在进行口述访谈资料的采集、记录、书写、整理的过程中，切实地感受到了环境口述史及史料书写的不容易。当然，团队成员在其中的辛苦和坚韧，也是让人心疼及感动的，看到孩子们的努力及付出，我常常为之感动，也感受到环境史学的使命及魅力。不能忘记的一些细节，常常在夜深人静的时候涌进记忆的大门，虽然结果不尽如人意，但我们却真实地努力、奋进过！

在项目组的实践及参与下，原西南环境史研究团队于 2018 年 9 月 21—23 日与《生态民族文化》编辑部联合组织举办了第八届原生态民族文化高峰论坛"口述环境史：理论方法与实践"学术会议，2018 年 12 月 28 日举办了云南省第十二届社会科学学术年会暨庆祝改革开放 40 周年生态文明建设专场"口述、图像与环境变迁：滇池生态文明建设实践"学术研讨会。与会专家学者分别就"习近平生态文明思想与滇池生态文明建设""滇池生态治理与昆明生态文明建设""图像与滇池环境变迁""口述记忆中的滇池环境变迁""滇池环境变迁与城市生态文明建设""'滇池模式'与高原湖泊治理研究"等相关主题和议题进行了深入的讨论和交流，为深入探讨滇池生态环境变迁的历史和理解滇池治理对云南生态文明排头兵建设提供了有益的指导。

当代环境保护和生态文明建设是一项前所未有的历史伟业，系统地记录和见证其发展经历，为之采集、保存史料、撰修史志，是一个十分重要且有价值的文化事业。书写历史不仅是为了牢记过去、追念先贤，更重要的是总结经验教训，积淀文化知识，教育激励后人，为建设人与自然和谐共生的生态共同体贡献绵薄之力。毋庸置疑，口述环境史作为新兴的学术增长点，必将有益于中国当代生态环境保护史的研究及理论探讨的深化，也能为新时代生态文明建设提供重要的资鉴材料。

　　如何思考人类活动对滇池生态环境的影响，一直是学界普遍关注的焦点。本书汇集大量第一手访谈资料，不仅记录了滇池环境变迁及治理中的一些重要的历史性时刻及侧面，充实、丰富高原湖泊环境变迁及治理史的内容，还能够发挥史学的资鉴功能，为决策部门提供有价值的背景材料，也能为社会公众提供真实可信、贴近现场的湖泊环境变迁史知识，有利于形成生态文明建设及湖泊生态治理的正确舆论导向。冀望这本薄薄的原西南环境史研究团队凭借实地调研方法采集、整理、汇编的当代滇池生态环境保护口述史料的面世，能助力于社会公众深入了解和感悟滇池流域重要环境保护事件的具体过程与细节，保留有血、有肉和有情感的鲜活史料，更激发其参与、投入滇池环境保护及治理的具体行动，为世界高原湖泊水域环境保护及治理提供贴近真实的案例。

目　　录

第一章　历史以来的滇池环境变迁

作为云贵高原最大的湖泊，位于昆明市的滇池曾被誉为"滇南泽"，是美丽云南美丽湖泊的重要象征。"50年代淘米洗菜，60年代摸虾做菜，70年代游泳畅快，80年代水质变坏，90年代风光不在，现今时代依然受害"，这一句关于滇池水质变化的民谣，充分地反映了滇池水质环境变化的大致历程。

第一节　滇池生态环境变迁与外域调水工程①

一、历史时期滇池的环境变迁

袁：文主任，您好！我们是云南大学西南环境史研究所的学生，最近本校老师承担了云南大学服务云南实现"生态文明建设的云南模式"课题，以及南开大学承担的环境保护部的一个课题，需要针对滇池的治理与保护进行一个口述访谈。首先特别感谢您在百忙之中抽空接受我们的访谈！请问，历史时期滇池的环境是怎样变迁的？

文：如果要将滇池的治理与保护纳入国家环保志的研究中，那么，使用的数据必须要经得起历史的考证和推敲，相关数据需要非常准确，依据要非常充分。通过口述访谈的资料，我个人觉得不太可靠，推荐您一部书——《滇池志》，书稿正在编撰，已经快成型定稿，并马上印刷发行。因为它里面阐述的内容十

---

① 受访人：文维，男，四川人，1969年生，军伍出身，现任昆明市滇池管理局离退休办公室主任。主访人：曹津永、袁晓仙。协访人：米善军、巴雪艳。整理者：袁晓仙、曹津永。时间：2017年9月7日上午8：30—10：30。地点：昆明市滇池管理局1楼103室会议室。

分丰富，从侏罗纪时代，也就是地质时代就开始叙述，很完整，对滇池的环境变迁和治理保护都有非常系统的介绍。

曹：《滇池志》是咱们局里面负责的吗？能给我们介绍一下《滇池志》编撰的情况吗？

文：《滇池志》的编撰由滇池研究会负责，这是一个社团组织，大多是由我们这边退休的老干部组成的，都是一些长期从事滇池治理保护的老前辈，具体情况，我可以给你协调。要完成你的项目，看《滇池志》就足够了。

历史时期滇池的治理与变迁，我知道的大概情况是这样的：在1亿多年前，滇池是高原湖泊，由喀斯特地貌变化以后成为滇池。当时的滇池很宽，大观楼的长联就是一个有利的证据。滇池的宽阔还可以通过这些老的建筑、施工，以及老人口口相传的传说和故事来证明。滇池的湖面到底有多宽呢？现在的螺蛳湾、老骡子湾（环城南路附近）、篆塘码头等地方都是水，这些地方可以开船过去。1亿年前滇池的出海口在晋宁，现在还能看到曾经冲刷的痕迹。经过地壳的变化，滇池现在只有一个出海口——海口河。

20世纪90年代末至21世纪初，滇池污染特别严重，所以就重新开了一个口，就是在草海附近修建的西园人工隧道①。当时滇池的蓝藻暴发非常严重，蓝藻有一尺多厚，一块石头扔到水里面见不到波浪，只能听到打在蓝藻上的声音。除了蓝藻暴发严重外，当时的水葫芦也特别多，大观河的船都开不动。市委市政府开始重视这个问题，在西园隧道那边人工开凿了一个口，这个口有两个功能，一是泄洪，二是排污。因为当时的排污水平达不到城市发展的需求，污染只能往下游转移。

以前的滇池确实很宽，现在没有那么宽了，它的湖岸线只有163千米。它的水质变化的历程大概也就是这个样子。我是20世纪80年代回来的，当时滇池的水非常清，像海埂公园这些地方还可以游泳。纪念毛主席游长江的时候，昆明有很多人在里面游泳，这个照片昆明图书馆肯定有，在海东湿地那边也有，那里有好多照片，能说明当时的水质非常好。20世纪80年代以前，当时的滇池是整个昆明市饮用水的来源。1997年以前滇池的水非常好，当时的鱼类非常多，我们统计有120多种，现在正慢慢地减少。

二、滇池污染的主要原因和治理措施

袁：那您觉得造成滇池水质在20世纪90年代变差，以及水生生物减少的

---

① 西园人工隧道是滇池草海和外海相接的地方，是一条人工修建的排水隧道，于1996年投入运行。

原因有哪些?

文:滇池污染和水生生物减少的主要原因:第一个污染原因是城市的扩大。当时的大观楼、东风广场附近都是农田,但随着城市的扩张,这些地方的农田都被占用。不仅如此,天然的湿地屏障也被占用。要知道,当时的湿地和农田在当时起到了一个非常好的净化作用。第二个污染原因就是城市居民的污染。随着生活水平和生活质量的提高,现在家家户户都是马桶,这就意味着家家户户都是滇池的污染源,因为人的粪便污染物是直接排入滇池的。原来小区里面都是旱厕,当时旱厕的粪便可以用来做农田的肥料,不可能直接排入滇池,这样既增加了土壤肥力,也减少了滇池的氮磷污染。现在人人都是污染源,因为滇池是在城市的下游,所有人的吃喝拉撒都往里面排,这是造成污染的第二个原因。第三个污染原因就是工业的污染。当时的城里面有很多工厂,各种化工厂、造纸厂、养殖厂等都往里面排废水,2005年以前,大多数的工业都在昆明市主城区里面。为了减少工业污染源,2005年以后,政府要求工厂迁出城区,成绩比较突出的是2008年,当时市委、市政府要求工厂必须全部搬迁、彻底搬迁,(实现)工业园区化、养殖郊区化,实行全面禁养、全面截污。大家想想看,天晴的时候,平时产生的污染积累在沟渠里面,下大雨的时候就往沟里面冲,全部冲下去。第四个污染原因是人为的原因。当时昆明市处理污水的意识比较落后,没有环保这个观念,我们在你们这个年龄的时候,就没有听过这个说法。滇池的污染实际上都是人为造成的。当时,这个城市的基础设施很差,管网基本上没有,就挖一个简单的沟渠,这个沟渠也不清理,臭水到处漫。因为它的设施不够全,居民污水排不出来。城市管网的配置很低,像大城市的管网,汽车都能开得进去,昆明这样的管网很少。这几年基本上得到完善,其中投资也不少,基础设施包括管网的重新布置、环湖截污,河的清淤和截污都投入了大量的工程来治理。你看现在的河都变清了,原来的河基本上都是臭水河,这大概是整个污染情况。

袁:针对如此严重的污染状况,当时云南省政府这边主要采取了哪些治理措施?其成效如何?

文:市委、市政府的重视是从1997年开始的,当时成立了一个滇池保护委员会,由市委书记等负责,滇池管理局的前身也就是滇池保护委员会。当时成立的时候,滇池的污染已经非常严重了。这个机构成立以后,主要做了三项工作。第一项工作是摸底排查,包括污染的来源、污染的程度。每年都会组织召开相关的污染通报会,并形成一个报告。第二项工作是人工开凿西园隧道。西园隧道是一个非常大的工程。第三项工作是底泥疏浚。当时底下的淤泥很厚,气温高了以后，泛出气沫，全是沼气。

三、滇池底泥疏浚工程和技术演变

袁：底泥疏浚施工是从什么时候开始？是如何操作的？底泥弄出来是做什么呢？

文：关注底泥的人和机构很多，有科研院所，有公司，包括外国企业。因为底泥大多数是微生物死了以后，尸体沉积在湖底形成的，实际上里面的营养非常丰富。当时科学技术水平不高，底泥拿出来以后，含水量有90%，黏稠度很高，把水分抽离出来太困难。运走的话，运输太困难，固化的话，当时的技术又达不到。现在的技术可以固化了，有的是做固体肥料，但是里面有很多有害物质，拿去改良土壤，要加固化剂，这样放在土壤里面，反而会造成土壤板结，是有矛盾的。因此，如何利用和运输底泥都是非常困难的。

第一期的时候，底泥的水泥分离主要是通过自然风干。因为当时还没有固化技术，底泥不加固化剂又固化不了，只能等到自然风干，由于水分含量很高，风干的时间跨度太长。而且，风干之后存在的一个问题是，表皮干掉了，风一吹，那风干的泥就到处飞，而这层风干的泥下面还是像沼泽一样，因为它的水蒸发不出来。也就是说，哪怕是风干十几年，也只能一层一层晒干表层，由于底泥黏稠，水分无法蒸发，风干的泥一下子就被风吹走了，而下面的淤泥还是像沼泽一样。当时的底泥是堆在积善村的，淤泥被抽泥机抽上来后，采用风干的方式，类似于做豆腐，弄一个塘，用纱布一样的围塘围起来，将像海绵垫一样的东西垫在上面，用沙包垒高，直接将底泥抽起来，抽在网里面，然后晒太阳，直接用太阳蒸发，四五年以后，表皮就干掉了，但地下还是不行，四五年不能彻底干。如果人为不干预的话，我估计十年也干不了。它就像沼泽的情况，上面还可以走，但是有些危险，一旦掉下去，就难以爬起来。采取风干的方式，淤泥一般四五年都不会干，即使表面干了，里面也不会干。你们可以想象一下沼泽是怎么形成的。

有个商人就比较有眼光，这个商人是苏永安，也就是云安集团的老董事长，他看到了这一片地，觉得这一片地有商机。他说，我把这片地免费给你们管起来，政府不用承担责任，也不开支费用，然后政府就把地承包给他了。结果他拿来就全部种植苗圃，就是种树，种的苗圃又卖给政府，赚了一大笔钱，2011年开口要11个亿。2006—2007年开始管的，种的树因营养充足而疯长，根系用底泥抓牢，那个树根窜得很快，整个一片底泥上全是树根，纵横交错，编织得非常牢，树可以吸收一些水分。不然，底泥晒干后，你走到上面，风一吹全是粉末，因为都干掉了。你们有时间可以去看一下，就是新运粮河的草海入口，那里面有大片大片的苗圃，这是唯一一家，至少有一千亩①以上，深度有 1.5 米左右。现在底泥清淤已经到了第四期，我前面讲的是第一期。第一期是以草海为主。

袁：文主任，能给我们介绍一下第二期、第三期涉及的工程吗？

文：现在底泥清淤采取固化剂加压。第二期还是风干，场地在东风坝。第二期在 2004 年至 2005 年中旬。大概在这个时间，时间不差半年。第二期还是自然风干，这个时候有了技术雏形，但仍不能资源化利用。大家就开始商量这个事情。老式的处理方式占地，也不能资源化利用，觉得很可惜。做了很多探讨，没有成功。到了第三期就成功了，第三期的地点在观音山，那个地方有一个很大的底泥处置场地。底泥处理分很多程序，先把底泥抽起来放在一个大池里，加固化剂、沉淀剂，用设备在地下一刮，然后用高压一夹，夹压成型，压力很大，估计有几十个大气压，但是含水量还是很高，有 60%—70%，然后堆在工人疗养院的山上，就是昆明到海口的老路，现在的富善村一带。有很多人就考虑做这个文章，一个就是肥料，但它里面还是有一些有害物质，用来进行农业种植也不太放心。第二种就是焚烧发电。它里面含的碳氢比较高，但是现在的技术没有达到。一个是底泥始终是有限的，会入不敷出，不可持续，主要是用水泵抽，而且 24 小时不间断，因为一旦停止，底泥干了就会损坏水泵。还有一个就是做空心砖。加些水泥做空心砖，但是强度可能不行，这个经过试验是不行的。第三期以入湖口清淤为主，第四期往滇池里面纵深。

曹：底泥疏浚工程从第一期到第四期，中间有机构变迁吗？

文：第一、二期主要是滇管办管理，滇池管理局是 2002 年 4 月 20 号成立的。城管划了一部分、水务划了一部分，还有世界银行贷款办公室。机构是 1997 年就成立了，但滇管办的力度不够，它是一个临时机构，2002 年成立了一个市委市政府的职能部门。

曹：能不能给我们介绍一下您的工作经历？

文：我是四川人，是从部队下来的，原来在曲靖军分区工作，已在滇池管理局工作 14 年。

曹：您在滇池管理局工作，可以给我们介绍一些之前进行滇池治理保护相关的管理人员或技术人员吗？

文：管理人员不太清楚，技术人员可能不愿意跟你们多说。在我看来，滇

---

① 1 亩≈666.7 平方米。

池是高原湖泊治理之首。

四、生态文明概念的整体性

文：你们是如何理解生态文明的？

曹：按照国家的说法，生态文明是自上而下提出来的，国家把它定位为农业文明、工业文明之后的一种文明形态，这是一种理念，更多的是落实到实际生活中，一种形态如何与社会对接，把整个人类推向一种新的文明发展的理念。这个生态文明核心有三个要素，第一个是可持续，第二个是以人为中心，第三个包括整个生态系统。

文：站在不同的角度就有不同的解释方法，如果站在科学家的角度讲，生态文明应该用数字讲话。时任昆明市委主要负责人说："一切自然的东西都是美好的。"湿地多少，森林多少，生物的种类多少，比例多少？高原、热带、平原，在不同的地方比例不一样。一切自然的东西都是美好的东西，生态文明不能仅仅以人为中心，它是生物、空间、时间可持续的发展，它是有文化的，是植物、动物等的平等。光看有树有水不一定是文明，要里面有说法、有故事。它本来是一个喀斯特地貌，你偏偏将其干涉成为人工湖，这个就不文明、就不自然了。

生态文明的可持续是一个必然的要素，它是生物链与生物链的相互依赖，像非洲的大草原，它就是文明的。凡是加入人为因素，那个东西叫不叫文明就值得推敲了。举个例子，如国家公园，它应该算是生态文明的眼睛，小的生态文明就像国家公园。滇池很小，甚至可以忽略，但是生态文明是一个整体。例如，国家公园就是"生态文明的眼睛"；又如，最近的"一方水土养一方人"，最主要还是要提升人的幸福指数，再就是和谐社会，人与人之间的和谐友善；生态文明，人与自然和谐发展的一种提法。举个例子，你们说高黎贡山是生态文明的吗？（在我看来这只是生态，还说不上文明。）

曹：无论是人还是自然环境，首先强调的是发展。整个的社会发展是要不断往前面走的，人的发展在考虑成本的时候，更要考虑自然环境、和谐程度及可持续性。

文：应该用三句话来说：山清水秀、人文和谐、经济发展。

五、昆明城市化发展与滇池治理的关系

袁：滇池以前是在草海片区围海造田，现在随着城市化的扩张，滇池被围起来了。以前可以说是围海造田，现在可以说是围湖造城。针对这种状况，如何来协调您说的三条？虽然有很多物理工程，但是不能解决根本问题。目前，

有一些科研论文提出滇池已经进入晚期，其自我更新、自我净化的能力已经很脆弱。请问：您觉得在这种情况下，仅仅依靠物理工程治理污染，这样的路能走多远？

文：滇池是高原湖泊，因此就无所谓内湖、外湖，这个提法值得推敲。滇池进入晚期这个说法也不准确。你没有依据说它已进入晚期。任何自然规律都有一个中年、老年，有一个发生、发展的时期，但是以什么东西来界定这个阶段，滇池什么年代算老期等不能确定。滇池要恢复，实际上并没有我们想象得那么难，有几个因素要考虑。它的净化能力有多少，它需要一些什么净化因素，生物类、植物类需要哪些，只要具备这些条件，滇池就是好的。一旦将它破坏掉，就会导致人与自然不和谐，它就不文明了。

这个城市肯定不能无限制地膨胀，无限制地膨胀是有问题的。之前水利部有个教授带着他的研究生们来考察滇池的治理情况，我当时就向他提问："滇池调水，是不是水进来以后，滇池就会变好？您是怎么看的？"他当时也没给我直接的答复，反而询问我的看法。然后我就说了我的看法，第一，关于滇池引水。一是滇池引水是否只是专门针对治理滇池，如果只是治理滇池，那么方法有很多，拿个管道每天放水，1 吨水 3.8 元，这个资金投入太大。二是引水，那么沿途这些村镇、村民的生活有无改善，如有没有考虑到人工湖、景观、地质、灌溉等这样一个综合效应。现在很多地方穷，根本原因是没有水，如果有水，生态环境就有可能改善。所以有时候必须批评一下有些专家做事太急功近利，必须要用科学数字说话。第二，关于进水口问题。引水入滇池的进口只有一个，就是盘龙江的入湖口，其他地方常常会涉及回水问题，因为湖水不流动，仍旧有污水，所以建议应该多几个进口，让水动起来。

滇池现在从牛栏江调水，1 吨水 3.8 元，每天放水 100 多万吨，这个不得了。引水过来以后，沿途的居民生活有改善没有？沿途是不是可以建一些湖，有景观、农业用水、养殖、畜牧业用水？农耕条件是不是可以改善？综合效益会不会提高？光是引一根管子，冲不起。滇池调水是一样的。入湖的进口只有一个，这个是有问题的。滇池 309 平方千米，用水冲，很多地方的水是冲不走的，为何从蓝藻变湖臭？就是因为水不动。多引几个进口，景观也改善了，水也动起来了。水没有被充分利用，这个是在设计上有失误。顶层设计有一些问题，从国家到省、市这个层面是要有战略眼光的，光追求当前的国内生产总值是不行的，城市发展到底能容纳多少人？滇池就这么大，人都有临水而居的习惯，都往滇池周边来居住，多多少少会有污染。

城市到底该如何发展？我认为城市的发展，关键还是在顶层设计。现在的规划从国家—省—市而言，缺乏战略眼光，如昆明市，在清朝的时候只有 10 多万人，而现在估计都有 1000 万人，昆明市到底能容纳多少人？主城区 200 万—300 万人，滇池污染是可治理的，如果在 500 万人以上，治理就变得很困难了，那么多人排放了多少污水？所以现在的卫星城显得尤为重要，如晋宁就可以往玉溪方向发展，海口可往安宁方向发展，东边还有嵩明，可以延伸拓展。城市的布局要进行很好的定位，昆明主城区主要是旅游，郊区还是要发展一定的农业、工业，一个城市没有工业是不行的，还必须依靠"工业强市"。

清朝的时候，滇池为何那么好？它只有 10 多万人，东风西路、五华山、翠湖、一二一大街这些地方都是郊外，东岳庙、西岳庙、南岳庙都是有庙的。城市的污水处理能力如何？卫星城市的发展是对的，工业园区往安宁发展，城市的布局很关键。卫星城市怎么发展？工业、旅游如何发展？主城区主要是搞旅游，郊区搞农庄，还要搞工业。一个城市没有工业是不行的，工业强市是必然的。

巴：文主任，您主要负责离退休干部这一部分工作，您还能帮我们介绍一些已经退休，但是参与了滇池的污染与治理过程的退休干部吗？之前在大观河做访谈时，得知了一位叫张凤宝的老人，听说他之前是西山区的区长，后又升任到滇池管理局，主要负责滇池的治理，您能帮我们引荐一下吗？

文：嗯，张凤宝之前主要是负责这一块工作，他之前任西山区的区长，后来调到滇池管理办公室，是我们的第一任滇池管理办公室主任，现在有 70 多岁了，他现在老了，不太方便和你们聊，但是有个副主任，他当时也负责了滇池的治理，退休后牵头成立了一个滇池保护协会，现在主要负责《滇池志》的编撰。

在我看来，滇池的主打依旧是旅游，没有感到有什么可以看的东西，如金马坊广场，就两个牌坊，没有文化深度。昆明要发展好，还是要考虑如何留住人（游客），关键是抓好人文牌（具体包括民族牌、历史牌、古迹牌）。制度建立好了，再加上硬件设施弄好，做好系统牵头。你看之前的古滇建设，想法是好的，但破坏了后边的发展。在我看来，还应抓住湖岸线一周，可以设置成人工栈道，这样的话，更多的游人就可以看文化游滇池，每天做好人流量的控制。湖岸线周边可以延伸一些支线栈道，如斗南花卉一条、晋宁郑和公园一条、海口工业园区一条、马村西南最大的小商品交易一条。这样的话，可以带动沿线经济增长，也可以提升昆明的城市品位，但是依旧有很多人对文明的理解程度很肤浅。

除此之外，在我看来，对于滇池的治理，可以从昆明城的 30 多条河流入手。

原来有好多明河，现在都不在了，我们必须把暗河打通，就一条河一条河地弄，不要全面铺开，一年把一条河治理好，慢慢地，滇池也就治理得更好了。其实，这和你们做学问一样，一个一个地做清楚、搞透彻，还有善于独立思考，做事前先做好人。

巴：文主任，您说得都很有道理。今天很感谢您给我们提供了这么多信息，特别感谢您的帮助，以后还得继续麻烦您帮我们介绍了解相关情况的人，以及帮我们提供一些关于《滇池志》等资料，谢谢您的帮忙。

第二节　滇池生态环境变迁与治理千年沧桑之路①

一、《滇池沧桑——千年环境史的视野》写作背景

董：曹老师以及各位学弟、学妹们，很高兴你们到昆明学院来，欢迎大家！一直都盼望大家能够过来，因为周老师带领的团队非常好。我的时间虽然不多，但是会尽我最大的努力来做，好不好我们再说，但是会尽力。滇池治理方面，这几年我几乎没有做，但是我看我们这个团队，最近时间做了许多调研，这个非常有意思，本来要找时间向你们请教的，做得非常好。

曹：今天非常荣幸我们能够有机会向董老师学习，也非常感谢董老师，百忙之中为我们指导。董老师，我们这边主要有两件事情。一个就是滇池的治理，可能放在生态文明建设里边。另外一个就是王利华老师，他承担的一个项目：中华人民共和国成立以后的环境史，他想把滇池的治理作为一个案例放到里面。现在还在进行资料收集。如果做得比较成熟，可能会把它放到里面。大概就是这么两件事情。董老师，您在滇池的研究方面已经是专家了，所以我们希望您给我们指导指导，听听您的意见，然后我们有一些问题想跟您交流交流，我们学习一下。形式上没有要求，如果我们有问题，会向您请教。我们的线索主要有两条：一个是滇池的污染，一个是滇池的治理。您可以根据自己的思路，给我们讲一讲。

董：我也是前面花了几年时间了解了一下情况吧！

曹：您太谦虚了，您的书我看了，写得非常的棒，是我们学习的一个榜样。

董：我们在座的都是周老师的弟子，指导也谈不上，有些体会可以和大家

---

① 受访人：董学荣教授。主访人：曹津永、袁晓仙。协访人：徐艳波、米善军、唐红梅、张娜、马卓辉。整理者：米善军、曹津永。方式：问答、笔录。时间：2017 年 9 月 21 日 14：00—17：00。录音地点：昆明学院图书馆四楼会议室。

交流一下。滇池治理是研究的热点，很多学科都参与到研究中，总体上自然科学那边研究比较深入、系统，我们非常佩服他们做的地理信息系统，听说已经做出来了，是很完善的，还有他们所做的滇池的全要素地图。社会科学这边研究的人很多，著作也非常多，文章就更多了。但是，从时间上、空间上系统地进行研究的还不是很多。目前我看到比较好的是，何明老师的那篇博士学位论文《历史时期滇池流域的经济开发与生态环境变迁》，在网上可以搜的到。其他的著作也很多，但专业性很强的还不多。早期于希贤的《滇池地区历史地理》也可以看一下，因为他属于老一代的学者，做得还是比较认真的。樊西宁的《滇池水利小史》也是不错的，特别是元明清时期那部分。环境史大家都知道，要紧紧抓住人与自然的关系。当然，周老师觉得不全面，因此她写了好几篇文章来探讨环境史的定义。我觉得不管怎么说，首先还是要紧紧抓住这一点，环境史与许多学科很相似，如与环境考古、历史地理都非常密切，但是我看到历史地理好像侧重于人类活动对地理的影响。我们环境史如何与它们区分呢？国外很多学者进行了探讨，但看来看去很多都看不明白。我认为目前为止，还是应该紧紧地抓住人与自然的互动这一点，它强调的是历史上人与自然的关系。王利华老师也是主张这一观点，凡是涉及人与自然关系的，都应该属于环境史的范畴，王利华老师说过这样的话，我也比较赞同他的观点。如果你不讲互动演变，如何区分？医疗史也是环境史，森林史也是环境史，水利史也是环境史，怎么理解呢？它们里面肯定也有环境史的东西，但是你要从这个角度去整理。还有一个特别强调的点，就是人与自然活动的界面。目前为止，我的学习体会就是，要紧紧抓住历史与地理的界面，相对来说还比较清晰一点。

　　曹：所以您当时写书的时候，也是从这个角度考虑的？

　　董：对！确定书名的时候就想写的是环境史，书也是按照这个来组织的，后来还是觉得不成熟，所以就先出了这部书。

二、滇池流域环境变迁过程

　　董：历史，大家都知道，有历史本体、历史认识两个层面。从本体来看，好像唐代以前，很少能看到这方面的资料。整体上来说，唐代以前，很少看到人类对滇池的破坏性活动，所以，唐代以前还是相对比较和谐的。当然，也有问题反映出来。唐代以前，生态环境是非常好的，可以看到大量的动物，如蟒蛇、孔雀等，这些动物我们现在在热带雨林可以看到。从气候来看，是不是可以证明唐代以前的气温要比现在高得多，最起码要高一些，才可能会有那些物种？还有，我们看到青铜时代，滇池流域出现的那些动物也是热带地区的。所以，唐代以前可以作为一个时期，还看不出人类对滇池的破坏。一个典型就是螺蛳。当时的螺蛳堆积成山，到处都可以看到。20世纪90年代，我们实习的时候，去滇池周边考察，当时可以看到大堆大堆的螺蛳，现在见不着了。写这部书的时候，我去找都没有找到。只有村子里边的很多人家的墙上还可以看到。20世纪90年代在石寨山到处都可以看到，路上都铺满了一堆一堆的螺蛳壳。后来人们发现螺蛳壳的尾部被撬开了，证明它是被人们吃掉了。滇池周边的人吃螺蛳也是一个文化特点。以前滇池里边的东西是非常多的，直到20世纪六七十年代，一些年长的人都说那些年鱼太多了，在滇池周边随便踩下去都可以踩到鱼，所以应该说到20世纪70年代滇池的环境还是好的。当然，我看到一个非常有说服力的数据，从元代到现在，滇池水面缩小了200—300平方千米，大概是这么一个数据，对于那个数据要非常科学、严格地考证。原来我们看到大观楼长联里面有"五百里滇池"的记载，大概是明代以前的事情。当然，我们现在看到的数据显示很早以前滇池的水是非常深的，水深100米以上，蓄水量在800多亿立方米。如果按照这个来推算的话，现在整个昆明城、新城、老城都应该在滇池范围内，所以滇池水很深、范围很大。现在滇池蓄水量好像不到15亿立方米，可以看到它缩小的范围很大。为什么会缩小呢？一个原因是地质演变过程中改道到了长江水系，即滇池的水系变迁从红河水系变为长江水系，这个非常有意思，现在好像还查不到相关资料，一般的说法是地质演变，出口改道到海口，这是一个很值得研究的问题。

　　刚才说到元代以前，而元代以来人类活动对滇池的干预十分明显。例如，赛典赤兴修水利。赛典赤到云南以后，功勋显著，他的功绩之一就是滇池治理。水利工程是人对环境干预的一个很明显的实践。赛典赤的功绩之一就是六盘水工程，以前毫不犹豫认为它是功绩，但是从生态环境角度来看，对它的评价就发生了变化。疏浚海口河后，滇池水位下降，水量小了，水量小之后就容易被污染，所以元明清人对滇池的一个干预很重要的一点就是疏浚海口河，不断地往下挖。滇池水位下降，得良田万顷，以前都是这样讲，这样的工程很多。五百里滇池到现在的三百一十里。元代以来到现在，可以看到，很明显，人对滇池的干预非常强烈，这也是一个非常充足的证据。元明清三朝以来就是疏浚海口河，挖低河床，让水流出去，所以出现了人进水退。这种干预是从唐代开始的，唐代凤伽异修建了拓东城以后，就有了一个很明显的改变。本来人类活动主要集中于昆明东南部，如晋宁、昆阳、晋城这一带。唐代修建了拓东城后，人类活动中心就逐渐向北移。海口河疏浚以后，主城区北市区逐渐露出来，以前它属于沙滩，甚至更早以前，它属于滇池，由于不断挖低出口处，水就不断往外流，水面不断下降，滇池越来越小，就导致了一系列的问题。北市区的水进人退是很明显的。还有一个很严重的问题，即从地势角度来看，滇池形成了呈上往下的状况，这就非常严重了。

环境史讲人与自然的互动，滇池发生了变化，人类对它产生了影响，它反过来也会对人类产生影响。李杰老师的《人类行为与湖泊生命》也提到，人类行为对滇池的干预是非常明显的，人类活动导致滇池变小，蓄水量也变小，所以我们说滇池老化。到了 20 世纪 70 年代，又是另外一种破坏。还有一个数据，大家可以关注，就是 1938—1978 年，40 年减少了将近 40 平方千米，具体看到的数据是三十八点几，差不多每年减少 1 平方千米，所以这一时期是人类对滇池干预非常严重的时期。实际上在 1949 年之前，人类对滇池的干预破坏就非常明显了。20 世纪六七十年代的围海造田，大家都很熟悉，加起来是 30—70 平方千米。围海造田打着"向滇池进军"的旗号，向滇池要粮，征服自然的倾向非常明显，明代还是清代曾经有一句话，"尽泄滇池之水，可得良田三百万顷"。环境史要关注人对自然的想法，滇池污染不仅是工业文明的问题，工业文明时代非常明显，实际上在农业文明时代，对滇池的破坏就已经非常严重了。人类对滇池，自古以来就一直在破坏，所以有一篇文章就谈到，土著不破坏生态，土著就是天然的生态史，未必就是这样。原始时代、奴隶时代、农耕时代，每个时代都有破坏环境不同的特点。

三、滇池污染的治理过程

董：20 世纪 70 年代以来，大家都比较清楚了，是以工业污染为主要污染的破坏。这里我要讲一点，一般说到滇池治理，是从 20 世纪 90 年代算起，但我认为应该从 20 世纪 70 年代算起。一个很明显的标志，1972 年，周总理在考察昆明时，就提出了要求，一定要保护好滇池。1973 年，召开第一次中国环境保护会议。为了落实工作，当时在滇池周边设立了许多环保机构。所以，我认为现代的滇池治理应该从 20 世纪 70 年代开始，因此，我一直讲滇池治理有四十多年，大家看到的很多材料都是讲二十几年，很短。20 世纪 80 年代，滇池治理在加强，出台了《滇池保护条例》。

前面我们看到，经济开发与滇池保护这两者很不平衡，环境保护力度不够，因此治理是赶不上污染的，污染非常严重。20 世纪 70 年代以前，滇池还是 II 类水，水是非常清的，可以做饭、饮用。20 世纪 80 年代，还有许多人在滇池里边游泳，真正严重污染是在 20 世纪 90 年代。20 世纪 90 年代以来，滇池已经成为 IV 类水、V 类水，甚至是劣 V 类水。这种污染有三个方面，面源污染、点源污染、内源污染。点源污染，大家发现是由于工厂大量排放污水，污染非常严重，所以滇池治理就狠狠抓了点源污染的治理。1999年前后，"零点行动"是比较有效的点源污染治理措施。此后，转到了面源污染和内源污染的治理。后来"六大工程"的清淤工程，治理内源污染的力度非常大。现在最陈旧的就是面源污染问题，这个难以根治，是治理的大头。说到"六大工程"，我觉得实际上还是有些效果的。这里我要谈的是不要一味地否定政府，政府做了很多事情，"政府无所作为"这样的说法是缺乏深度调查研究的。

我认为滇池治理，掏的钱不少，目前大概是六七百亿元，力度很大。本来"十二五"说是要投入420亿元，实际投了三百多亿元。有一个问题很明显，每一个五年规划，它的治理目标基本上都已经达到，我们不能否定政府的努力，它的"六大工程"之环湖截污做得还是有效的。建了那么多污水处理厂，污水经过处理后才能排放，对河道清理以及整个滇池的环境整治，这些我们能看到还是有成效的。现在提出一个观点，我非常认同，劣Ⅴ类水实际上包含的内容是非常丰富的，劣Ⅴ类水实际上没有再次区分，还可以分成若干等级。因为没有区分，所以不能看出政府努力的效果。现在滇池的水，很多地方都是Ⅴ类，甚至是劣Ⅴ类，有的地方是Ⅳ类。现在有的人说，滇池的水整来整去，还是劣Ⅴ类水，实际上劣Ⅴ类也分许多等级，其实水质已经上升了许多等级。2011年以前，大家到滇池边上走一走，臭不可闻，基本上很少有人敢去。这两年大家再去走走，已经没有臭味了。所以我觉得滇池治理还是有成效的。一方面，我们说经济开发时在环境保护上做得不够，指责政府不作为，破坏的面我们看得到，工作力度不够，成效不够明显，这是客观存在的，但不能因此而否定政府所做的努力，滇池环境整体上还是向好的。所以我们应该实事求是，认真调查研究，不能一味批评政府，不能随便看到一点不满意的东西就去否定政府，这是我们做学术应该坚持的一个导向。另一方面，前些年我看到有一种倾向，只要是批评政府的，就能赢得掌声。那个也不太好，我们还是要转变，实事求是。

曹：其实滇池的治理，没有政府大量的投入，可能会更糟糕。

董：除了有政府的作为，还要有所有人的参与配合。我举一个很典型的例子，在滇池外沿100米修建环湖路，本来规定环湖路一律不准有人居住和开发，是要退出来的，好多地方都已经退出来了。例如，龙门村那边，现在生态环境已经非常好了，但是晋宁、晋城那边，很多村子没有退出来，仍在环湖路那边。海埂过去那边开发商照样在开发。所以，大家可以看到晋城、晋宁那边的村子，照样在环湖路边，而且当时种了许多中山杉，老百姓又到林子里面种地去了，这些都是滇池的面源污染。

人进水退是历史以来变化的一个趋势，人类不能一味地向滇池逼近，"四退三还"就是在这方面采取的措施。四退三还、城镇上山，从滇池治理的角度来说，我认为是非常正确的，要把属于滇池的东西还给它，所以现在建很多湿地，我觉得很好。很多防浪堤也被拆了，以后你们可以去东大河湿地那边看看。防浪堤的拆除对滇池的治理保护是很好的。滇池就那么大，人们把滇池水放了，占领了滇池土地，滇池越来越小，抗污染能力也就越来越弱。滇池治理要能有效的一个思路：人要退。一个是从行为上要退，把土地还给滇池；还有一个就是从观念上要退，人与自然不是征服的关系，征服的结果只会对人类自身造成灾难。现在生态文明的这种提法就很好。

滇池治理基本思路就是紧紧围绕人与自然的互动。自然对人类的影响非常明显，人对滇池造成破坏，反过来，人为了应对污染采取了一系列措施，这也就是为什么滇池管理局把那么多资源、力量整合到滇池治理当中。因为滇池污染后，人类社会的组织机构、思想、行为也受到了自然的影响。这是一个非常典型的人与自然的互动。

曹：好的，谢谢董老师，非常精彩，把基本脉络都梳理清楚了。还是从董老师的这部书说起。您能介绍一下当时为什么会写这部书吗？

董：滇池属于高原湖泊，具有典型性，而且我们可以从中借鉴、总结很多东西，就感觉这个案例非常有研究价值。因为它的关注度非常高，不但国内关注，国际上也很关注。国外湖泊研究治理很多，中国云南省外的如太湖、巢湖不属于高原湖泊，所以滇池治理具有典型性，它的研究价值和现实意义是比较大的。另外，当时也没意识到这么多，写着写着才发现它很有意思。

曹：董老师，现在从政府的行为上，从2002年成立滇池管理局以后，滇池的治理已经形成规范化、长期化，从我们人文学科的角度来看，您觉得下一步滇池治理的重点在什么地方？哪些问题需要我们提出一些意见和想法？需要我们注意哪些方面的东西？有没有这方面的考量？

董：这两天你们已经去了相关部门，去了之后大家的观念、认识肯定会有所改变。以前对政府治理这块肯定是很模糊的，了解得不够多、不够深。你们去了以后，可以感觉到，政府不是不作为，政府已经非常努力了，对于如何治理滇池已经把握了最前沿、最准确的东西。我们只能从学科的角度来说。从学科的角度，还是要强化一个东西，环境变迁不是一朝一夕的，刘翠溶所用的那个概念非常好，积渐所至，眼光要放长远一点。要从长远的考察来看，是什么原因导致了污染，这是从学科角度来讲，也恰恰是我们的着力点。

现在我们已经认识到了环境污染，它不是一个技术问题，或者更确切地说，它不是一个纯粹的技术问题，它是一个文化问题，所以我们要从文化的角度来考虑，我们在这方面可以加强，真正的治理就是治人，在文化的改造上，在人的改造上下功夫。这两方面在以往是关注不多的，他们没看到这么多的东西，以前更强调的是工程治理和技术治理，那个有它的效果，但是有人说治标还要治本，根本还是在人。所以我们只能从学科方面来提出这两个意见。

曹：从长时段的角度来讲，我们除了涉及环境史的角度外，还要承担一些决策咨询方面的。其实我们也一直在思考，因为滇池的流域很复杂，范围也很复杂，各种类型的生计方式都有。

董：这种要做大量的工作，所以这只是一个方向性的东西。

曹：对，所以其实我们去政府部门和滇池管理局的时候也在想，要怎么协作。对于如何治理滇池，在项目上他们也有一个探索的过程。例如，开始的时候清淤泥，然后慢慢地"四退三还"，把湿地还给滇池，人退出来。他们也在不断地思考和实践。其实我们也一直在想，有没有好的可以突破的地方。例如，环境问题是人的问题，我们也能想到，但是我们从历史性的眼光长远来看，我们要怎样做？因为滇池实在是太复杂了，各种工业、农业，人们不同的生活方式、文化背景，不同的生计，对滇池不同的利用方式，不同的污染方式，所以做起来是一个非常复杂的工程。这个方面董老师会不会也有一些思考？

董：具体的措施问题，因为他们天天在干那个，肯定比我们超前了很多。从工程治理到综合治理，已经取得了巨大的进步，成效非常明显。

四、治理成本和生态成本

袁：董老师，您之前也提到，城镇上山也是对环湖的一个主要措施，城镇上山与卫星城的建设，如现在的晋宁城、呈贡，您觉得是一样的吗？或者它们有没有什么区别？

董：后来我没有太关注这个问题了，我觉得那个思路提得非常好。

袁：但是城镇上山提出来以后，昆明这边有没有真正的实施？

董：这个情况后来我没有关注了。

曹：其实有还是有的，在地州上有一些，如楚雄。城镇上山提得非常好，但是总体上来讲，工程性的和综合性的是两回事。城镇上山大多数要考虑工程性的问题，第一个是成本问题，第二个是水源问题。就算要解决，它的成本太高，只是弄了一小段时间，后来就不再提这个事情了。城镇上山，当时杨副院长提过一些，我当时也参与了一部分，所以整个过程还是了解一些的。城镇上山要求人们退出平原地区，把土地还回去，让平原地区的山地可以恢复，但就是因为可操作性不是很强，如同样用一方水，从城镇搬到山上，成本太高了。如果量太大，很多地方根本没法弄。例如，地下水在山上污染以后，同样会流到坝区里面。

董老师，您在写的时候，里边关于一些材料的运用，如20世纪50—70年代，围海造田的一些数据，您是从哪里得来的？

董：我上面也标明了。

曹：那关于水利志那些呢？

董：人文社会科学这一块研究的成果也很多，但长时段、综合性的研究并不多，特别是这种比较深入的专业性领域。这样的书是有一些的，人文社会科学方面除了刚才说的何明老师《历史时期滇池流域的经济开发与生态环境变迁》这篇博士学位论文，还有林小贤从青铜器的化学元素的结构、比例研究了滇池流域文化的关系，这种不一样的视角，感觉科学性比较强，里面就讲到司母戊大方鼎的铜就是产自云南。如果这个可信的话，那么商代与云南的关系，研究的东西就比较多了。这两天已经借了很多书了，这些书各有千秋，但综合性比较强的并不多。

曹：您的著作出来以后，我看到就非常感兴趣，就从老师那里要来看了。

董：因为当时比较赶，写得比较急，好多东西还没来得及好好思考。

曹：其实您里边提到的如"公地悲剧"这样一些概念，就已经有比较深入的思考了，王利华老师对您的著作也非常感兴趣，评价很高。

董：滇池可以做，而且它是做不完的。以环境史的角度来描写滇池非常有意思，研究空间很大。我这里只是一个很初步的东西。我刚才也提到我为什么会写这样一部书，其中一个原因就是，环境史的很多地方都还可以有新的发现和补充。

袁：我谈一下，这几天反复谈到的问题：治理成本和生态成本。感觉现在政府投资很多，企业也更多地依靠国有企业招标。投入的成本太高，这样的一条路子，在滇池这边行得通，因为滇池具有区域优势，它是行政中心。那如果把这种模式扩及其他地方，通过这样一种高成本、跨区域的资源调配，能不能在其他的高原湖泊也行得通？如果再出现这样一种类似情况的话，我们可以在学术领域思考一下，这种高成本的治理模式能不能行得通？在滇池这边走得通，是因为跟中央三湖治理时候，国务院严格要求一定要治好有关。从全国来看，滇池管理局也比较有特殊性。如果再把这种高成本的模式推广到其他地方，尤其是边疆这种欠发达地区，其实很不现实。我经常在想，我们把这个模式总结出来，在推广的时候感觉困难很大，不知道董老师以及在座的各位有没有想法？

董：滇池最主要的特征是高原湖泊，这种模式成功了，要推广到其他地区的高原湖泊，就要看是否有可比性的地方了。刚才曹老师也提到城镇上山，很多地方没有必要上山。而且一个问题是，成本很高，但是有更好、更经济的解决方法，很多年以后可能会有更好的发展方式。

袁：西门那个地方，老县城在山上，现在整个县城已经搬下来了，它属于下山，还下到了水源地。龙潭公园本来在城镇，现在成为城镇公园，水源地也是从公园出发。有的地方城镇上山，有的地方城镇下山，主要是看区域优势。例如，环湖截污就很好，现在洱海那边也在效仿滇池治理模式。我觉得现在滇池还是没有恢复过来，把大量的水引进来，就像文主任说的，一天将近十三亿方，每方三块钱，有的时候虽然断流了，但水还是哗哗哗地流进来，三年换一次，水虽然换了，但是底泥清淤，清理了那么多淤泥，但是能真正把淤泥利用起来，它的难度也很大，所以说，以前不知道有这么多问题，生态清淤在我们能看到的范围之内，问题也不会很明显地反映出来。现在我们了解了这么多之后，就感觉这种高成本的模式，在其他地方的湖泊治理中，其实很难推广。就拿云南来说，洱海、澄湖等都在套用滇池的模式，我觉得成本有点高，想听听董老师的意见。

董：这不是一般的地方能够承受得了的。滇池的治理是被迫推着走的。

袁：滇池治理背后的驱动力跟区位优势很相关，从长远来看，好像不太可行。

曹：说说我自己的看法。滇池治理走这个模式，到洱海还是走这个模式，所以你觉得不能推广。这中间有一个问题，如我们现在可以明显地看到，滇池是这样子治理的，我们已经没有办法了，但是洱海不是这个样子的，人的观念在发展，人对生态文明、环境保护的观念也在发展，洱海并没有等到污染成滇池这种程度再治理。其实在治理滇池的时候，我们在不断地吸取经验教训。例如，我们以前提出工业文明，现在我们讲生态文明，其实人的理念在不断地往前走。

袁：就是它走在前面，这样一种高成本的模式，在其他地方是不可行的，但是它走过的路，对后面的模式可以起到一定作用。

董：其实就是，是否可以复制是一个问题，是否需要复制是另一个问题。

袁：那可以归结为这样的一种模式，如果不具备条件推广，但是它已经给了碰到类似问题的答案。

曹：其实这样的一种治理模式完全是拆西墙补东墙。

董：现在所说的牛栏江引水工程，牛栏江引完以后引金沙江，那金沙江引完以后又从哪里引水也是一个问题。

曹：引水我知道一些，因为我家是禄劝的。昆明最先是从云龙水库引过来的，那个时候我还在上学，我家在山顶上，从我家下面修了一个大大的隧道，十多千米。对于这个工程，我放眼就能看到，所以有一些直观的了解。云龙水库的水被大量引到这边来，导致附近河流的水量变化特别大，下面的小电站和一些靠水为生的职业都废掉了。除了雨季，水还是照样下来外，绝大部分河道都已经干掉了。

董：但是现在我们站在学术的角度，这个问题肯定要考虑。董老师，总体上就我们了解的来看，昆明学院在研究滇池方面成就较多，您可以稍微介绍一下这边研究滇池已经取得了哪些成就，因为您做这个滇池研究，肯定比较熟悉一些。

董：我也没有专门梳理，目前有一个昆明滇池（湖泊）污染防治合作研究中心，成立于2008年，这是比较早成立的。作为研究中心，是面向全社会的，也请了许多江苏那边的专家，目的是整合相关的资源，当时的考虑是这样。后来就逐渐变成了一个校内的东西，研究中心办公室有几位老师，刚才你们在博物馆见到的徐老师就是专门从昆明的一个研究机构过来的，她主要是负责滇池治理的工程研究。前天我们一位老师在开会的时候还说她刚刚开了一个题，跟我讲引用了我们的一些东西。她主要做的是农业面源污染，后来她在查资料的时候，查到了我们的一些东西。还有农学院的一个团队，他们也是刚刚开题。生物这一块，也有好多老师在做，监测水质的仪器他们都有，经常弄一些水来化验，还有一个滇池水生态恢复实验室。这些名称一下子我也想不起来，细细的没有梳理，大的来说，很多方面都有老师在做。

曹：徐波老师长时段主要做的是什么？

董：西部环境变迁，有两个国家基金项目，其中一个是四百年来西部环境变迁。

徐：还是关于刚才您提到的成本问题。在水污染的治理方面，我曾经在中央电视台二套看到一个关于滇池保护的节目，里面就提到一个用鱼苗来控制水藻的项目，而且现在已经建了十多个湿地公园、十几个污水处理厂。昨天我们去了生态研究所，提及污水处理厂处理过的水也含有大量的化学物质。从人与自然互动的关系看来，您认为这种可持续性长吗？还是您认为应该更多地运用生物进化？

董：生物进化比化学进化效果要好。现在形势逼着滇池治理必须采取化学的方式，如果可以标本兼治就更好。问题是每天产生那么多污水，不治理不行，生物治理的周期相对比较漫长，还是形势逼迫的问题。

曹：我现在和您汇报一下我们的工作，请您给我们指点一下，我们想听听您的意见。我们现在的想法是把滇池污染和治污分为三个部分，进行一些访谈，我们要访谈的一些人，第一部分就是像您这样的；第二部分就是参与整个滇池污染治理的干部，如一些退休的干部、行政的干部及一些工程研究的干部，如生态研究所的人员；第三部分就是与滇池关系十分密切，能够看到、了解滇池变迁的老百姓，如我们现在说看到的渔村 20 世纪 70 年代打鱼的人等。我们想通过这种途径来看看滇池的变迁情况，目前为止是怎么进化的，现在从三个方面也在不断推进工作。董老师，从口述史研究的角度，您觉得我们有没有需要注意的地方？或者给我们一些意见指导一下！因为我们的想法可能有一些不完善的地方，我们可能跟您不在一个层次上，或者您给我们推荐几个您在研究过程中发现的比较有意义的，可以给我们帮助比较大的地方，我们可以过去看一看。

董：从专业性的角度，这样非常好。如果参与到围海造田的那些人，你们能够找到，那就非常好了，现在应该还找得到。围海造田太有典型性了，你们应该了解一下农民是怎么做、怎么想的。

曹：董老师这边有知道的吗？

董：我不知道，但是应该还找得到。

袁：我们现在找个渔村的人都很难。

曹：滇池这边的情况其实有些困难，一个是因为这边的村庄是现代化的，和我们以前的不一样，而且我们这个是短时段的，不是长时段的。按照我们人类学长时段的研究，我们再进行两个月，肯定会找到突破口的，但是我们现在这种跑两天就回去了，就比较难建立一种长时间的信任关系。另外，我们找的渔村不是特别的典型，您这边在梳理的过程中有没有发现一些有名的村子，或者比较突出的渔民？

董：一个是晋宁，一个是河泊所。元代以来就建了许多专门管理渔业的机构，现在晋宁那边还有。本来元代时候是一个渡口，后来发展成为一个村子，那个村子现在还在。

曹：那个村子现在也叫河泊所吗？

董：是的，你们尽可能找比较传统的村子，这样的村子很多，如牛恋乡、小古城，到那边还找得到。呈贡那边也有一些村子，具体的我也说不上来，但是的确还有一些。

袁：现在就是找这些村子特别难。

曹：我们也跑了一些村子，很多人不太愿意讲。所以我们就想找一些有历史的人和地方，把时间放长一点，多跑几次。我们什么时候可以去河泊所那边看一看？

董：从西山下面渡船可以到那边，河泊所那里好像就是一个渡口。

曹：晋宁那边还好一点，但是呈贡那边，年长一点的渔民，他们的讲话我都不太听得懂。讲的关键词听不懂，所以还要经常问。我跑过云南省的很多地方，只要讲得不是特别快，一般没什么问题，想不到在门口这里还能遇到听不懂的情况，许多传统的渔村口音还是比较重的。

董：现在很多村子都已经现代化了。

曹：河泊所和参与围海造田的人，董老师给我们提供了一个很重要的线索和建议，谢谢董老师。围海造田，我也看到您的书里面，确切的资料不是太多。

董：你们可以去云南省档案馆和昆明市档案馆看看，可能会有相关资料。

张：我们昨天去了生态研究所，副所长就提到，滇池的污染在水里，但问题在岸上。包括刚才您也提到，滇池治理不是技术的问题，而是文化的问题，也就是人的问题。那关于如何解决文化的问题、人的问题，董老师有什么想法或者建议吗？

董：这个问题是老生常谈，要提出非常有效的措施很难，要作为一个大课题来研究，能够提出一两条已经不错了，泛泛而谈也没有多少意思。首先，工程治理、技术治理是非常有必要的。就算它只是治标，依照目前的形势不治不行，但是如果想要治标，从方向上还是要走那一步路。我们看到政府做的许多工作还是有效的，很多人都认识到了不能污染滇池，很多大学包括云南大学都成立了保护滇池的团体。通过这种宣传，大家的观念还是有所改变的，现在大家都不会故意地想要去围海造田。以前人们认为围海造田是神圣的使命，但现在人们认为保护滇池是神圣的。类似的还有很多，要通过宣传教育，改变人们的看法，但具体有效的措施还是需要仔细研究以后才能提出。

袁：董老师，结合如何改变文化的问题，我把我现在在写的一篇文章，拿出来向您请教一下。现在我们民俗学在弄一个东西，就是记忆构建，具体有民俗记忆、公众记忆、灾害记忆等。从我们口述环境史的视角，通过哪些方式，可以让一个区域的人，把区域变迁的记忆呈现出来，实现环境观念的转变，从而内化为自觉行动，对这个区域长远的环境保护起到作用。我当时就想到了滇池博物馆，还有纪念地、展览室等，这些已经在做了。虽然滇池流域生态文化博物馆已经建立，但是感觉它的受众还是不够，而且昆明市作为省级城市，人口也越来越多，如何把外来人口也纳入滇池保护的自觉行动之中，我觉得可以利用一些公共空间，让他们感受到保护滇池也是自己的义务。这个想法我现在提出来了，就是向大家请教一下，通过我们这么多天的走访，这样的方法可不可行？我觉得效果还是挺好的，但是公众这一块做得还是有限。例如，我们去了环湖截污工程展览室，目前为止，这是滇池唯一的一家，但是它并不面众，只是地方的干部和水利部门偶尔去参观，且一年只对市民开放一次，是滇池管理局组织的。知道滇池流域生态文化博物馆的人很多，但还是很难唤起群众的认同感。我现在就是把这样的想法提出来，让大家给我提提意见，这样的一种思路可不可行？

董：晓仙讲的这个问题很突出，而且也是我们现在许多人在做的。我们学校为什么会建这样一个博物馆，跟我们的副校长关系密切。他原来是西山区的区委书记，西山在滇池治理上地位是比较重的。他做了大量的课题，对这部分也比较了解和感兴趣。昆明市也想建一个博物馆，扩大对民众的影响，一个博物馆的影响是有限的，博物馆建起来后，政府也要采取一些措施，通过行政手段，让市民自觉地参观。你的思路我认为是非常对的。

曹：其实还可以结合利益的引导。

董：最难的也就是曹老师所说的，为什么环湖路里边照样有开发商，需要国家的强制力才能解决。

曹：我觉得核心的一点就是把它纳入考核。

董：有一篇文章——《地方生态的锦标赛模式》，这篇文章很有意思，提出考核的方式要改变，使人们不得不去解决。

袁：我前几天看到一些关于生态补偿的文章，达不到标准，上游就要给下游补偿，这样的硬性标准下来，每个月一考核，月季的考核压力很大，所以通过政府手段可以强化治理效果。

米：老师，我前几天看了滇池水陆管理制度法，里边涉及河长制，如果我要做一篇文章的话，可不可以把它作为河长制的一个历史渊源？

董：河长制是现在才提出来的，你换个概念来研究很有意思，但不要去硬套，不要用现在的东西去套历史。

袁：我来解释一下小米的意思。现在耿老师那边有一个学术研讨会，是关于江淮流域的水治理的，其中有提到河长制的历史与现实。小米的意思就是说，虽然河长制是现在的概念，但河长制从职能上来追溯，清朝时期的这样一个职务可不可以算作河长制的前身，是吧？

唐：老师的意思是你不能套用河长制这个词，就算它们的职能是一样的，但是你也不能用。

袁：小米的意思也不是用这一个词，他的意思是这个职位的性质是否可以纳入源流的探讨当中。河长制最早是时任昆明市委主要负责人提出的。小米的意思是我们在追溯相似的时候，历史上有这样的一些经验、概念或者政策的出台，河长制在我们云南提出来，而且现在全国都已经承认了，河长制的历史如何鉴定？河长制最早在滇池，现在全国各地都在实行河长制了。

米：我的意思是元明清时期对滇池的开发力度是比较大的，各种水利工程，政府肯定有许多制度化的管理措施，可不可以做一篇文章梳理一下河长制的脉络？

董：事情你可以追溯，但概念不能硬套。

曹：好的，谢谢董老师花费时间给我们提供指导和帮助，再次感谢！以后有机会再跟您请教。

第三节　滇池流域的社会经济发展与环境保护事业①

一、关于《滇池志》第二篇"社会经济"的编撰工作

滇池流域的社会经济在不同的历史时期经历不同的变化，与滇池环境变迁之间存在着紧密的关系，两者相辅相成，相互影响，相互促进。可以说，很大程度上滇池流域的社会经济发展得益于滇池的自然地理条件，同时，滇池流域的社会经济发展也极大地改变了滇池的生态环境。20世纪70年代以来，滇池流域的社会经济发展成为滇池环境变迁的主要原因，城市化发展，农业、工业经济结构的调整等，随之而来的是不同程度的滇池的水域面积减少和水体污染。

曹：刘老师，您曾长期任职于昆明市政府政策研究室，亲身参与、组织和领导了昆明市社会经济发展规划与滇池环境保护和污染治理等一系列重大决策和具体工作。退休之后，现在作为滇池研究会的成员，还积极投身于《滇池志》的编撰工作，可谓对滇池环境保护事业鞠躬尽瘁！

您当时是如何参与到《滇池志》的编撰工作中的？是否与您曾经的工作经历或者生活经历相关？您曾经参与过昆明市滇池环境保护的哪些项目规划

---

① 受访人：刘瑞华，昆明市政府研究室副研究员，从事咨询研究工作近30年，先后承担过一系列重要课题的研究工作，被市委、市政府授予"昆明市优秀专家"称号，现为市政府决策咨询中心专家库专家。参与《滇池志》编纂工作，副主编，承担第二篇"社会经济"的编撰工作。主访人：周琼、曹津永。协访人：袁晓仙、唐红梅、米善华、徐艳波、巴雪艳、马卓辉、张娜。时间：2017年11月21日。地点：金泰大厦旁冶金设计院东楼303室。

或者设计？您是什么时候成为滇池研究会成员的？当时加入研究会的初心是什么？

刘：滇池是云南省最大的淡水湖，也是中国第六大淡水湖，兼有城市供水、工农业用水、旅游、航运、水产养殖、气候调节等功能，是滇文化的发祥地，被敬爱的周恩来总理誉为"掌上明珠"。滇池在昆明市的国民经济和社会发展中起着极其重要的作用。

我出生于北方，生活和工作在昆明，对滇池充满了热爱，与滇池结下了不解之缘。20世纪70年代，每逢假日，我都约伴去滇池游泳、戏水，浩瀚的滇池带给我们许多欢乐。对滇池初时的感觉就是滇池很美，四周环山，碧波荡漾，风景如画，在云贵高原上有这么一池碧水，真是上天恩赐。

我于1985年分到昆明市政府经济研究中心（现为昆明市政府研究室）工作后，负责昆明城市建设咨询研究工作，和滇池的关系更密切了，对滇池的认识也更深刻、更全面了。滇池不仅供给昆明工农业生产和居民生活用水，也调节昆明的气候，让"春城"享誉海内外。滇池是国家级风景名胜区，她婀娜多姿的风景资源成为海内外旅游者的目的地。滇池在给予人们诸多享受的同时，自身也遭受人为破坏，导致湖面萎缩、水体污染，滇池加速老化，引起世人的关注。

在咨询研究工作中，我把滇池生态环境的研究作为我的重要工作任务。1990年8月28日昆明滇池研究会在滇池北岸海埂省体委礼堂召开成立大会时，我就申请成为第一批滇池研究会会员，誓为滇池生态环境保护治理做出自己的贡献。

多年来，我参与的滇池生态环境保护治理研究工作主要有以下几个方面：

一是滇池保护法规的研究，如参加《滇池保护条例》的制定工作等；

二是滇池治理规划的研究，如参加"九五""十五""十一五""十二五"滇池治理规划的研究与论证等；

三是与滇池保护治理有关的课题研究，如外流域引水研究、入湖河道保护研究、生产力布局研究、城市规划研究、产业结构调整研究等。

曹：关于您负责编写的《滇池志》第二篇"社会经济"部分，纳入编写的起止时段是什么？从什么时候开始，截至什么时候？主要包括哪些内容？其篇章结构的设计和安排有何特殊的考虑？您的整体思路如何？有哪些主要的成员？做了哪些贡献？

刘：由于我供职的市政府研究室是一个承担昆明地区经济社会环境发展决策咨询的综合部门，而滇池兴衰与昆明经济社会发展密切相关，所以滇池流域经济社会发展的编纂工作就由我来承担。

《滇池志》编委会对《滇池志》的起止年限做出了规定：上至有文字记载以来，下至"十二五"期末，即 2015 年底，个别数据可延至 2016 年底。《滇池志》"社会经济"篇也大体在这个时间范围内。受资料限制，有的事件的起止时间也会有所变动。

经济社会涵盖内容比较宽泛，由于受《滇池志》篇幅限制，不可能包罗万象，只能限定在与滇池密切相关的范围内，即滇池孕育了滇文化，促进了流域社会经济持续发展和现代文明。反过来，社会经济发展也给滇池造成污染，同时也为滇池保护治理积累了资金。《滇池志》共设计有 8 章，即建置沿革、城市建设、园林、农业、工业、商贸服务业、旅游业、社会事业。

为了把这一部分写实、写精练，除了收集文献外，还动员了市工信委、市规划局、市农业局、市商务局、市旅游局、市园林局等部门和市社科院、部分公司人员参与撰文和提供资料。

二、关于滇池流域经济社会发展的历史脉络

滇池的环境保护事业始于 20 世纪 70 年代，在当时，因国情省情的需要，经济发展优先于生态环境保护。随着社会经济发展水平的提高，环境问题愈发严峻。当下生态文明建设更加强调生态环境保护与经济发展同步发展、同样重要。经济发展与环境保护两者之间的关系似乎是矛盾的，如何避免"先污染，后治理"的发展之路，是云南乃至全中国长久以来的努力方向。

曹：您认为应当如何从总体上准确地把握当代滇池流域社会经济发展的历史脉络？也就是说，滇池流域的社会经济发展经历了哪几个主要发展阶段？每个阶段发展的重点是什么？有哪些特殊的影响？

刘：社会经济发展阶段划分比较复杂，但从滇池与流域经济社会关系角度考虑，1949 年以前，滇池流域可以说是一个以农业为主体的社会，工业是小规模的手工业，社会经济发展对滇池水体的影响甚小，滇池的自净能力可以维持流域生态平衡。

滇池流域生态失衡是在 1978 年以后。滇池流域社会经济发展对滇池水体的影响，大体经历以下几个阶段。

20 世纪 50 年代以前，滇池流域人口较少，几乎没有工业，滇池湖水清澈透亮，水质多在 I 类—II 类，水生动植物较多，岸边海菜花漂浮、金线鱼游动。湖水自然净化能力较强，有着良好的生态环境。渔民及滇池附近的村民，常取滇池水作为饮用水，用海菜花做菜肴，市民也下水游泳。

20 世纪 60 年代，随着滇池流域经济社会的高速发展，人口向城区集聚，工业在近郊区布局，生活污水和工业废水大量排入滇池，流域森林植被遭大量砍伐，覆盖率逐年下降，生态环境恶化，但尚未超出滇池的自净能力，直到 20 世纪 70 年代，滇池水质仍维持在地表水 III 类范围内。

从 20 世纪 80 年代初期开始，滇池周围的磷肥厂、冶炼厂、印染厂、造纸厂、制革厂、电镀厂等乡镇企业明显增多，滇池流域工业发展高速增长，点源污染成为滇池重要污染源。1988—2015 年滇池流域点源污染总量呈持续上升趋势，增长了约 4.6 倍。

同时，在滇池沿岸和流域农村，为提高农作物产量，从 20 世纪 80 年代开始大量使用农药化肥，经雨水冲刷，大量农药化肥残留物进入滇池。生产生活所产生的大量污染物流入湖内，滇池水体污染逐步加重，水体发黑、发臭，沉水植物全部消亡，鱼虾基本绝迹，水葫芦疯长，蓝藻大量繁殖，水华周期性暴发，近岸区一米多深的水体中覆盖着一层厚厚的绿色水华，最严重时水体内堆积的蓝藻如绿油漆。

随着滇池流域农业布局和结构的调整优化，尤其是"全面禁养"、"测土配方"、秸秆资源化利用及农村污水处理设施建设等措施的实施，滇池流域农业面源污染入湖量呈现出了明显的下降趋势。2015 年滇池流域农业面源化学需氧量、总氮、总磷和氨氮的入湖量分别为 3132 吨、845 吨、166 吨和 432 吨，较 1988 年减少了约 39%。

与农业面源污染变化趋势相反，城市面源污染入湖量呈现出明显的升高趋势，2015年滇池流域城市面源化学需氧量、总氮、总磷和氨氮的入湖量分别为 20815 吨、1039 吨、89 吨和 298 吨，较 1988 年增加了约 2.5 倍。

袁：西方的"库兹涅茨曲线"理论认为经济落后地区的环境保护事业难以发展，只有当社会经济发展到一定水平的时候，才能发展环境保护事业。那么，结合您的工作经历和参与《滇池志》"社会经济"篇的编写设计，在这个过程中，您如何看待滇池流域的社会经济发展与滇池污染及环境保护之间的关系？

刘：先污染后治理不完全正确，先污染后治理代价高昂。滇池治理 20 多年，已投资 500 多亿元，滇池水质仍是 V 类水体，恢复 III 类水体还需时日。

人类生存离不开自然环境，生态平衡、环境保护也离不开经济增长与经济发展。自然资源的合理开发利用、生态的建设、环境的治理是经济发展的重要目标。保持社会经济发展与水资源承载力平衡是关键。

三、关于滇池流域经济产业结构的演变

滇池流域的社会经济发展囊括第一产业农业、第二产业工业（重工业、轻工业）和第三产业服务业的发展，而三大产业在云南生产总值中的结构和占比，以及产业发展所需的能源和资源等都很能反映经济产业的生态化情况。

曹：请您简要介绍一下中华人民共和国成立以来，滇池流域的经济产业大体经历了哪几个主要阶段，每个阶段对社会经济的推动作用和环境影响如何体现。也就是说，哪个阶段以农业为主，有哪些农业类型？农业对社会经济和环境的影响如何？哪个阶段以工业为主，重工业和轻工业对社会经济和环境的影响如何？第三产业服务业有哪些？服务业对社会经济和环境的影响如何？

刘：1949 年以前，滇池流域是以农业为主的产业结构，主要是粮食、蔬菜、烤烟等。

"一五""二五"计划时期，是滇池流域重化工业布局的开始，新建了昆明水泥厂、云南机床厂、昆明变压器厂、昆明冶炼厂、云南仪表厂、昆明重机厂、云南内燃机厂、云南轴承厂、金马柴油机厂、云南化工厂等企业。在滇池北岸逐步形成 8 个工业片区。

1978 年中共十一届三中全会以后，滇池流域工业得以振兴，进入了持续、稳定、协调发展的新时期。新建了昆明三聚磷酸钠厂、云南磷肥厂、昆明电冰箱厂、昆明洗衣厂、西南自行车厂、昆明手表厂、昆明煤气厂、昆明毛纺厂等一批具有一定先进技术装备的工业企业；改建、扩建了昆明卷烟厂、昆明香料总厂、云南白药厂、云南汽车厂、昆明啤酒厂等一大批工厂企业，工业门类进一步扩大，技术装备不断提高，生产能力有较大增加。

进入 21 世纪，工业重点发展烟草及配套、生物及医药、机械、能源、冶金、化工、光电子信息、农特产品加工八大产业，着力打造一批产业集群及产业基地。

昆明商贸业比较发达，自古都是西南地区商品集散地和通往南亚、东南亚的通道，主要有商业零售、批发、对外贸易、物流产业、金融服务等。商贸业对环境的影响相比工业要小，主要是生活污水影响。

袁：自 20 世纪 70 年代以来，滇池流域的三大产业中，您认为哪一个产业对滇池流域的环境污染是最严重的？如何解决这一产业带来的负面环境影响？每一个产业对滇池的环境影响主要集中在哪些方面？有些什么特点？例如，工农业的面源污染一直是滇池水体污染和内源污染的重要原因，对此，有什么好

的解决思路吗？

刘：滇池主要有两大污染源，一是工业点源污染，二是城乡面源污染。

目前点源污染通过 20 多年的治理，已退居次位，面源污染影响极大。影响草海和外海达标的首要污染物指标分别为总氮和化学需氧量，其次为总磷。

滇池污染治理思路演变："六五"期间是认识上的深化，滇池水污染与水资源短缺问题逐步引起省、市高层的重视；"七五"期间开始着手研究滇池水污染防治技术，陆续出台了一些滇池保护治理法规、政策；"八五"期间提出滇池污染综合治理措施；"九五"和"十五"期间开始实施以点源污染控制为主的控制工程。其中，"九五"期间重点进行了工业污染治理与城镇污水处理厂的建设；"十五"期间重点实施了截污与生态修复工程；"十一五"和"十二五"期间开展了流域系统治理的工作。其中，"十一五"期间在认真总结多年来滇池治理经验的基础上，治理的区域从湖盆区向全流域的综合治理转变，治理的重点从主要注重滇池本身治理向充分考虑内外源有机结合和统一治理转变，治理的时间从注重当前向着眼于长期综合治理和保护转变，治理的内容从注重工程治理向工程治理与生态治理相结合转变，治理的投入机制从政府投入向政府投入与市场运作相结合转变，治理的方式由专项治理向统筹城乡发展、转变发展方式、积极调整经济结构的综合治理转变。创造性地提出了滇池治理"六大工程"，并形成了以"六大工程"为主线的流域治理思路，即环湖截污及交通、外流域引水及节水、入湖河道整治、农业农村面源污染治理、生态修复与建设、生态清淤，把滇池治理作为一项系统工程来推进，找到了一条符合滇池水污染防治的新路子。"十二五"期间又提出"清污分流""分质供水"，在"削减存量"的同时"遏制增量"。治理的区域从主城区向全流域转变；治理方式方面，统筹保护与发展的关系，由专项污染治理向统筹城乡发展、积极调整经济结构的综合治理转变；治理内容方面，污染治理与生态修复相结合，削减负荷与增大环境容量相结合；治理的投入机制方面，从政府投入向政府投入与市场运作相结合转变。

曹：渔业是滇池流域的传统农业产业之一，渔业的兴衰与滇池的环境变迁紧密相连。现如今，传统渔村消失，千帆出海的场面已经很难见到，那么，历史时期滇池渔业的发展经历了哪些变迁？有哪些发展阶段？导致其逐渐衰落的原因有哪些？当前，滇池流域的渔业养殖发展状况如何？主要集中在哪些地区？有没有一些典型的考察点？

刘：滇池渔业是开发利用滇池最早的项目。远古时期，古滇人即在滇池进行渔猎，滇池周围尚存的 16 个较大的螺壳堆，是古滇人捞食滇池螺蛳的遗物。晋宁石寨山和李家山出土的古铜鼓上的渔业捕捞图案，有鱼钩、石钻、石网坠等。从小古城天子庙出土的铜器，距今已 2800 多年，看铜器上的图纹，当时已能编织渔网，剜木为船，入滇池捕捞。

1949 年前滇池鱼类靠自然繁殖，只捕捞不管理。1949 年后逐步加强滇池渔业管理，投放鱼种鱼苗，推广人工养殖。20 世纪 70 年代开始试验网箱养鱼，到 1986 年已发展到网箱 3600 多只，面积 150 亩。其中，成鱼网箱 2400 多只，面积 100 亩；鱼种网箱 1200 只，面积 50 亩。滇池渔业的社会效益、经济效益不断增加。

自 1988 年以后，由于滇池水质的污染加重，水葫芦的危害，草海网箱养鱼逐步走下坡路，网箱养鱼面积逐年减少。同时，政府也逐步认识到，开展网箱养鱼的活动，负面作用不容忽视，要投放鱼饵，鱼要排粪，也相应加重了滇池水体的污染。1997 年，昆明市政府办公厅下发了《关于取缔滇池水域网箱养鱼的紧急通知》，网箱养鱼走向消亡。

滇池的渔业产量也是逐步提升的。元明时期，官渡、呈贡乌龙是当时的渔港，遂有"官渡渔火""渔浦星灯"之景。民国末期，滇池大小船只约 300 艘，昆明县属 100 余艘，渔业年产量 620 吨。20 世纪 50 年代，滇池渔船 800 多只，年产量在 700—800 吨。20 世纪 80 年代以后，年产量在 8000—10000 吨，到 2015 年底，渔业产量达 22241 吨。

袁：产业结构的调整和优化是滇池流域未来社会经济发展和环境保护的重要方向。当前，在滇池流域，尤其是主城区周边，倡导重工业和农业的郊区化发展，未来则应注重发展第三产业，如旅游业等。那么，您如何看待滇池流域的重工业和农业郊区化发展政策和规划？郊区化主要向什么区域拓展？您觉得，未来的哪些产业可能会成为主导产业？

刘：滇池流域主要政策导向是工业进园（工业园区）、农民进城（集镇）。流域内的工业主要是升级换代，向园区集中，不再布局新的重化工业，主要发展高新技术产业、金融业、信息产业、新兴服务业等。

袁：有些学者和专家认为滇池流域应主打生态旅游产业，当前发展生态旅游业的重点是什么？如何避免旅游业的不科学规划、布局乃至发展对滇池环境造成的影响？如湿地生态公园？

刘：昆明是早期人类生息活动的区域，远在 30 万年前，这里就有早期智人生存。滇池岸边呈贡龙潭山出土的古人类颅骨化石，证明远在 3 万年前，滇池周围就有了晚期智人活动的踪迹。他们在滇池沿岸依山而住、择水而居；远足渔猎，与麋鹿共处；祭祀图腾，始巫史文化。这不仅表明了古人类对生存环境和陶醉自然美景的理性选择，也是古人类在滇池旅游的滥觞。

庄蹻是中国第一个从内地到滇池区域参与开发的人物，也是第一批从内地到滇池游览的先驱。

滇池的奇山秀水被中原更多的人关注和向往。唐代南诏时期，在滇池旁建拓东城后，西山高峣和官渡各修了一个水路码头，前者称西渡口，后者称东渡口，官绅商贾、渔民工匠在两渡口往来频繁。宋代大理时期，在金汁河东岸建地藏寺及寺内经幢，在西山华亭峰竖楼台，兴建宫观寺庙，香客成为游客，促进了民间游人的增多。至元代已有"元代昆明八景"。明、清两代又有昆明新八景闻名于世。现代，滇池是国家级风景名胜区，昆明已成为我国优秀旅游城市之一。

滇池流域旅游发展主要产品如下：自然风光、民俗风情、历史文化系列旅游产品，休闲度假系列旅游产品，以及红色旅游、生态旅游、会展旅游、节庆旅游、农业旅游、工业旅游、修学旅游、科考旅游等专项系列产品。

环境保护与旅游发展是相互促进的关系，加强规划管理，可以把旅游对环境的负面影响降到最低。

袁：您认为，哪些产业的发展及规划可能会给滇池生态环境带来较重的环境负担？针对此现象，您觉得主要原因是什么？应该如何避免？

刘：对环境影响最大的产业还是重化工业，特别是金属冶炼、印染、电镀、造纸、盐磷化工等。在流域要限制发展，在保护区要禁止发展。

四、关于昆明城市化发展与滇池环境保护的关系

城镇化是当前云南乃至国家发展的一个主要趋势。就昆明来说，当前的卫星城建设、工业园区建设等都在不断增加城建土地面积，"城市围湖"的现象似乎已经出现，如何避免滇池成为未来的翠湖也是当前滇池环境保护工作必须思考的问题。

袁：滇池东南岸曾是滇池流域的文明中心，现如今，滇池北岸成为政治、经济和文化中心，那么，历史时期滇池流域的城镇发展经历的显著变化是什么？有几个阶段？每个阶段的主要原因是什么？对滇池有什么影响？

刘：城市中心的位移主要是根据经济社会发展的需要。古滇王国时期，以渔业为主，在南岸和西岸筑城。元代以后，随着滇池水位下降，北岸出现了大片良田，经济活动逐步集中在北岸，南岸逐步衰落。

袁：2002 年《滇池保护条例》对滇池的定位中凸显了滇池对昆明城市的重要性，尤其是滇池从自然高原湖泊到高原城市湖泊的定位，说明了城市化环境的影响。目前，滇池的定位包括哪些具体内容？高原城市湖泊的功能如何体现？您如何看待滇池高原湖泊和自然性到城市性的定位转变？

刘：滇池定位在《滇池保护条例》中已进行了说明，滇池是国家级风景名胜区，是昆明城市生活用水、工农业用水的主要水源，是昆明市城市备用饮用水源，是具备防洪、调蓄、灌溉、景观、生态和气候调节等功能的高原城市湖泊。

袁：您认为哪些因素导致昆明城镇化的扩大化趋势？昆明城市扩张对滇池生态环境有何影响？具体表现在哪些方面？对城市化无限制地扩张，就对滇池的环境影响来说，您有何思考和评论？

刘：导致城镇化扩大的因素很多，主要有政策导向、自然增长、社会发展等因素。对生态环境的影响主要表现是资源不足，如水资源短缺、土地资源匮乏。

袁：城市环境问题和城市生态文明建设是当前城市规划的重点任务，当前，您觉得昆明的城市环境问题有哪些？最为集中和突出的是什么问题？如何避免这些问题对滇池的污染与破坏（如城市面源污染、城市截污问题、城市管网排水问题、城市绿化问题等）？

刘：昆明城市环境突出问题如下：流域水体污染、水土流失。解决这些问题要靠工程治理、产业布局调整、面山绿化、河道截污、协调发展等综合措施。

袁：目前昆明创建国家园林城市的状况如何？海绵城市、森林城市、园林城市建设等能否解决城市环境问题对滇池的污染问题？未来昆明生态城市的发展出路在哪里？如何评估生态城市对滇池的影响？

刘：昆明已取得"国家园林城市"称号，但还要继续努力，加大创新力度，超过国家园林城市指标。当前昆明正在加强的海绵城市、森林城市、园林城市建设等工作对滇池保护都有促进作用，但还不能解决滇池生态环境恢复问题。

未来昆明生态城市建设出路在于用现代生态理念武装居民，建立协调发展的生态经济体系（优化产业结构、推进洁净生产、发展循环经济）。

袁：您如何理解城市发展红线？昆明城市发展红线如何划分？划分的标准是什么？划定发展红线之后，如何建立长效的红线保护监管体系？如何优化昆明主城区的空间才能守住发展红线？

刘：我理解城市发展红线主要是指城市基本生态控制线的空间管制要求。在这个区域，城市建设是被禁止的，也就是红线不能突破。

曹：一湖四片区，围绕着滇池的城市规划和发展代表着一种思路，即在城市发展的过程中对滇池能够进行合理和有效的保护，上次的访谈您也提到这个思路。那么，针对滇池目前的实际情况，您觉得这种思路在多大程度上具有可行性？为什么？

刘：城市发展模式有组团式、摊大饼式等多种，一湖四片组团式发展相较主城摊大饼式发展更科学。

昆明的高速发展是由昆明所处地位决定的，昆明是云南省的省会城市、西部中心城市、国际大通道，既要保持城市规模和速度的高速扩张，又要解决生态环境压力，"一湖四片"发展规划是一个可行的解决办法。

袁：为了进一步深入做好滇池流域生态保护规划和环滇池区域开发建设的规划工作，需要以保护滇池生态为前提，科学利用滇池独特的高原湖泊资源，实现在发展中保护、在保护中发展的目标，编制《环滇池生态圈、文化圈、旅游圈规划》，并以市委市政府滇池治理生态建设规划专项工作会的方式，深入研究滇池生态保护和建设涉及的12项规划方案。您能否给我们具体介绍一下该规划的主要内容，以及12项规划方案主要涉及哪些建设内容？您如何理解滇池的生态圈、文化圈和旅游圈的概念和意义？

刘：2013年9月16日《环滇池生态圈、文化圈、旅游圈规划》主要内容包括"三圈"规划范围、"三圈"发展定位、"三圈"规划目标、"三圈"布局原则、"三圈"布局方案。

1. 昆明"大三圈"结构

生态圈：环湖公路面湖一侧以生态建设为主，以生态湿地公园为载体，适度布局文化旅游项目。

文化圈+旅游圈：环湖路以外，形成"四板块、八组团"的文化、旅游发展格局。

2. 环滇池小三圈结构

生态圈："四退三还"范围43平方千米，以生态湿地建设为主。

文化圈+旅游圈：在"四退三还"范围外至现状环湖路内之间，除已批准的生态文化旅游项目规划用地（约13平方千米）外，剩余范围30平方千米，适度布局文化旅游项目。

第四节　滇池流域的环境管理事业的开创与发展[①]

一、关于《滇池志》第六篇"滇池管理"的编撰工作和设计

　　滇池流域的污染治理和生态建设是一个关乎政治、经济、社会、文化、科技各个领域的庞大系统工程，其环境保护事业不仅需要工程性建设减少污染源，也需要与之配套的管理体系，以便通过长期性的环境监管维护工程性建设的成效。因此，滇池环境管理体系尤为重要。法制体系和管理体系是统筹滇池系统工程的重要途径，不仅要通过法律手段、政策职责、机构设置和管理细则等明确各部门的职责，同时，详细的职责分配和管理细则也为落实工程建设提供实践指导与考核标准。

　　曹：何老师，您曾长期任职于昆明市滇池管理局，亲身参与、组织和领导了滇池环境管理体系制定、修订、考核和推广等一系列重大决策和具体工作。退休之后，作为滇池研究会的成员，还积极投身于《滇池志》的编撰工作，可谓把滇池环境保护事业进行到底，这份锲而不舍的环保精神着实令人钦佩，值得我们后生学习！请问：您在昆明市滇池管理局工作过多少年？您当时是如何参与到《滇池志》的编撰工作中的？是否与您曾经的工作经历或者生活经历相关？您曾经参与过昆明市滇池环境保护管理体系的哪些法律和管理细则的制定与修订？您是什么时候成为滇池研究会的成员的？当时加入这个社团的初心是什么？

　　何：我参加滇池保护与治理工作已经有二十多年。编纂《滇池志》是为抢救与保护滇池的历史，研究与认识滇池湖泊演变规律，对传承湖泊文化发挥"资治、教化、存史"的作用，推进两个文明建设、积累和保存地方文献。2008年昆明滇池研究会就向市政府报告，要求开展《滇池志》的编纂工作。2015年12月23日，昆明滇池研究会向市政府上报了编纂《滇池志》经费的请示。2016年1月25日，副市长主持召开有关部门工作会议，专题研究《滇池志》编纂工作，并批准由昆明滇池研究会牵头组织编纂《滇池志》。我没有参加过

　　① 受访人：何燕，女，59岁，云南普洱人，毕业于云南财贸学院，中共党员，昆明市滇池管理局副调研员。曾就职于景谷县计委、昆明市滇池污染世界银行贷款项目办公室、昆明市滇池管理局。现已退休。滇池研究会会员。目前，参与《滇池志》的编纂工作，负责《滇池志》第六篇"滇池管理"的编写工作。主访人：曹津永。协访人：袁晓仙、唐红梅、米善军、徐艳波、巴雪艳、马卓辉、张娜。时间：2017年11月21日。地点：昆明冶金设计院东楼303室。

任何法律法规的制定工作。因昆明滇池研究会是经政府批准，由昆明市滇池保护委员会负责成立的，组建该机构的初心是充分发挥社会各界的力量，为滇池生态环境治理与保护提供决策咨询。治理保护滇池是每一个市民的义务和责任，特别是对于滇池管理工作者而言，更是义不容辞的责任和使命。昆明市滇池管理局的全体人员都是昆明滇池研究会的成员。

曹：关于您负责编写的《滇池志》第六篇"滇池管理"部分，纳入该部分的相关管理体系的起止时段是什么？从什么时候开始，截至什么时候？主要包括哪些内容？其篇章结构的设计和安排有何特殊的考虑？您的思路是什么？有哪些人参与？做了什么贡献？

何：编写时间从滇池流域有文字记载年代开始，到 2015 年止。本篇主要从强化滇池管理机构、法律体系、政策法规、制度创新、投融资平台、宣传教育等几个方面进行收录。参加编写的单位有昆明市滇池管理局及其 8 个基层单位、昆明市水务局、滇池流域 7 县（区）滇池管理部门、昆明市环境科学研究院、昆明市环境监测中心、昆明市松华坝管理处、昆明市昆明滇池投资有限责任公司、昆明学院等单位。

二、当代云南滇池环境保护事业法制体系的开创

法制建设是保障滇池环境保护事业长久发展的法律武器，是滇池污染治理与保护政策和措施的依法执行、依法监管得以贯彻落实的法律依据。1988 年，昆明市《滇池保护条例》的出台标志着滇池的环境保护事业步入法治化轨道。然而，滇池环境保护的法治之路早于 1988 年，该法案的出台经历了长久的探索和曲折的考验。20 世纪 80 年代可以称为滇池法治事业的开创时代，那时候一系列的管理体系和管理办法的出台为《滇池保护条例》奠定了良好的基础。

袁：20 世纪 80 年代，在《滇池保护条例》出台以前，是否曾先后颁布过与之相关的管理条例和工作细则？1980 年昆明市革命委员会正式颁布的《滇池水系环境保护条例（试行）》，其出台的背景是什么？主要内容有哪些？其与1988年《滇池保护条例》有何关系？

何：滇池是昆明赖以生存和发展的基础，它不仅是昆明城市生活用水、工农业生产用水的主要水源，而且还具有防洪、调蓄、旅游、航运、水产养殖、发电和调节昆明气候等多种功能，对维护区域生态系统的平衡起着至关重要的作用。20 世纪 80 年代中期，滇池流域内农业总产值及工业总产值分别占昆明全市农业总产值及工业总产值的 79.8% 和 82.2%，而昆明市的农业总产值及工业总产值又分别占全省的 32% 和 44%。可以说，没有滇池就没有昆明。随着滇

池周边经济社会的发展，滇池生态环境不断恶化，加强法规建设，立法保护滇池迫在眉睫、势在必行。

20 世纪 70 年代末期，滇池周边分布着冶炼、造纸、化肥生产、制药、石棉制品等污染企业，已危及滇池的生态环境。为保护滇池，1980 年 4 月 1 日，昆明市革命委员会根据《中华人民共和国宪法》第十一条关于"国家保护环境和自然资源，防治污染和其他公害"和《中华人民共和国环境保护法（试行）》的法规精神，制定和颁布了《滇池水系环境保护条例（试行）》，该条例包括 6 个方面共 21 条，自 1980 年 5 月 1 日起生效，执法主体为昆明市环保局。1989 年 12 月 26 日《中华人民共和国环境保护法》施行后，《滇池水系环境保护条例（试行）》终止执行。

袁：1988 年《滇池保护条例》作为云南省建省以来的第一个地方性条例，其出台的必要性如何体现？主要内容有哪些？其独特性在哪里？当时参与编撰该条例的人员有哪些？在编撰过程中遇到过哪些挑战？如何解决具有争议性的条例？1988—2001 年，与之配套的规划设计、管理规定和工作方法等还有哪些？该保护条例分别对滇池流域水污染防治的"八五"、"九五"和"十五"规划有怎样的指导作用？相关的保护条例和管理规定等着重将哪些内容作为重点保护对象？如水源地、风景区、面山森林保护区等。

如 1989 年《滇池综合整治大纲》和《松华坝水源保护区管理规定》等，水源地水质治理和保护是当时的重点保护对象吗？

何：就《滇池保护条例》的出台及主要内容来讲，古滇池曾经是一个湖水很深、湖面宽阔的淡水湖泊，由于自然原因和人为活动的影响，滇池湖面逐年缩小，蓄水量逐步减少，与古滇池相比，湖面只有 24.7%，蓄水量仅有 1.9%。与 1949 年相比，湖面由 320 平方千米缩小为 306 平方千米。20 世纪 80 年代中期，滇池及其流域的环境问题日益明显。一是水资源量不足，滇池地区年人均水资源量仅为 302 立方米，是世界年人均水资源量的 1/33；湖盆变浅，每年流入滇池的泥沙量约 40 多万立方米，近 40 年来湖盆平均抬高 47 厘米，蓄水量明显减少，加剧了昆明水资源不足的状况，水资源短缺的问题日趋突出。二是滇池水质日趋恶化，滇池周边建有 5200 家工厂，居住着 180 多万个居民，据统计，1986 年排入滇池的工业和生活废水 1.53 亿吨，其中工业废水为 1.1 亿吨，随着这些工业废水排入滇池的有机污染物质为 27854 吨，其中氨氮 177 吨、化学耗氧量 8730 吨、石油类 54 吨、硫化物 23 吨、重金属 332 吨，农业、畜牧业排入滇池的有机污染物不少于 1.39 万吨。由于大量污染物排入滇池，滇池水质日趋恶化，直接影响到城市生活用水和工农业用水，对城市和滇池沿岸的人民生产、生活造成很大的威胁。同时，滇池盆地的森林覆盖率由中华人民共和国成立初期的 40% 下降为 23%，松华坝上游水源区的森林覆盖率由 65% 下降为 27%，水土流失面积达 964 平方千米，占滇池流域的 36.83%。随着滇池流域人口迅猛增长和社会经济不断发展，滇池污染负荷不断加重，加上长期以来没有一个切合昆明地方特点的滇池保护的法规来约束各种人为危害滇池的行为，导致在社会经济发展的同时对生态环境效益重视不够，没有采取有力措施防治滇池污染，注重开发利用而忽略保护，各行其是，造成滇池生态环境日趋恶化、局面难以控制。由于滇池问题已制约了昆明经济和社会的发展，引起全社会的关注，专家、学者、各界知名人士多次在国内外报刊发表文章呼吁保护滇池。

1987 年 3 月，全国人大常委会副委员长楚图南发出了"救救滇池"的号召，使得采取法治手段加强对滇池的保护和开发利用已成为全市人民的迫切愿望，制定切合昆明地方特点的地方性法规予以约束人们的行为，立法保护滇池的时机已然成熟。同年 4 月，市人大成立由市人大常委会副主任张正任组长、副市长张朝辉任副组长的《滇池保护条例》起草领导小组。在《滇池保护条例》的制定过程中，在组织 100 多位专家、学者和有丰富实践经验的人员共计 269 人次就滇池的主要功能、滇池水资源量及控制运行水位、滇池水质保护与社会经济发展、滇池水生生物保护与利用、滇池保护范围的确定 5 个主要问题开展反复调查和科学论证的基础上，完成了论证（咨询）报告，为《滇池保护条例》起草奠定了科学依据。此后，《滇池保护条例》经多次征求省、市有关部门和社会各界人士意见并进行 22 次修改，于次年 1 月完成。1988 年 2 月 10 日，《滇池保护条例》经昆明市第八届人民代表大会常务委员会第十六次会议通过，同年 3 月 25 日，云南省第六届人民代表大会常务委员会第三十二次会议批准，于 7 月 1 日正式施行。

《滇池保护条例》由 8 章 43 条组成。滇池是著名的高原淡水湖泊，属国家重点保护水域之一，对维护区域生态系统的平衡有着重要作用，是昆明城市用水、工农业用水的主要水源。以保护滇池流域内的地表水和地下水资源为中心。滇池保护范围是以滇池水体为主的整个滇池流域。按地理条件和不同的功能要求，划分为三个区：滇池水体保护区；滇池周围的盆地区；盆地以外、分水岭以内的水源涵养区。其中，水体保护明确了滇池正常高水位（1887.4 米）、最低工作水位（1885.5 米）、特枯水年对策水位（1885.2 米）、二十年一遇最高洪水位（1887.5 米）、汛期限制水位（1887.0 米）5 个控制运行水位以及前 3 个控制运行水位相应的蓄水容积约为 15.6 亿立方米、9.9 亿立方米、9 亿立方米。滇池水体的保护范围为正常高水位 1887.4 米的水面和湖滨带。滇池外湖（外海）水质按现行国家《地面水环境质量标准》二级保护标准，内湖（草海）水质按三级标准保护。经勘测划定范围，树立界桩，修建湖堤，营造环湖林带。要有计划、有步骤地改造滇池出口河道，清理入湖河道，疏浚滇池。禁止在滇池水体范围内围湖造田、围堰养殖及其他缩小滇池水面的行为；禁止在湖堤两侧各一百米内取土、取沙、采石；禁止破坏堤坝、桥闸、泵站、码头、航标、渔标、水文、测量、环境监测等设施；未经允许不得在界桩内构筑任何建筑物。禁止向滇池和通往滇池的河道内倾倒土、石、尾矿、垃圾、废渣等固体废弃物。禁止向滇池和通往滇池的河道排放未达到排放标准或者超过规定控制总量的废水。在滇池水域航行的一切船只，不得向水体直接排放有毒有害污水、污物、废油等；运输有毒有害物质的船只，应当有防渗、防溢、防漏设施。一切新建、改建和扩建的企业和项目的污染防治设施，必须与主体工程同时设计、同时施工、同时投产。达不到"三同时"要求的，不得试车投产。扩建、改建后的排污总量要低于扩建、改建前的排污总量。审批程序按照国家的规定执行外，并报滇池管理部门备案。不得在滇池盆地区新建污染严重的钢铁、有色冶金、基础化工、农药、电镀、造纸制浆、制革、印染、石棉制品、土硫磺、土磷肥和染料等企业和项目。禁止用渗井、渗坑、裂隙、溶洞或者稀释办法排放有毒有害废水。含重金属或者难于生物降解的废水，应当在本单位内单独进行处理，不得排入城市排水管网或者河道。老城区应结合旧城改造，同时改造排水管网。为减轻对滇池的污染，城市垃圾粪便要逐步进行资源化、无害化处理。滇池流域内种植农作物应当增施有机肥，合理施用化肥、农药，积极推广农业综合防治和生物防治措施，减轻化肥、农药对滇池水域的污染。禁止在滇池西岸面山、风景名胜区取土、取沙、采石，防止水土流失、破坏自然景观。滇池保护范围内的森林分别定为城市环境保护林和水源涵养林。应当大力植树造林，绿化荒山荒地，提高森林覆盖率，涵养水源，防治水土流失。认真保护森林植被和野生动物、植物资源，禁止乱砍滥伐，偷砍盗伐林木及乱捕滥猎野生禽兽；禁止在二十五度以上的陡坡地新开荒种地，已经开垦的要限期退耕还林或种植牧草。采取有效措施解决能源问题，有计划地营造薪炭林，积极发展沼气、太阳能、节柴灶、小水电，创造条件推广以煤代柴或者以电代柴。保护泉点、水库、坝塘、河道，禁止直接或者间接向水体排放未达到排放标准的污水和倾倒固体废弃物。在滇池保护范围内的采矿，必须妥善处理尾矿、矿渣；禁止乱挖滥采；因采矿使自然环境受到破坏的，采矿者必须采取拦截、回填、复垦、恢复植被等补救措施。为保护水源涵养区的森林植被，必须从收取的滇池水资源费中，确定适当比例返还到水源涵养区，用于恢复和发展森林植被，保持水土。对滇池水资源实行取水许可制度，实行计划用水，厉行节约用水。增加调蓄能力，实现水资源的优化配置和调度，确保城市生活用水和工农业用水。保护、开发利用滇池的主要水生动植物，科学合理发展渔业生产。保护滇池流域的自然景观和文物古迹、历史遗址、园林名胜。合理开发利用风景资源，发展旅游事业。滇池保护范围内磷矿资源的开发，必须注意滇池的环境保护，应当采用先进的生产工艺、治理技术和现代管理技术。对滇池水资源实行有偿使用，受益地区、单位、个人应当缴纳水资源费，水资源费的征收办法按国家和省的规定办理。整治滇池的资金，除收取的滇池水资源费外，应广开渠道筹集资金，地方财政还应拨出专款统一列入预算，专款专用。西山区、官渡区、呈贡区、晋宁区、嵩明县人民政府，应当有相应的滇池管理机构，滇池沿岸和水源涵养区内的有关乡人民政府，应有保护滇池的专管人员，在市滇池管理机构统一协调下，负责本行政辖区的保护和管理工作。滇池保护范围内的有关部门应当在滇池管理机构的统一协调下，各司其职，实施本条例。为适应滇池保护开发利用的需要，应当加强滇池的治安管理工作，建立健全治安管理机构。符合下列条件之一的单位和个人，分别由市人民政府、滇池管理机构和有关部门，给予表扬和奖励：①积极防治水污染，成绩显著的；②在计划用水、节约用水、提高用水重复利用率方面成绩显著的；③对滇池保护和开发利用在监测、科研、宣传等方面成绩突出的；④对保护水资源、森林植被、水产资源、风景名胜、水利设施、航道设施、水文、测量、环境监测等设施成绩突出的；⑤依法管理滇池卓有成效的；⑥检举、控告违反本条例行为有功的；⑦其他对保护和开发利用滇池有特殊贡献的。违反本条例规定和其他有关法律、法规，有下列行为之一的，分别由市人民政府、滇池管理机构和有关部门，给予行政处罚：①违反环境保护的有关法规，污染滇池水域或者用渗井、渗坑、裂隙、溶洞、稀释等办法排放有毒有害废水的；②违反计划用水、节约用水的有关规定，浪费水资源的；③偷砍、滥伐林木、破坏森林植被，破坏水产资源，损毁自然景观、文物古迹、园林、水利、航道、水文、测量、环境监测等设施的；④对检举和控告人员进行打击报复的；⑤其他破坏滇池水资源的。奖励和处罚的具体办法，由市人民政府另行制定。《滇池保护条例》的颁布实施，实现了滇池保护有法可依，使滇池的保护和开发利用进入法治阶段。《滇池综合整治大纲》是贯彻落实《滇池保护条例》的具体工作措施。

曹：2002年《滇池保护条例》经修订，出台了《滇池保护条例》，将滇池保护的职责范围从市级推广到全省。那么，当时出台的背景是什么？与1988年版的《滇池保护条例》相比，新修订了哪些新的内容？两个条例之间的关系如何？

何：随着昆明市社会和经济的快速发展，工业化、城市化进程的加快，城市规模的扩大和滇池流域人口不断增加，滇池环境压力也不断增大，滇池污染治理与滇池流域生态保护和建设的任务十分艰巨，颁布实施的《滇池保护条例》中如水资源量及控制运行水位和湖滨带划分不科学、水环境质量标准不明确、流域农业面源污染控制不力、管理机构不合理及执法力度不够等内容已不适应滇池保护与治理的形势。面对不断出现的新情况、新问题，条例的部分条款滞后于经济发展和城市建设的速度，急需进行补充、修改和完善。1999 年，根据国务院批准的《滇池流域水污染防治"九五"计划及 2010 年规划》中确定的《滇池保护条例》修订计划项目和《昆明市 1999 年地方法规和行政规章制定计划》，昆明市成立以市人大常委会副主任为顾问、市政府分管副市长为组长，由市人大城环卫、市政府法制办、市滇保办、市建设、市农业、市水利、市环保、市规划、市土地行政部门和滇池流域 7 个县（区）政府有关部门人员参加的《滇池保护条例修订草案》起草领导小组，由市滇保办牵头组织有关部门启动了《滇池保护条例》的修订工作。

修订后的《滇池保护条例》分 8 章 52 条，比原《滇池保护条例》多了 9 条，充分体现了加大力度从严保护和治理滇池的总的指导思想。与未修订前相比，一是强化滇池管理机构，明确昆明市滇池保护委员会是滇池流域综合治理的组织领导机构，负责滇池保护、治理重大问题的研究和决策。同时规定成立昆明市滇池管理局，作为昆明市滇池保护委员会办公室，在市滇池保护委员会的领导下统一协调和组织实施有关滇池保护与治理的具体工作。二是规定市滇池管理局负责滇池污染治理项目的初步审查工作，参与项目法人的确定及对项目的实施进行监督；参与滇池流域内开发项目的审批工作，提出审查意见；在滇池水体保护区以外的滇池流域内行使涉及滇池保护方面的行政执法监督检查职责。三是规定市滇池管理局在滇池水体保护区内和主要入湖河道集中行使水政、渔政、航政、水环境保护、土地、规划等方面的部分行政处罚权，设立滇池保护管理的专业行政执法队伍，实施滇池管理综合执法。四是为避免草海水位对城市排洪造成顶托，将汛期限制水位 1887.1 米降到 1887.0 米；草海的正常蓄水位为 1886.8 米，最低工作水位为 1885.5 米。五是将滇池外湖（外海）水质按现行国家《地面水环境质量标准》二级标准保护，内湖（草海）水质按三级标准保护修改为外湖（外海）水质按Ⅲ类水标准保护，内湖（草海）水质按Ⅵ类水标准保护。六是明确湖滨带概念及其区域，划定滇池水体保护区范围为正常高水位 1887.4 米水位线向陆地延伸 100 米至湖内 1885.5 米之间的地带。对低于滇池最低工作水位 1885.5 米的低洼易涝、易积水区域，到此区域外围边缘；在河流或沟渠入湖口为滇池二十年一遇最高洪水位 1887.5 米控制范围内主泓线左右各 50 米的地带。七是增加了控制城市规模和人口过快增长、农业面源污染控制、实行污染物总量控制制度、湖滨带生态修复系统、加大科研和治理资金投入等方面相关内容。

《云南省滇池保护条例》的制定方面，为有助于举全省之力治理滇池污染，2007 年 1 月，和丽川等 20 名省人大代表向云南省第十届人大常委会第五次会议提交了《关于请求由省人大常委会制定〈云南省滇池保护条例〉的议案》，经省人大常委会、省人民政府同意，《云南省滇池保护条例》的立法工作被列入省人大常委会和省人民政府立法计划。2012 年 9 月 28 日，云南省第十一届人大常委会第三十四次会议审议通过了《云南省滇池保护条例》，并决定于 2013 年 1 月 1 日起施行。《云南省滇池保护条例》共 8 章 65 条，分别为总则、管理机构和职责、综合保护、一级保护区、二级保护区、三级保护区、法律责任、附则。《云南省滇池保护条例》明确：滇池是国家级风景名胜区，是昆明生产、生活用水的重要水源，是昆明市城市备用饮用水源，是具备防洪、调蓄、灌溉、景观、生态和气候调节等功能的高原城市湖泊。对滇池运行水位进行了调整，其中滇池草海控制运行水位未变，滇池外海控制运行水位为：正常高水位 1887.5 米，最低工作水位 1885.5 米，特枯水年对策水位为 1885.2 米，汛期限制水位 1887.2 米，20 年一遇最高洪水位 1887.5 米。滇池水质适用《地表水环境质量标准》(GB3838—2002)。外海水质按 III 类水标准保护，草海水质按 IV 类水标准保护。滇池保护范围是以滇池水体为主的整个滇池流域，涉及五华、盘龙、官渡、西山、呈贡、晋宁、嵩明 7 个县（区）2920 平方公里的区域。滇池保护范围划分为一、二、三级保护区和城镇饮用水源保护区。滇池保护工作遵循全面规划、保护优先、科学管理、综合防治、可持续发展的原则。省人民政府，昆明市人民政府，五华、盘龙、官渡、西山、呈贡和晋宁区、崇明县人民政府应当将滇池保护工作纳入国民经济和社会发展规划，将保护经费列入同级政府财政预算，建立保护投入和生态补偿的长效机制。省人民政府领导滇池保护工作，负责综合协调、及时处理有关滇池保护的重大问题；应当建立滇池保护目标责任、评估考核、责任追究等制度，并加强监督检查。昆明市人民政府具体负责滇池保护工作。昆明市人民政府设立的国家级开发（度假）区管理委员会，应当按照规定职责做好滇池保护的有关工作。根据该条例，有关县级人民政府在本行政区域内履行滇池保护相关职责。有关乡（镇）人民政府、街道办事处在本行政区域内履行滇池保护相关职责。昆明市滇池行政管理部门在本行政区域内履行滇池保护相关职责。昆明市滇池管理综合行政执法机构按照省人民政府批准的范围和权限，相对集中行使水政、渔业、航政、国土、规划、环境保护、林政、风景名胜区管理、城市排水等方面的部分行政处罚权。县（区）滇池管理综合行政执法机构按照昆明市人民政府批准的权限和范围，相对集中行使部分行政处罚权。省人民政府、昆明市人民政府、有关县级人民政府应当对其所属的发展改革、财政、水利、环境保护、农业、林业、工商等有关行政主管部门在滇池保护工作中的职责作出具体规定，并监督实施。昆明市人民政府应当组织编制滇池保护规划，报省人民政府批准后实施。昆明市人民政府设立滇池保护专项资金，用于滇池的保护和治理。滇池入湖河道实行属地管理，对主要入湖河道有关截污、治污、清淤、河道交界断面水质达标、河道（岸）保洁及景观改善等保护工作，实行综合环境控制目标及河（段）长责任制，具体办法由昆明市人民政府另行制定。昆明市人民政府、有关县级人民政府应当加强滇池保护范围内畜禽养殖污染防治工作，划定禁养、限养区域，对限养区域的畜禽废水和粪便进行资源综合利用。滇池保护范围内对重点水污染物排放实施总量控制制度。有关县级人民政府应当逐步建设农村生产、生活污水和垃圾处理设施，鼓励施用农家肥，限制使用化肥、农药，科学防治面源污染，发展循环经济和生态农业，营造薪炭林，支持清洁能源建设。滇池保护范围内禁止生产、销售、使用含磷洗涤用品和不可自然降解的泡沫塑料餐饮具、塑料袋。禁止将含重金属、难以降解、有毒有害以及其他超过水污染物排放标准的废水排入滇池保护范围内城市排水管网或者入湖河道。禁止在一级保护区内新建、改建、扩建建筑物和构筑物。确因滇池保护需要建设环湖湿地、环湖景观林带、污染治理项目、设施（含航运码头），应当经昆明市滇池行政管理部门审查，报昆明市人民政府审批。在二级保护区内的限制建设区应当以建设生态林为主，符合滇池保护规划的生态旅游、文化等建设项目，昆明市规划、住房城乡建设、国土资源、环境保护、水利等行政主管部门在报昆明市人民政府批准前，应当有昆明市滇池行政管理部门的意见。三级保护区内禁止下列行为：向河道、沟渠等水体倾倒固体废弃物，排放粪便、污水、废液及其他超过水污染物排放标准的污水、废水，或者在河道中清洗生产生活用具、车辆和其他可能污染水体的物品；在河道滩地和岸坡堆放、存贮固体废弃物和其他污染物，或者将其埋入集水区范围内的土壤中；盗伐、滥伐林木或者其他破坏与保护水源有关的植被的行为；毁林开垦或者违法占用林地资源；猎捕野生动物；在禁止开垦区内开垦土地；新建、改建、扩建向入湖河道排放氮、磷污染物的工业项目以及污染环境、破坏生态平衡和自然景观的其他项目。

袁：渔政和渔业管理一直是滇池管理的重要内容。2004 年出台《昆明市人民政府办公厅关于加强 2004 年滇池开湖管理工作的通知》和《昆明市人民政府关于滇池封湖禁渔的通告》，其出台的背景是什么？主要内容有哪些？禁渔期和开海期的规定、捕鱼证等对渔业保护的成效如何？如《滇池渔业捕捞许可证》和《排水许可证》的核发体现了什么样的管理理念？

何：滇池渔业捕捞许可证方面，为了保护、合理利用渔业资源，控制捕捞强度，维护渔业生产秩序，保障渔业生产者的合法权益，《中华人民共和国渔业法》规定国家对捕捞业实行船网工具控制指标管理，实行捕捞许可证制度和捕捞限额制度。滇池是中国第六大淡水湖，必须严格贯彻执行捕捞许可证制度和捕捞限额制度。为加强滇池保护与管理工作，进一步完善了"四定"发证制度，控制滇池捕捞强度。每年开湖前，昆明市滇池管理局滇池渔业行政执法处组织工作人员深入沿湖村社办理捕捞许可证。同时开展入湖捕捞的相关政策的宣传。

排水许可证方面，为了加强城市排水管理，保障城市排水设施安全正常运行，防治城市水环境污染，根据《中华人民共和国行政许可法》《国务院对确需保留的行政审批项目设定行政许可的决定》《城镇排水及污水处理条例》《城镇污水排入排水管网许可管理办法》《昆明市城市排水管理条例》等相关法律法规，昆明市向城镇排水设施排放污水实行城市排水许可证制度。

昆明市是全国较早实行城市排水许可管理制度的城市之一。自 1996 年 3 月 26 日市政府颁布《昆明市城市排水管理办法》后，昆明市开始推行排水许可证制度，2002 年 2 月 8 日，《昆明市城市排水管理条例》颁布，进一步强化了实施城市排水许可证制度的法律依据和规范排水许可审批工作。

2004 年以前，排水许可审批由昆明市城市排水公司负责。2004 年，昆明市城市排水管理处成立后，排水许可证由市滇池管理局负责审批，负责排水许可的技术审查和日常管理工作。2004 年 7 月 27 日，昆明市城市排水管理处与昆明市城市排水公司完成相关档案、资料的移交工作，正式开展城市排水许可技术审查和管理工作。2007 年 8 月 7 日，市滇池管理局下发通知，由昆明市城市排水管理处行使排水许可行政审批权。2012 年 3 月 1 日，市滇池管理局下发行政执法委托书，再次明确将城市排水行政检查权、行政许可权和提请行政处罚权委托昆明市城市排水管理处行使。

通过多年来的《滇池渔业捕捞许可证》和《排水许可证》的贯彻落实，充分说明要保护好滇池，必须加强法治建设，依法治湖。做到"有法可依、有法必依，执法必严，违法必究"；坚持审批与监管并重，建立并完善各项管理机制，强化监管。

袁：2002—2007 年又先后制定了哪些保护条例？其主要内容是什么？此时，在原来的基础上，哪些区域和对象被纳入保护条例范围之内？如水库的保护和燃油性机动船舶的禁止等。如 2007 年《昆明市云龙水库保护条例》等。

何：《昆明市云龙水库保护条例》是 2007 年出台的昆明市地方性法规。自2007年7月1日施行以来，在保护云龙水库及其设施安全、防治水体污染、改善环境、确保城市供水和饮用水安全等方面发挥了重要作用。云龙水库位于昆明市西北部禄劝县云龙乡、撒营盘镇境内，是昆明市最主要的集中式饮用水源地，每年向昆明城市供水 2.5 亿立方米，占全市供水量的 60%以上，所以说，加强云龙水源区的保护管理就是保障了昆明人的生命线。由于云龙水库水源地跨越了昆明市行政区域，其主要入库河流（水城河）和径流区中涉及云南省楚雄彝族自治州武定县的 3个乡 6 个村民委员会未纳入《昆明市云龙水库保护条例》进行保护。为解决云龙水库水源地的跨区域保护问题，实现水源保护区统一规划、统一保护，保证水源安全，2009 年 1 月以来，云南省政府滇池水污染防治专家督导组通过多次对云龙水库及其主要入库河流进行调研，形成了督导专报，建议制定《云南省云龙水库保护条例》。2013 年 11 月 29 日，云南省第十二届人大常委会第六次会议审议通过了《云南省云龙水库保护条例》，并于2014 年 1 月 1 日起施行，这意味着云龙水库保护工作进入全面法制化阶段，由市级管理升级为省级管理。

为切实加强滇池的保护与管理，认真贯彻落实《滇池保护条例》，确保滇池流域水环境保护工作依法、有序进行，昆明市人大常委会相继出台制定了《关于在滇池流域及其他重点区域禁止挖沙采石取土的议案》《关于进一步做好滇池流域和其他重点区域环境保护和生态治理工作的决议》等决定、决议。这些决定、决议是滇池保护与治理工作的保障措施的重要组成部分。

袁：2008 年是滇池治理的相关法律和管理条例等文件出台最多的一年，其出台的背景是什么？出台了哪些文件？反映了滇池环境问题发生了哪些显著变化？

何：如《昆明市人民政府关于加强"一湖两江"流域水环境保护工作的若干规定》《昆明市人民政府办公厅关于印发滇池蓝藻大规模暴发应急处置预案的通知》《昆明市人民政府关于在滇池流域范围内限制畜禽养殖的公告[失效]》《昆明市人民政府关于滇池流域及安宁市地下水清理整顿的公告》《昆明市人民政府关于滇池流域植被修复的实施意见》《昆明市人民政府办公厅关于印发滇池北岸水环境综合治理工程委托建设项目实施办法的通知》《昆明市人

民政府办公厅关于做好滇池流域禁采区矿山关停及后备资源供应相关工作的通知》等。

　　通过"九五""十五"计划的实施，滇池水质明显好转，但形势依然十分严峻，昆明市委、市政府根据多年的调查研究、科技示范、专家咨询等工作，提出滇池治污是一盘棋，滇池治水根在陆地上，想要湖清，河必须好。也就是说，滇池治理的思路是在不断总结经验、改进治理方式、创新治理模式、理顺管理机制、提高治理效果的基础上形成的。在"十一五"期间制定颁布《云南省滇池保护条例》，制定了中长期治理规划，以前所未有的重视程度和力度全面实施环湖截污和交通、外流域引水及节水、入湖河道整治、农业农村面源治理、生态修复与建设、生态清淤"六大工程"。为确保滇池与治理规划任务顺利实施，制定出台了《滇池湖滨"四退三还一护"生态建设工作指导意见》《滇池水体污染物去除补偿办法（试行）》《昆明市领导干部问责办法》《昆明市环滇池生态区保护规定》等一批管理规定，为滇池水污染防治、水资源开发利用和保护提供法律依据。其中"治湖先治水、治水先治河、治河先治污、治污先治人、治人先治官"，是 2008 年昆明市提出的滇池治理新思路，其有效地推进了滇池的保护与治理工作。

　　以盘龙江治理为例：盘龙江北起嵩明县西北梁王山，南至滇池东岸洪家村入滇，全长 108 千米。其中，自松华坝水库至滇池全长 26.5 千米，是穿过昆明市区的唯一河流，也是滇池最大的入湖河道。20 世纪 80 年代初期，盘龙江水清澈见底。20 世纪 80 年代末，随着人口增长、工厂建立等原因，盘龙江生态圈开始恶化。20 世纪 90 年代后期，盘龙江水质变成劣 V 类，被称为黑臭水体。2000 年以后，盘龙江两岸的市区人口越来越密集，学校、医院、宾馆等设施众多，造成盘龙江流域生活污水排放量很大。2003 年，在滇池治理工程中，昆明有 72 家工业企业被列为主要工业污染源，其中 28 家分布在盘龙江沿岸，占总数的近 4 成。污染的高峰河段主要有 3 段：上坝村至罗丈村、油管桥至双龙桥、严家村至洪家村。整条江雨污混流污染大。截至 2008 年，在盘龙江沿线 531 家排水单位中，95%以上无污水处理设施、无中水回用设施、无相关排水许可证。其中，94%以上的污水通过雨污混流排入城市管网，约 5%的污水直排进入防洪沟渠。同时，随着昆明城市北市区大规模开发，居住人口不断增加，北二环以北盘龙江上游水体污染情况日益突出。

　　专家提出：盘龙江治污得先截污。1998 年 12 月到 1999 年 3 月，昆明市对盘龙江城区段疏浚；1999 年在盘龙江城区段铺设截污管道 16.69 千米；2003 年再次铺设全长 17 千米的截污管道，接纳两岸排放的污水，并输送到第五污水厂进行处理；2006 年对盘龙江北、中、南段 109 个现有排污口进行改造；2008 年提出的滇池治理新思路，要求决不能让污水进排水口，盘龙江的直排水只能是雨水、中水。经几年治理，分布在盘龙江边的企业仅剩 6 家，且排污均已达标。同时，建立污水处理厂。盘龙江自松华坝水库至滇池入湖口，沿岸已建有 3 座污水厂，自北向南分别为第五、第四、第二污水处理厂。2013 年 9 月 25 日，牛栏江—滇池补水工程通水，这意味着每年有 5.7 亿立方米、满足Ⅲ类水质标准的牛栏江水进入盘龙江补水滇池。补水工程通水后，盘龙江水质状况获得很大改善，上、中、下各段水质均已达到考核目标Ⅲ类水标准要求。无论是截流、搬迁工厂还是补水工程，都是人为外在地给盘龙江松绑，虽然投入大但见效也快。然而，对于被污染了数十年的盘龙江来说，要恢复到 20 世纪 80 年代以前的清澈见底，仍有很长的路要走。良好的生态环境仅靠政府的努力是不够的，仍然需得到全社会的共同参与和支持。

曹：滇池流域法制建设经历了哪几个主要发展阶段？每个阶段发展的重点是什么？有哪些特殊的影响？同样地，新增了哪些与之配套的相关法律法规和保护条例？

何：我认为滇池流域的法制体系建设经历了以下三个阶段。第一阶段：孕育阶段（1980 年以前）。20 世纪 70 年代末期，滇池周边分布着冶炼、造纸、制革、化肥、制药、电镀、石棉制品等众多污染企业，对滇池生态环境造成了极大的危害，昆明市革命委员会成立了环保部门，加强对滇池水系水源的保护管理，经历了一个艰难而曲折的探索过程。第二阶段：形成和发展阶段（1980—2012 年）。1980 年 4 月 1 日昆明市颁布了《滇池水系环境保护条例（试行）》，规定了滇池管理的范围和要求，提出排放污染物实行收费制度。加强与国家有关法律法规相配套的地方性法规的制定和修订，加快建立有效约束开发行为和促进绿色发展、循环发展、低碳发展的法律制度。颁布实施了《滇池保护条例》《昆明市河道管理条例》《昆明市城市排水管理条例》《昆明市松华坝水库保护条例》等地方性法规，把滇池水资源开发利用与保护纳入法制化轨道。制定了《滇池综合整治大纲》《昆明市松华坝水源保护区管理规定》等法规，在保护和合理开发利用滇池流域资源、防治污染、改善生态环境、促进昆明市经济社会发展方面发挥了很好的作用。第三阶段：完善阶段（2013 年至今），颁布实施了《云南省滇池保护条例》。《云南省滇池保护条例》颁布施行，提高了依法保护滇池的法律效力，既有利于理顺体制，明确职责，建立滇池治理的长效机制，更有利于举全省之力保护治理滇池。

三、滇池流域河道管理体系

曹：2008 年昆明市政府正式提出并实行河（段）长制，加强对入滇河道的污染治理工作。自此，河道被纳入法制管理系统内，河道管理成为滇池岸上重要的截污工程得以有效推行的保证。

请您简要介绍一下当时河（段）长制出台的背景，主要内容是什么，其最初是在哪些河道进行试行，后期是如何逐步推广到全流域的。

何：2002 年主要对盘龙江、大清河、运粮河、船房河、枧槽河、明通河、采莲河、乌龙河等 9 条河进行治理。

滇池流域有 70 多条大小河流呈向心状汇入滇池，直接流入滇池的主要入湖河道有 25 条。在进入滇池的主要河流中，即对主要出入滇池的 28 条河道（包括海口河）监测数据表明，所监测入滇池河道年均来水量近 9 亿立方米，占滇池流域入湖水量的 73%，多数河流流程短，不流经城市的河流一年中有半年时间河床干涸，流经城市的河流因接纳城市生活污水，水质较差，平均每年向滇池输送的 CODcr、TN、TP 分别占滇池流域污染物负荷年产生量的 72.0%、78.8% 和 80.2%。旱季与雨季污染负荷变化较大，雨季污染负荷量增加较多。各入湖河道的水量差异较大，仅大清河、盘龙江、洛龙河、新宝象河、老运粮河、新运粮河、船房河、海河等 10 条河的入滇池污水量就占监测河道入滇池水量的 84%，其中大清河流量最大，占监测河道入滇池水量的 18%。多数流经城区的河段已被覆盖，西部的河道主要进入草海，东部和北部的河道主要进入外海。远郊县（区）的河道水土流失情况严重，工程清淤防洪任务重。城区尤其是城郊接合部人口急剧增加，人类活动频繁，垃圾、污物产生量剧增，沿河流动人口通常为当地人口的 5—10 倍，居民环境卫生意识差，城市环卫设施及管理滞后，普遍存在在河道、河堤上乱建、乱倒垃圾、乱排污水的"三乱"现象。

2005 年开始，昆明市严格执行"两级政府、三级管理、条块结合、以块为主"的方针，在流域各县区实施了辖区河道管理责任制，加强了监督检查力度。市、县（区）滇池管理部门明确责任，加强入滇池河道管理、督促检查。市滇池管理局负责对盘龙江进行管护、保洁，对 25 条入湖河道进行监督检查。

2007 年，市滇池管理局针对河道现状，按照市委、市政府的要求，提出要治管并重，建立一套以考核为核心导向的入湖河道长效管理机制，使入湖河道管护工作经常化、制度化、规范化。根据河道规模、纳污情况和所处位置，强化责任，明确目标，制定了管理办法，明确按照属地化管理的原则，坚持两级政府、三级管理、条块结合、以块为主的管理体制，将入湖河道管理作为关键性、基础性工作来抓，并报请市政府批准执行。

按照市政府《加强滇池主要入湖河道管理实施意见》，市滇池管理局草拟《入滇河道综合整治实施建议方案》，明确提出河道综合整治实施责任主体、资金的筹措方式、保障措施等建议。

同时，市滇池管理局与市规划局等部门共同编制完成《滇池入湖河道综合整治规划指导意见》《昆明入滇 35 条河道生态、湿地公园建设控制性规划》。滇池流域各县（市）区制定了与之相配套的综合整治实施方案，对出入滇池 36 条（入滇 35 条、出滇 1 条）河道及河道两侧各 200 米，除主城规划区、呈贡新区规划区以外 9 个县（市）区城区规划区范围，以及流经县（市）区城区的河流及河流两侧各 200 米范围内，集中式饮用水水源地，开展了水环境治理"四全"（全面截污、全面禁养、全面绿化、全面整治）工作，组织完成"盘龙江一年行动计划方案"相关工作。

袁：滇池流域的河长是如何确定的？其日常职责有哪些？一般采用哪些考核标准对其职责进行考核评估？"五级河长"和"三级督察"表明河长制的职责发生了哪些演变？

何：2008 年 3 月 27 日，市委、市政府决定，实行"河（段）长负责制"，由市级领导担任"河长"，河道流经区域的县区领导担任"段长"，对辖区水质目标负总责，对河道实行分段监控、管理、考核、问责，抓好河道综合整治和管理。

昆明市滇池流域水环境综合治理指挥部下发了《昆明市滇池流域水环境综合治理指挥部关于印发滇池主要入湖河道综合环境控制目标及河（段）长责任制管理办法（试行）的通知》，对滇池主要入湖河道流经区域进行综合环境目标控制及河（段）长责任制的管理。综合环境控制目标主要包含河道截污治污措施、河道水质监控、河道（岸）保洁、景观改善等，并按照属地管理的原则，层层建立目标责任制，签订目标责任书，实行河（段）长负责制，分段监控、分段管理、分段考核、分段问责。跨县（区）的河道由市级领导担任河长，各县（区）主要领导担任段长；不跨县（区）的河道由各县（区）主要领导担任河长，所属乡（镇、办事处）主要负责人担任段长。中共昆明市委办公厅、市政府办公厅下发《关于印发〈滇池主要入湖河道综合环境控制目标及河（段）长责任一览表〉的通知》。

滇池主要入湖河道为 29 条，鉴于冷水河和牧羊河为盘龙江上游松华坝水源区的主要河道，因此也列入滇池主要入湖河道综合环境控制目标及河（段）长责任一览表管理和考核。其中，纳入市级河道管理目标责任制重点考核的河道如下：盘龙江、金汁河、大观河、采莲河、船房河、王家堆渠、西坝河、乌龙河、老运粮河、新运粮河、明通河（含大清河）、枧槽河、海河、宝象河、宝象分洪河、小清河、马料河、洛龙河、捞鱼河、梁王河、大河、柴河、东大河、古城河、护城河、牧羊河、冷水河。其他未列入主要入湖河道的支流、分叉等，按属地管理的原则，由各县区政府负责管护及考核工作。涉及跨区域界限的河道责任区划分如下。盘龙江：由市滇池管理局负责；大观河：由西山区政府负责；老运粮河：由西山区政府负责；新运粮河：由西山区政府负责；金汁河：由盘龙区政府负责；马料河：仍按原属地管理的原则划分，即果林水库至小机山段，由呈贡县政府负责，黄龙潭至果林水库、小机山自卫村至矣六乡回龙村入湖口，由官渡区政府负责。

袁：目前，滇池流域进入全面深化河长制的阶段。请问，近期又有哪些创新性的进展？如河流生态补偿机制是如何确定下来的？其考核和补偿的标准如何确定？

何：为全面深化河长制，强化滇池流域水环境保护治理工作，2017年4月11日，昆明市印发《滇池流域河道生态补偿办法（试行）》，正式在滇池流域全面推行河道生态补偿工作。积极探索建立公平公正、完善有效的河道水生态补偿机制，让产生水污染并治理不力的县（区）对相邻县（区）给予经济补偿，鼓励受益地区与保护生态地区、流域上下游通过资金补偿开展跨地区生态保护补偿试点。该办法规定，滇池流域河道生态补偿工作将纳入年度目标考核管理，未达到断面水质考核标准或未完成年度污水治理任务的都将缴纳生态补偿金，补偿金都将用于滇池流域河道水环境保护治理工作。

按照"试点先行、稳步实施"的原则，4月在滇池流域新运粮河、西边小河、新宝象河3条河道开展生态补偿试点工作；7月1日起在入草海的5条河道（大观河、西坝河、王家堆渠、乌龙河、船房河）开展河道生态补偿工作；8月1日起在滇池流域其余26条河道及支流沟渠、41个考核断面推行河道生态补偿。最后，以滇池流域河道生态补偿经验为基础，逐步向全域推行。

该办法明确，滇池流域各县（市）区、开发（度假）园区（以下统称"被考核单位"）是河道水环境保护治理的责任主体，要采取有效措施，确保完成市级有关部门下达的水质考核目标和年度污水治理任务。河道考核断面为被考核单位之间河道交界断面及入湖（库）口断面（以下统称"考核断面"），考核断面的设置由市滇池管理局会同市环保局、市水务局和被考核单位明确，报市政府批准后执行。

市滇池管理局统筹负责滇池流域河道生态补偿的管理工作，组织年度污水治理任务的考核。市环保局负责滇池流域河道生态补偿的水质监测管理。市水务局负责滇池流域河道生态补偿的水量监测管理。市财政局负责滇池流域河道生态补偿金的结算使用管理。市委目督办、市政府目督办将把滇池流域河道生态补偿工作纳入年度目标考核管理。

以各县（市）区、开发（度假）园区之间河道交界断面及入湖（库）口断面作为考核断面。河道断面将考核水质和水量，其中，水质目标依据国家和省、市对河道水质的考核要求确定，考核指标为化学需氧量、氨氮、总磷；水量为通过考核断面的水量。考核断面水质数据为自动或人工监测的月均值，水量数据为自动或人工监测的月总量。水质、水量监测方法按照国家相关标准和技术规范执行。

考核断面生态补偿金将分别按化学需氧量、氨氮、总磷 3 个指标进行计算，补偿标准为化学需氧量每吨 2 万元，氨氮每吨 15 万元，总磷每吨 200 万元。每个考核断面补偿金为 3 个指标计算的补偿金总和。同一辖区内所有超过水质考核标准的断面按月累加计算补偿金，河道为行政辖区界河的，考核断面左右岸所涉辖区将平均分摊计算生态补偿金。除了水质不达标，考核断面出现非自然断流的，也将按照每个断面每月 30 万元缴纳生态补偿金。同时，未完成年度污水治理任务的，也需按年度未完成投资额的 20%缴纳生态补偿金。

该办法还规定，水质净化厂出水污染物浓度应当符合国家及地方相关水污染物排放标准，水质净化厂出水水质未达标的，也将按有关规定处罚。市滇池管理局将会同市环保局、市水务局将按月通报被考核单位断面水质监测结果。对当月水质、水量监测数据有异议的，可以在通报后一周内报请复核。

同时，明确了上游县（区）缴纳的生态补偿金要用于下游县（区）流域河道水环境保护治理；明确了入湖（库）口断面水质未达到考核目标和污水治理年度任务未完成县（区）缴纳的生态补偿金要用于流域河道水环境保护治理；明确了市级统筹的生态补偿金要用于对考核断面水质类别优于考核目标县（区）的补偿，并用于河道水环境保护治理。按照环境保护"党政同责"的要求，对被生态补偿责任县（区）的党政主要领导和分管领导，根据辖区所有考核断面中年均水质不达标断面比例，同比例扣减个人年度目标管理绩效考核兑现奖励。

通过实施河道生态补偿为开展水资源保护治理提供资金支持，强化属地责任，调动区域治污积极性，促进水环境持续改善。

曹：2010 年的《昆明市河道管理条例》出台的背景是什么？

何：河道具有防洪、抗旱、输水、蓄水、生态和景观等功能，是维系生态系统平衡的重要因素和现代城市景观的依托。昆明全市共有各类河道 170 多条，其中流域面积 100 平方千米以上的河道 70 余条，总长度 1984.44 千米，分别占全市河道总数的 41.2% 和总流域面积的 47.93%。滇池是中国最大的淡水湖泊之一，地处长江、珠江、红河三大流域分水岭地带，径流面积 2920 平方千米，总人口 470 万人，是全省居民最密集、人为活动最频繁、经济最发达的地区。人类活动的增多，导致河道成为雨、污水的排放通道，两岸乱搭乱建、乱倒垃圾、乱排污水等行为屡禁不止，造成河道水体污染严重，防洪标准降低，生态景观遭到破坏。市委、市政府高度重视河道保护和治理工作，在滇池治理中对出入滇池河道实施河（段）长责任制，开展"一湖两江"流域水环境综合整治"四全"（全面截污、全面禁养、全面绿化、全面整治）工作以及围绕堵口查污、截污导流等八个方面开展"158"河道综合整治工程，使河道治理取得了显著成效。为了巩固整治成果，创新管理制度，将综合整治的办法措施纳入法制化轨道，建立长效机制，切实保障防汛安全，保护和改善水环境，有必要制定《昆明市河道管理条例》。

2009 年 7 月，根据市委、市人大、市政府领导的批示精神，市政府成立了以市人大常委会副主任为顾问，市政府副市长为组长的《昆明市河道管理条例（草案）》立法领导工作小组，由市政府法制办牵头组织市水利、滇管、环保等部门，结合多年管理经验，借鉴外地的做法，起草了《昆明市河道管理条例（草案）》初稿。在反复征求县（市）区和市属有关部门意见的基础上，对文本进行修改。其后，又召开了由省政府法制办、省水利厅、省环保厅、省城乡建设与住房保障厅，市、县（市）区有关执法部门工作人员及水利、环保、法学等方面专家学者参加的专题会议。同时，将《昆明市河道管理条例（草案）》提请市人大论证、市政协协商，登报公开向社会征求意见，并举行了听证会。会后，起草班子对文本进行了认真修改，形成了《昆明市河道管理条例（草案）》（送审稿）。同年 12 月 11 日，《昆明市河道管理条例（草案）》经市人民政府第 146 次常务会议讨论同意后，提请市人大常委会进行审议。2010 年 2 月 24 日，《昆明市河道管理条例》经昆明市第十二届人民代表大会常务委员会第 31 次会议审议通过，并于同年 3 月 26 日经云南省第十一届人民代表大会常务委员会第 16 次会议批准，5 月 1 日起施行。该条例分为总则、制度与职责、规划与治理、保护与管理、法律责任和附则，共 6 章 41 条。

曹：城市生活污水近年来逐渐成为滇池的主要污染源之一，削减城市污染的主要举措是建立污水处理厂和完善排水管网建设。对此，2011 年出台了《昆明市城市排水管理条例》，其背景和过程如何？

何：随着全市社会经济的快速发展和城乡一体化建设的推进，城市排水管理工作中出现了许多新的情况，原条例部分内容已经不适用当前全市排水管理体制和相关管理工作。一是原条例适用范围不能满足全市城市排水管理和城乡一体化的需要；二是城市排水管理和城市排水设施管养体制经历多次改革，排水设施管养分离后，实行特许经营制度，政府需要加强对公共排水设施规划、建设、运营、养护等方面的监管；三是原条例缺乏对集中式污水再生利用的具体规定；四是原条例部分内容不能与国家近几年颁布的法律法规相衔接；五是市委、市政府对改善市域水环境、加强滇池治理有了新要求，需要通过法规予以固化。因此，为加强城市排水管理，实现依法治污，促进全市城市排水与污水处理事业的健康持续发展，有必要对原条例进行修订。

2010 年，按照市人大立法工作计划，市政府成立由副市长挂帅，市人大常委会副主任担任顾问，市滇池管理局牵头，市政府法制办、市规划局、市水务局、市环保局、市住建局、市昆明滇池投资有限责任公司、市排水设施运营养护公司、滇池流域各县（区）及各开发（度假）区等有关部门参加的立法起草领导小组及其工作班子，制订《昆明市城市排水管理条例》修订工作方案，七易其稿后，正式形成了《昆明市城市排水管理条例（修订草案）》。同年 8 月 17 日，《昆明市城市排水管理条例（修订草案）》经市政府第 165 次会议同意后，报市人大进行审议。10 月 28 日，《昆明市城市排水管理条例（修订草案）》获昆明市十二届人大常委会第 35 次会议通过。11 月 26 日，云南省人大常委会第二十五次会议批准了《昆明市人大常委会关于修改〈昆明市城市排水管理条例〉的决定》，于 2011 年 3 月 1 日起施行。

修订后的《昆明市城市排水管理条例》与原条例均为 7 章 51 条，在结构上将原条例排水许可管理及水质水量管理章合并为排水管理章，增加了污水再生利用章的内容，分总则、规划与建设、排水管理、运营与养护、污水再生利用、法律责任、附则，具体为调整适用范围，明确了排水管理体制、特许经营制度、城市排水设施的规划和建设、城市排水许可管理、城市排水设施运营养护、污水再生利用、法律责任等。

米：目前，滇池草海和外海，包括周边的水源地、水库、河道等都纳入了法制保护的管理体系之内，一系列保护和治理的法律法规和管理条例的出台，其基本历程是什么？

何：滇池流域管理包括流域治理、流域经营、集水区经营。需要综合运用法律、行政、经济、技术等各种手段，对流域内的水资源进行综合管理，以使流域的环境资源达到最合理的利用状态，实现流域的可持续发展，这种新型的水资源管理体制就是流域管理模式。流域的管理涉及水利、环保、生态等多个部门学科的系统工程。如何依法保护滇池、巩固治理成果是政府及其关系部门一直在寻求解决的问题。目前，省市党委、政府及相关部门根据滇池流域的管理工作需求，完善和制定了一系列的政策法规体系，特别是《云南省滇池保护条例》的颁布施行，提高了依法保护滇池的法律效力，有利于理顺体制，明确职责，建立滇池治理的长效机制，更有利于举全省之力保护治理滇池。滇池保护任务任重道远，作为政府工作部门，必须严格按照《云南省滇池保护条例》的所有规定，结合本地、本部门工作实际，进一步细化《云南省滇池保护条例》规定的各项制度，提出配套措施，确保《云南省滇池保护条例》各项规定落到实处。同时，及时掌握《云南省滇池保护条例》实施中遇到的新情况、新问题，总结和推广滇池保护治理工作中的好经验、好做法，积极探索形成滇池保护治理工作的新体制、新机制、新思路、新方法，促进滇池综合治理工作再上新台阶。执法部门必须认真履行《云南省滇池保护条例》赋予的职责任务，加大执法监督力度，把《云南省滇池保护条例》的实施作为提升执法工作水平的一次新机遇、新挑战，将各项制度和措施实施好，执行到位，自觉接受群众和社会监督。同时，加强《云南省滇池保护条例》的宣传教育，采取群众喜闻乐见、通俗易懂的形式，多形式、多渠道、多层次地组织开展学习宣传活动，营造良好的社会氛围，让《云南省滇池保护条例》"进机关、进乡村、进社区、进学校、进企业、进单位"，真正做到家喻户晓、人人皆知。

袁：为密切配合形成全省合力共治滇池，在《云南省滇池保护条例》贯彻需求和省市级各部门领导的建议指导下，为项目审批建立了绿色通道，您了解到的具体情况有哪些？

何：20 世纪 70 年代大力发展工业，带动了昆明经济的发展，但也造成了一系列的环境问题，特别是滇池水体的严重污染，严重影响了昆明经济社会的发展。滇池是著名的高原淡水湖泊，是昆明赖以生存的基础，没有滇池就没有昆明。为此，政府加大了对滇池流域开发项目的管理。根据《云南省滇池保护条例》第十四条第五款：昆明市滇池行政管理部门负责对涉及滇池保护工作的有关建设项目提出审查意见。第三十四条：禁止在一级保护区内新建、改建、扩建建筑物和构筑物。确因滇池保护需要建设环湖湿地、环湖景观林带、污染治理项目、设施（含航运码头），应当经昆明市滇池行政管理部门审查，报昆明市人民政府审批。本条例施行前，在一级保护区内已经建设的项目，由昆明市人民政府采取限期迁出、调整建设项目内容等措施依法处理；原有鱼塘及原用土地应当逐步实现还湖、还湿地、还林，原居住户应当逐步迁出。第四十五条：在二级保护区内的限制建设区应当以建设生态林为主，符合滇池保护规划的生态旅游、文化等建设项目，昆明市规划、住房城乡建设、国土资源、环境保护、水利等行政主管部门在报昆明市人民政府批准前，应当有昆明市滇池行政管理部门的意见。在二级保护区内的限制建设区禁止开发建设其他房地产项目。第四十九条：规划、住房城乡建设等行政主管部门对新建、改建、扩建项目应当控制审批。涉及项目选址的，批准前应当征求滇池行政管理部门等有关部门的意见；对可能造成重大环境影响的项目，立项前或者可行性研究阶段应当召开听证会。不得建设不符合国家产业政策的造纸、制革、印染、染料、炼焦、炼硫、炼砷、炼油、炼汞、电镀、化肥、农药、石棉、水泥、玻璃、冶金、火电以及其他严重污染环境的生产项目。

滇池流域开发项目严格环境准入制度，要求园区进行产业归类、合理布局。在环保局环评审批现场踏勘及"三同时"验收中，严格按照《中华人民共和国环境影响评价法》、《建设项目环境影响评价分类管理名录》（2008 版）和《云南省滇池保护条例》及分级审批规定，对产业园区内新建项目进行环保把关。一方面，认真执行国家产业政策和环保法规，不符合国家及经开区产业政策、污染排放不能达标的项目一律不得进入园区；对于不能满足环境功能区要求、卫生防护距离要求的项目，尽量要求园区和企业进行产业归类、合理布局。另一方面，对于符合国家产业政策、环保准入要求的项目，通过简化审批程序、开辟审批绿色通道等措施，促使项目尽快通过审批入园。

同时，严格执行"三同时"竣工验收制度，加强对入园企业生产的监管，对未批先建、不执行环评审批意见、不按环评批复要求落实环保治理措施的企业，督促其严格按照管理要求建立和完善污染防治措施，并在项目建设完成后尽快完善验收手续。通过以上措施，大大强化企业的风险防范意识，有效避免环境污染事故的发生。

滇池流域面积为 2920 平方千米，五华、盘龙两城区和官渡、西山、呈贡、晋宁、嵩明五县（区）的部分行政区域均在流域范围内。滇池流域由滇池水体及人工湿地生态区、滇池盆地区、水源涵养区组成，政府对这三个区域加强规划建设管理。

滇池水体及人工湿地生态区：该区域主要指滇池水面及与滇池相连的湖滨带，即人工湿地。在该区域内，禁止围湖造田、围堰养殖及其他缩小滇池水面的行为，禁止损坏堤坝、桥闸、泵站、码头、航标、渔标、水文、测量、环境监测等设施，禁止在滇池水体保护范围（1887.4 米水位控制线）界桩内建设任何建筑物（滇池治理工程构筑物除外），禁止新建有污染的项目。

滇池盆地区：该区域南起宝峰及柴河水库、大河水库下游河谷，北止于龙凤山、长虫山山麓，东起梁王山麓、大风丫口、干海子一线，西止于高海公路、安晋线南段。将该区域划分为 3 个层次进行控制：城乡建设区包括昆明城市规划主城区、龙城—斗南、晋城—上蒜、昆阳、海口、官渡、矣六、碧鸡、吴家营、马金铺、大渔等主要居民聚集区。在该区域内，依据生态、土地、水资源等环境容量，对城市（镇、村）规模进行合理控制，对点、面源污染进行全面综合治理，以建设"高效、清洁、安全、方便、舒适、人居环境优良的生态城市"为目标，积极优化产业结构，禁止建设有污染的工业项目。生态农田区包括蔬菜地、花卉地、水田等。在该区域内，推动农业向无害化、生态化方向发展。在入滇池河道两岸将规划确定的绿化带设为禁建区，对禁建区内的现有建筑物、构筑物，如果违法，坚决拆除，如果合法，将保留使用一定时期，待条件成熟时给予一定补偿后拆除。在生态农田区内禁止建设非农业生产设施。重要的城市基础设施和农业产业化配套设施建设项目占用耕地，必须严格按照相关程序依法审批。丘陵生态绿化区包括荒山荒坡地、旱地等。在该区域内，禁止建工厂和陵园（对现有工厂，根据环保及产业政策，具体研究今后的生存及发展出路），禁止开山采石、挖砂、伐林等，促进水资源的有效利用，提高土壤有机质，充分发挥土地生态效益和绿色植物"天然水库"的效能，以休闲农业等都市特色农业提高产业效益，促进农业耕作方式的改变。

水源涵养区：其范围是指水源保护区、水库汇水区和 25 度以上的荒山荒坡地。在该区域内要严格执行有关法律法规和《云南省滇池保护条例》，大力植树造林，禁止开荒种地、伐林、建工厂，禁止建设陵园墓地、开山采石和挖砂等。

具有绿色通道资格的项目，必须是在上述范围以外，并且是国家扶持发展的环保行业、生产服务业、面向农村的服务业、教育培训领域的项目。

袁：在省政府领导下，由昆明市人民政府具体负责管理体制任务，并在执行中通过层层建立滇池保护目标责任、评估考核、责任追究等制度，具体明确了省、市、县、乡镇、街道办事处，以及滇池行政管理部门的具体职责。那么，如何确定各级部门的保护目标责任？评估考核的内容和标准是什么？责任追究的内容和标准有哪些？

何：各级部门的保护目标责任的确定主要是根据各有关部门的工作职能职责来确定。

评估考核的内容和标准：根据各有关部门的工作职能职责，完成该项工作的难易程度进行细化、量化。

就责任追究的内容和标准来说：责任追究的标准、内容比较多，也比较复杂。我现在只针对滇池流域开发建设项目审批问题进行回答。例如，市政府赋予昆明市滇池管理局对滇池流域二、三级保护区内开发建设项目审批核发《滇池流域开发建设项目选址意见书》的权力；对滇池流域一级保护区内项目提出审查意见，报昆明市人民政府审批。昆明市滇池管理局不能超越权限进行审批，否则由上级主管机关从严查处，追究责任人和有关领导的行政责任，造成经济损失的，依法追究赔偿责任；触犯刑律的，依法追究其刑事责任。

滇池保护的目标责任体制：滇池事关昆明的可持续发展。同时，滇池治理是一个重大系统工程。市委、市政府把滇池保护治理工作作为首要任务和"一把手"工程狠抓落实，并要求各级党委、政府要把责任真正担起来、扛在肩上，相关部门要实现联动。千万不要认为只是环保局、滇池管理局的事，各部门都要主动上手，聚焦滇池治理，承担起各自职责，推动形成滇池保护治理的强大工作合力。建立和明确滇池保护目标责任是昆明进一步提高滇池保护管理水平的重要举措。明确和落实县（区）规划、发展改革、财政、水务、环保、农业、园林及林业、工商、公安、国土、城管、住建、工信、交通运输部门在滇池保护工作中的职责，实现滇池精准治理，提高科学化、系统化治理水平。

四、滇池流域的环境保护政策和制度建设

滇池流域的环境保护政策和制度建设是重要的"软件"建设，为环境保护的实践活动提供强有力的支持，尤其是针对滇池流域重难点污染治理工程，云南省、昆明市政府积极制定了一系列的政策和措施。

袁：滇池点、面源污染控制一直是削减污染源和污染量的重要难点，对此，关于点、面源污染控制的政策有哪些？如何逐步确定和推广？其成效如何？

何：滇池水质恶化、富营养化进程加剧的原因，主要是滇池流域人口倍增，工农业及社会经济迅速发展，工业和生活排污量剧增；流域生态环境破坏，水土流失加剧，面源污染量增加。

点源污染是指有固定排放点的污染源。例如，工业废水及城市生活污水，由排放口集中汇入江河湖泊。为控制污染源，1996—1997年底昆明市采取有力措施，积极关停取缔小造纸、小制革、小染料厂及土法炼焦、炼硫、炼砷、炼汞、炼铅锌、炼油、选金和农药、漂染、电镀、石棉制品、放射性制品等"十五小"企业。至1997年底，全市共取缔了小制革企业4户、小造纸企业12户，责令17户"十五小"企业和30户国有企业停产治理或限期治理。1998年，昆明市开展了滇池流域工业企业限期达标"零点行动"，5月1日"零点行动"倒计时结束，滇池流域253户达标排放考核对象除昆明市造纸厂、呈贡县下庄橡胶加工厂、福保造纸厂、昆明市电瓷电炉厂4户企业分别由昆明市政府责令停

产治理或搬迁转产外，其余 249 户企业均已完成治理任务，做到了达标排放，达标率为 98.4%。至 2000 年，列入省、市重点考核的 399 家工业企业实现达标排放。这些措施的落实，有效地控制和极大地减少了工业污染源进入滇池水体。随着滇池污染治理的迅速开展，内源污染和点源污染治理取得了成效，面源污染成为滇池富营养化的重要原因。

面源污染主要是没有固定污染排放点的生活污水的排放。滇池的面源污染源主要来自农村面源污染。例如，农田中的土粒、氮素、磷素、农药重金属、农村禽畜粪便与生活垃圾等有机或无机物质，从非特定的地域，在降水和径流冲刷作用下，通过农田地表径流、农田排水和地下渗漏，大量污染物进入滇池水体。为从源头上控制和削减输入滇池的磷总量，减轻对滇池末端治理的投资，体现"谁污染，谁治理，谁受益，谁补偿"原则，1996 年 5 月，根据《滇池保护条例》《滇池综合整治大纲》，在市法制局的大力支持下，由市滇池保护委员会办公室发起，市滇保办、市工商局、市公安局、市质监局等部门联合市人民政府上报了《关于昆明滇池流域内发布〈关于推广使用无磷洗涤用品的公告〉的请示》，并经市人民政府办公厅批复同意，以政府规章形式向全市公布，于同年 10 月 10 日起施行。2007 年 9 月，昆明市人大常委会作出《昆明市人大常委会关于在滇池流域及其它重点区域禁止挖砂采石取土的决定》。2008 年 5 月 11 日，昆明市人民政府公布《昆明市人民政府关于在滇池流域范围内限制畜禽养殖的公告》。2010 年 12 月 2 日，市政府研究制定了《关于在滇池流域和其他重点区域实施"十个禁止"加强环境保护和生态治理工作的实施意见》等。全市上下一心，认真贯彻市委市政府的决定，扎实有效地抓好滇池流域水环境综合整治工作，才使得如今滇池入湖河道水质明显改善，河道环境显著改观，实现河畅、水清、坡绿、岸美的景象。

袁：滇池流域的湖滨生态带建设是生态保护和修复的重要举措。当前，关于滇池流域生态保护与修复的政策有哪些？

何：滇池流域生态保护与修复的政策主要有《滇池湖滨"四退三还一护"生态建设工作指导意见》《中共昆明市委 昆明市人民政府关于开展滇池治理三年行动的意见》《滇池分级保护范围划定方案》等，这些政策的出台都是随着工作的深入，在实际工作中的经验总结，对推进滇池湖滨带建设具有重要的指导作用。例如，《滇池湖滨"四退三还一护"生态建设工作指导意见》明确在环湖生态修复核心区域范围内，实施"四退三还一护"，建设湖岸亲水型湿地和湖滨林带，全面推动湖内湿地、湖滨湿地、河口湿地和湖滨林带等环湖生态恢复与建设。坚持人工干预最小化、自然恢复最大化的原则，采取市级统筹、县（区）

实施的工作模式，目前已完成退塘、退田 4.5 万亩，退房 145.3 万平方米，退人 2.5 万人，建成湖滨生态湿地 5.4 万亩，拆除沿湖防浪堤 43.14 千米，增加水面面积 11.5 平方千米。《昆明市人民政府关于深入推进滇池湖滨生态建设工作的意见》，严格执行滇池湖滨城乡规划、土地规划和生态建设规划，充分利用好"城乡建设用地增减挂钩"等相关政策，通过土地使用权流转、集体土地征收、国有土地使用权收回等方式，依法遵规、科学高效地使用土地，确保滇池一级保护区土地只能用于生态建设。按照城市居住区建设并结合工作实际，采取由县区政府（管委会）统一选址、统一规划、统一组织，规划方案需经报批后方可实施的拆迁安置房集中建设模式，现已建设安置房 29.3 万平方米，安置 1874 户，其余为货币补偿，为顺利开展湖滨生态带建设提供了重要条件。

袁：随着"六大工程"的完善，工程性的保护和建设已经初步完成，重点在于如何加强监管工作，以保证工程性措施长期有效执行。当前关于滇池环境保护的执法监管政策有哪些？

何：例如，对违法单位的惩处条款有哪些？目前昆明市对违法单位实行"一次性违法，永久性退出市场"的惩处措施，哪些违法单位已经因何原因触犯条款并受到处罚？

《中共昆明市委　昆明市人民政府关于开展滇池治理三年行动的意见》指出，要严格执行环境影响评价制度和主要污染物总量控制制度，通过区域和行业限批、限期治理和联合执法等手段，从严查处未批先建、批建不符等违法行为。实行最严格的河道管理和监督考核制度，分段监控、分段管理、分段考核、分段问责，坚决防止出现污染反弹。同时，严格查处各类污染和危害滇池的违法行为，对违法排污企业实行"一次性违法排污，永久性退出市场"，对涉嫌犯罪的环境违法行为依法移送司法机关，做到违法案件防范在先、发现及时、制止有效、查处到位。我认为滇池管理就是要解决"守法成本高、违法成本低、守法吃亏"的环保困局。例如，现在一些排污企业偷排偷放，即使被处罚也很轻，接受环保处罚比治理污染合算。

曹：总体而言，您认为滇池保护和治理的制度建设经历了怎样的发展演变过程？对滇池的环境保护事业发挥了什么样的影响？有哪些亮点值得并可以推广借鉴？

何：滇池保护与治理的有关政策制度的建立，是随着治理工作的不断推进总结出来的，是集体智慧的结晶。特别是 2008 年"治湖先治水，治水先治河，治河先治污，治污先治人，治人先治官"的观念提出，标志着昆明市以更加果敢的勇气、更加宏大的气魄、更加超凡的胆略，加快滇池治理步伐。

多年来，昆明市统一了思想和认识，以崭新的理念制定了整治入滇池河道的思路、方法。全面截污，堵住城乡污染源头，使河水变清，加快治理好滇池。围绕湖外截污、湖内清淤、外域调水、生态修复四大刚性目标，把河道整治作为湖外截污的重要环节，按照入滇池河道综合整治"堵口查污、截污导流；两岸拆迁、开辟空间；架桥修路、道路通达；河床清污、修复生态；绿化美化、恢复湿地；两岸禁养、净化环境；规划设计、配套设施；提升区位、有序开发"八方面总体要求，突出"堵口查污、截污导流；两岸拆临、拆违、拆迁，岸线公共空间贯通；沿岸禁养、杜绝面源污染；沿岸绿化、修复生态、恢复湿地；河床清障、清淤"五个重点，以"堵口查污、截污导流"为重中之重等一系列措施，为"治水先治河"目标的实现提供了强有力的保障，也才有了今天滇池草海、外海水质由劣V类转为V类的情况。

五、关于昆明市滇池管理局成立前后的机构变更

米：据我们所知：滇池环境保护事业发端于昆明市滇池管理局成立之前，滇池环境保护行政机构在四十年中经历了多次重大变化，我们想了解一些比较具体的问题。

滇池环境保护事业是一项综合性工程，一直都存在政府部门和科研机构等多层级多机构部门的协同合作。目前为止，哪些省级机构、市级领导机构和专家咨询机构、市级滇池管理机构、融资管理机构、昆明市滇池管理局直属单位、县（区）滇池管理机构、滇池沿岸乡（镇）管理机构和学会及其他组织共同参与到滇池环境保护事业中？其各自的职责是什么？这些机构之间的关系如何统筹？

何：20世纪80年代后，为强化滇池管理和治理，省、市成立了云南省九大高原湖泊水污染综合防治领导小组及办公室、云南省滇池水污染防治专家督导组、昆明市滇池保护委员会办公室、昆明市滇池流域水环境综合治理指挥部、昆明市"一湖两江"流域水环境综合整治专家督导组、昆明市滇池管理局，沿湖7县（区）、乡镇也成立了相应的管理机构，形成了两级政府、三级管理、四级网络的管理机制。多个滇池及入湖河道管理和水污染综合防治的工作机构，为滇池管理和水污染综合防治工作提供了组织保证。建立由市领导亲自挂帅、监督、指导的河（段）长负责制，健全和完善党委领导、政府主导、部门联动、公众参与、法治保障的滇池管理长效机制，强化动态监管，有效地推动滇池保护治理工作向科学化、规范化和法治化转变，做到滇池、河道清洁有人管，湖岸、河岸绿化有人护，滇池流域违法行为有人查，

确保滇池保护治理工作有序推进。

袁：在昆明市滇池管理局成立之前，滇池环境保护工作主要由哪些部门负责？其机构设置有哪些？

何：在其成立之前，滇池的管理工作由昆明市环境保护局负责。我们都在国务院的领导下。

巴：昆明市滇池管理局是如何从1978年的昆明市水利水产局逐步分立出来的？其成立的背景是什么？其机构设置进行了哪些扩充和调整？

何：昆明市滇池保护委员会办公室是依据《滇池保护条例》于1989年成立的，为市人民政府负责滇池及其流域保护和开发利用、进行宏观管理的职能机构。2002年，为加强滇池的统一协调管理，昆明市政府决定设置昆明市滇池保护委员会办公室（正县级），同时挂昆明市滇池管理局牌子，将昆明市滇池污染治理世界银行贷款项目领导小组办公室并入昆明市滇池保护委员会办公室，保留牌子。昆明市滇池保护委员会办公室（昆明市滇池管理局）既是市滇池保护委员会的常设办事机构，又是市政府主管滇池污染保护与治理和行政执法的职能部门。

昆明市滇池保护委员会办公室（昆明市滇池管理局）内设综合处、规划计划处、治理项目管理处、环境影响监督处、政策法规处、宣传教育处、财务处、外资项目管理处和人事处（纪检监察处）9个处，下辖昆明市滇池水利管理处、昆明市西园隧道管理处、昆明市渔政监督管理处（更名为昆明市滇池渔政监督管理处）、昆明市航务管理处涉及滇池航务管理的机构、昆明市水产总公司及其下属单位、昆明市城市排水公司及其下属单位。

袁：从清末到民国时期，滇池管理的重点在于水利和渔政，主要由省级水利局负责，主要是防治水患，其机构设置和管理范围也多集中在滇池东南部、南部，还未转移到昆明主城区。1978年昆明市水利水产局成立，其机构设置在哪里？您能不能介绍一下当时的具体情况？这种机构设置和坐落位置的变化给滇池管理工作带来了什么影响？2002年，昆明市滇池管理局成立，其职责和机构设置也表明滇池治理的重点开始转向污染治理。从机构变迁来看，滇池环境问题的演变是否有合理性？

何："人进水退"是千百年来人类与滇池互动演进的根本特点和总体趋势，也是滇池治理思想的核心和主流。从"人进水退"到"四退三还"，滇池治理经历了从适应性治理、征服性治理到建设性治理的转变。不同的时期，滇池的治理思想也不同。

从元代开始到20世纪80年代以前，对滇池的管理主要是对海口河，也就是对滇池出流通道的管理。1978 年成立的昆明市水利水产局也就是今天的昆明市水务局。

改革开放以后，随着滇池流域社会经济、人口的增长，针对当时滇池周边分布着冶炼、造纸、化肥生产、制药、石棉制品等众多企业的污染威胁滇池水质的情况，为治理滇池，流域的环境压力也随之显现。为加强管理，1979 年昆明市环境保护局成立，其是市政府主管全市环境保护工作的部门，1980 年制定和颁布了《滇池水系环境保护条例（试行）》，规定了凡是向滇池水系排放污水的单位，均要向环保部门登记领取排污许可证，所排放的污水不符合规定标准的，需缴纳排污费。1978—1989 年，滇池流域的水利建设、开发利用及其管理隶属昆明市水利局；滇池水体监测、入湖河道的监测和流域内点源污染、面源污染的治理与控制工作隶属昆明市环境保护局。

20 世纪 80 年代后期滇池的污染形势严峻，20 世纪 80 年代中期，滇池及其流域的环境问题日益明显。一是水资源量不足，滇池地区人均年水资源量仅为302 立方米，是世界人年均水资源量的 1/33。滇池曾经是一个湖水很深、湖面宽阔的淡水湖泊，由于自然原因和人为活动的影响，滇池湖面逐年缩小，蓄水量逐步减少，与古滇池相比，滇池湖面只有其 24.7%，蓄水量仅有其 1.9%。与1949 年相比，湖面由 320 平方千米缩小为当时的 306 平方千米。湖盆变浅，每年流入滇池的泥沙量有 40 多万立方米，近四十年来湖盆平均已经抬高 47 厘米，蓄水量明显减少，更加剧了昆明市水资源不足的状况，水资源短缺的问题将日趋突出。二是滇池水质日趋恶化。滇池周边建有 5200 家工厂，居住着 180 多万人。据统计，1986 年排入滇池的工业和生活废水为 1.53 亿吨，有机污染物质为58484 吨。其中工业废水为 1.1 亿吨，随这些工业废水排入滇池的有机污染物质为 27854 吨，其中氨氮为 177 吨，化学耗氧量为 8730 吨，石油类为 54 吨，硫化物为 23 吨，重金属量为 332 吨。农业、畜牧业每年排入滇池的有机污染物不少于 1.39 万吨。由于大量污染物排入滇池，滇池水质日趋恶化，直接影响到城市生活用水和工农业用水，对城市和滇池沿岸的人民生产、生活造成很大的威胁。三是缺乏法规规范，滇池生态环境恶化日渐加剧。滇池环境日趋恶化的主要原因如下：①上游森林植被减少，水土流失严重，滇池盆地区的森林覆盖率由中华人民共和国成立初期的 40% 下降为 23%，松华坝上游水源区的森林覆盖率由 65% 下降为 27%，水土流失面积达 964 平方千米，占滇池流域的 36.83%；②随着滇池流域人口迅猛增长和社会经济不断发展，滇池污染负荷不断加重；③在社会经济发展的同时，对生态环境效益重视不够，没有采取有力措施防治滇池污染；④长期以来对滇池的保护、开发利用缺乏战略性规划和综合整治方案，以致于注重开发利用，而忽略保护。上述滇池污染和生态环境日趋恶化的原因，归根到底是长期以来没有一个切合昆明地方特点的保护滇池的法规来约束各种人为危害滇池的行为，导致各行其是，造成滇池生态环境日趋恶化、难以控制的局面。滇池问题已制约了昆明经济和社会的发展，引起全社会的关注，专家、学者、各界知名人士多次在国内外报刊发表文章呼吁保护滇池。1987年3月，全国人大常委会副委员长楚图南发出了"救救滇池"的号召。综上所述，保护滇池需要一个专门的切合昆明地方特点的地方性法规予以约束人们的行为，对滇池的保护和开发利用采取法治手段已成为全市人民的迫切愿望，立法保护滇池的时机已经成熟。2002年1月21日，云南省第九届人民代表大会常务委员第二十六次会议批准了《昆明市人大常委会关于修改〈滇池保护条例〉的决定》。根据《滇池保护条例》，在市政府领导下设立滇池管理机构；五华、盘龙、西山、官渡区、呈贡、晋宁、嵩明县政府应当有相应的滇池管理机构，有关乡镇应有保护滇池专管人员；有关部门应各司其职，实施本条例；加强滇池治安管理工作，建立健全治安管理机构。也就是说，昆明市滇池管理局是依法而成立的。其主要工作是在《滇池保护条例》所赋予的范围内开展管理工作。

2010年市政府在机构改革方案中明确规定：昆明市滇池管理局（昆明市滇池管理综合行政执法局）在涉及滇池安全度汛、城市防洪方面，应加强与市防汛抗旱指挥部办公室和市水务局的联系与配合，在市防汛抗旱指挥部的统一领导下，负责做好主要出入滇池河道管理范围内的防洪安全，做好所负责的工程项目防洪排涝安全，督促施工单位落实安全度汛措施，确保防洪排涝安全，做好滇池的水体置换、水量调度管理工作。

滇池水量调度控制应用计划，由昆明市滇池管理局（昆明市滇池管理综合行政执法局）经市水务局上报省水利厅批准后实施。《滇池取水许可证》由取水单位向市水务局申请，由市水务局委托昆明市滇池管理局（昆明市滇池管理综合行政执法局）进行初审，市水务局审核后核发，水费由昆明市滇池管理局（昆明市滇池管理综合行政执法局）负责征收，按收支两条线的规定执行。

根据《云南省人民政府印发关于昆明市滇池管理开展相对集中行政处罚权工作方案的决定》（云政发〔2003〕123号）精神和相关法律、法规，昆明市滇池管理局（昆明市滇池管理综合行政执法局）履行省政府和市委、市政府规定的行政处罚权，负责组织开展《滇池保护条例》《昆明市城市排水管理条例》及滇池水体、入滇池河道等纳入综合执法范围内企业违法排污行为的查处工作；负责对滇池流域建设项目选址审查、排水许可的审查等。以上项目以外涉及滇池流域的工作由昆明市环境保护局负责。

　　昆明市公安局环保分局在履行滇池治安管理职责的同时，协助昆明市滇池管理综合行政执法局开展相对集中行政处罚权的工作。

　　我认为机构的变化，说明了省市党委、政府坚定不移推进生态文明建设，坚持节约资源和保护环境基本国策，牢固树立"绿水青山就是金山银山"的强烈意识和绿色发展理念，把生态文明建设纳入制度化、法治化轨道。加强滇池流域的环境管理，建设美丽昆明需要全体人民的共同努力。

第二章　围海造田时期的滇池环境变迁

　　由于年代久远，大部分围海造田参与者，尤其是担任组织管理工作的参与者已去世，访谈对象较为单一，多为当时的学生或民工。另外，由于受访者普遍更愿意在自己熟悉的场合，与自己的朋友共同接受访谈，故项目实践中多在田野环境多对多地进行访谈，而非严格意义上的一对一访谈，内容多呈现碎片化特点。

第一节　滇池围海造田的历史背景与影响[①]

　　访谈人：您好，请您谈谈对滇池围海造田的历史背景的认识。

　　受访者：滇池围海造田是历史上的一个客观事件，现在来看的话，虽然总是说它对我们的生态造成了一些破坏，但是，从当时的历史环境来看，这是符合当时的要求的，因为当时确实是为了人民种粮食，这样才能吃饱肚子，这个也不是昆明的特例，而是很多地方都在做，所以你们从历史的角度对这个要有一个客观的评价。

　　访谈人：嗯。

　　受访者：它确实也是我们滇池历史上一个客观的事件，肯定是客观上有影响，但是，我们不去夸大它。这是我们做的一块展板，反正基本上领导来，我们现在都用这块展板介绍，至于这几个标题，我们现在也有一个新的提法，我们做了新的 logo，也是在讲河清滇池净，就是河道清了我们的滇池就跟着净，

---

　　① 受访者：张佳燕。访谈人：吴亦婷、杜京京。访谈时间：2020 年 11 月 13 日。访谈地点：滇池管理局宣教处。

然后就是湖净昆明美，所以我们现在提得更全面一点，但是总体的概况，我们生活在云南或者来云南的人都知道，因为它整个处于城市的下游。

访谈人：嗯。

受访者：所以这也是为什么污染比较难以治理，这些是一些湖面、案件、面积的基本情况。我们常住人口比较多，现在昆明市有 600 多万将近 700 万人。但是，我们滇池流域 2920 平方千米，就是这几个主城，五华、盘龙、西山、官渡、呈贡、晋宁度假经开中心，这几个在流域面积内的人口就差不多是 115 万，人口高度聚集，然后它的生产总值占全市的将近 80%。在全省也是一个核心的地位，所以这就是为什么当时温家宝总理提到三河三湖治理，就说太湖是重点，滇池是难点，就是因为太湖它虽然也很大，现在蓝藻的情况也还是比较突出的，因为它跨省跨领域，它那边也属于经济发展核心，但是昆明滇池比较特殊，因为它在省会城市，云南又没有其他大型或者超大型的城市可以分散我们的人口，所以我们现在即便是提量水发展、以水定城，但还是有矛盾，可能昆明以后是要朝千万人口的城市发展的。

访谈人：是。

受访者：我们滇池肯定是希望人越少越好，因为它其实已经突破了生态环境的承载量，早就已经突破了，所以保护和发展这么一个关系还是很困难，但是，肯定还是要坚定信心，因为现在党和国家对生态环境很重视。

访谈人：对。

受访者：包括习近平生态理念的提出，我们怎么来落实这个问题，现在也列出了一些原因，有人口规模扩大、乡镇企业的发展会污染环境等。这是我们的对比照片，就是我们索道下面。这个都还不是最严重的时候，最严重的时候，人可以直接站在有蓝藻的区域，拿桶拿瓢直接舀起来，对，像我们的那个位置，其实现在已经好很多了。

访谈人：哇，真的。

受访者：但是这段时间还是会有一层薄薄的蓝藻，特别是夏季的时候，所以这就是为什么外地来的游客对滇池没有这种对比。

访谈人：嗯。

受访者：游客来了之后可能就是去坐索道，爬西山，去海埂公园玩一下，因为他们看到的都是滇池比较脏的那个地方，这也是风向的一个原因。

访谈人：谢谢。

受访者：你们在学校见到外地的朋友，也可以帮我们做一些宣传。

访谈人：对。

受访者：因为有时候游客经常艾特我们微博啊！例如，滇池太脏了，还是绿的，特别是从西山看下来就有一个很明显的分界线，就是这边是绿的，靠我们呈贡这边靠近晋宁水倒相对好一些。但是，对于蓝藻，这没办法，它是一种长期的过程，包括像太湖也还是比较严重的一种状况，恐怕是一个富营养化水体，它规模比较大，湖泊治理，总归是一种难题。

访谈人：对。

访谈人：我们现在做的这个项目和环境史有关，最近几年越来越多的研究和环境史相关。

受访者：你们好像有个环境史学院，他们来调研过生物的。

访谈人：嗯，对，我们有个环境史研究所，周琼老师就是这个研究所的一员。

受访者：对。

访谈人：我们的项目也是她指导的。

受访者：哦，我还去参加过她们的会议。对，她之前有个学生也来过这里调研。嗯，对，我们的项目现在也是跟着她在做调研，也挺有意思，从你们这个角度。

访谈人：嗯，就是调查一下历史上人地互动的这个关系。

受访者：但你们肯定还是要找很多的资料，因为我们这种属于管理部门，可能现在的情况是掌握了一些，但是对以前的情况，我们不敢随意下结论，对吧？

访谈人：嗯。

受访者：客观上是这样的，我们刚才说了城市规模流域人口的增加，你们可以搜一下前段时间你们云大段昌群教授，他是生态学院的，他在《光明日报》发了一篇文章，我觉得那篇文章总结得很好。就是《光明日报》上，《云南滇池：科学治理实现绿色发展》，你们拍一下。

访谈人：好，我们拍一下。

受访者：段昌群也是你们生态学院的教授，他比较高屋建瓴，如文章里面说滇池水环境出现这种转折，是在昆明市人口比30年前增长一倍多，城市建成面积增长两倍多，经济体量增长了100多倍的情况下取得的，虽然城市还在不断地扩大，但是我们遏制住了恶化的势头，还能把它往好的方向扭转。

访谈人：很厉害。

受访者：对，但是大家还不满意，现在老百姓不管是几类水，他们看的是表面的东西。

访谈人：看表面的东西，他没有对比。

受访者：对，没有对比的话，他还是觉得好像是任重道远吧。当时我觉得段教授这篇文章总结得真的挺好的。

访谈人：嗯。

受访者：不是说我们人没有增加，为什么我们跟洱海也不能做比较，因为洱海还远远不能跟我们比，那大理就算现下很热门，但是它常住人口也就 20多万。

访谈人：对，常住人口。

受访者：对，它还在城市的下游，昆明本来就是分水岭的地带。

访谈人：对。

受访者：本来就是缺水的城市，人均还不到 200 立方米，跟以色列的缺水状态差不多，所以可能我们自己不觉得现在昆明经常很多地方都会有什么片区停水。

访谈人：嗯。

受访者：外地人都没听过，昨天有延安市的来拍，摄像师是成都人，他说成都也很缺水，但是成都旁边有闽江，然后我说，我们也很缺水，我们这边的小区还会分片区停水，他就很惊讶。他说，成都已经好多年没有发生过停水的情况了，所以这边情况还是很严峻的。

访谈人：是。

受访者：大家都在对各种的饮水进行保障，但是确实是没有清洁水，不计我们汇入滇池河道的水，都是我们污水处理厂出来的。

访谈人：嗯。

受访者：虽然看上去已经很干净了，但是它里面的污染物指标还是高的。

访谈人：是。

受访者：对，基本上还是 V 类，所以我们现在恢复湿地也是为了让它能净化一些。

访谈人：嗯。

受访者：对吧？流域人口增加，其实最大的一个问题就是我们当时的环保设施没有跟上，我们以前都是那种厕所啊！

访谈人：直接。

受访者：就是会有人把粪便拉到农村去浇地，后来就直接改成了水冲厕，但是大家并没有考虑冲的那些去哪里了。

访谈人：嗯。

受访者：对，其实所有城市都面临这种问题。

访谈人：是。

受访者：可能只是没有这样一个湖泊，就排到了沟渠。有污染了之后，那肯定也受到污染了。只是滇池，是全部排到这里的。

访谈人：是。

受访者：20 世纪五六十年代Ⅱ类水、Ⅲ类水，我们是直接打起来吃，20世纪七八十年代改成水冲厕，应该是 20 世纪 80 年代左右，然后就一直往里面排，那时候的海埂公园是可以游泳的，20 世纪 80 年代末也还可以游泳，20 世纪 90 年代初就已经完全不行了，就变成绿色的水了，那是因为它由量变到质变，因为它本来是清水，后来不断地有脏水进来。

访谈人；嗯。

受访者：它本来可以自己消耗一些，但后面已经完全丧失功能，导致蓝藻暴发。滇池，说我们的母亲湖也好，这些污染都是我们造成的，所以每个人都应该有一份责任。

访谈人：对。

受访者：这也是一个宣传的重点，也是我们这方面怎么通过节水来保护滇池，然后你们怎么认识我们和滇池的关系，只是可能现在有一些人不走到滇池，因为现在城市扩大得很大，有些可能住在北边，他们平时跟滇池也不产生关系，那可能就是嘴上在说，怎么怎么样的，但是，其实我们每天早晨起来，你一进卫生间就开始对滇池造成污染。

访谈人：对。

受访者：一个很重要的原因，就是和面源污染有关，包括以前我们的斗南花卉市场，因为现在斗南花卉市场调整产业结构，它没有种很多花卉，但是在晋宁还有大量的花卉大棚，估计还有 30 万亩吧。种植花卉所施用的农药会造成面源污染。

访谈人：嗯。

受访者：这里的主要举措是从 2015 年开始的，但是，我们滇池治理其实还是比较早的

访谈人：其实我看过。

受访者：对，我看过条例，第一个滇池保护条例是 1988 年出台的。我们当时用了世界银行的很多贷款，我们的第一个污水处理厂就在滇池路，省人大旁边，第一污水处理厂应该是 1990 年建成 1991 年试用，那还是算比较早使用世界银行的贷款的，到现在为止，我们的第十四个污水处理厂还在建。

访谈人：对。

受访者：我们现在光是主城就有 14 个污水处理厂，13 个运行的污水处理厂，理论上我们产生多少污水就能处理多少污水，这个量是足够的，但是，因为出来的指标还是高，所以就是要进一步提标。

访谈人：嗯。

受访者：我们现在说的这些"九五""十五""十一五""十二五"一直都在做的大的方面，其实还是围绕"六大工程"来的，就是河道整治、生态修复等。

受访者：我们河长制推行得比较早，2008 年就推行河长制，全国是 2017年才下发的文件。

访谈人：是。

受访者：河清滇池净，河道进来的水质有保证，滇池水质才有可能提升。

访谈人：是。

受访者：之前一直都是劣V类水质，只能分五个类别，劣V类劣到哪里去，有些专家说，劣到应该是劣 18 类都不止的那种。2016 年是V类，2017 年是V类，2018 年是IV类，但是现在还是一个不稳定的状态。

访谈人：对。

受访者：因为它不可能到那个指标。其实今年还是有波动的，近几个月都是V类的样子，所以今年全湖平均能不能到IV类还不好说。

访谈人：是。

受访者：我们当时真的只侧重客观规律，包括洱海，它还不是II类到III类之间嘛，对吧？每个月波动不一样，所以客观来讲，它不可能达到那个指标就停在那里不动的，就是说包括劣V类，那几年，指标还是有轻有重的。

访谈人：嗯。

受访者：所以这是一个长期的过程，包括 2035 长期规划。

访谈人：嗯。

受访者：本来我们都是提稳定IV类，但是领导说你再做 15 年以后，你还是IV类，那你滇池管理局不用存在了，你还得上一个类别，但是太难了。就是我刚才说的，你想呀，千万人口发展，这么多人，现在这边几乎没有地了，因为我们是一级保护区，地是不能动的。

访谈人：对。

受访者：现在生态保护，国家也有国土的空间规划，统一标准，你根本就没有资源，但是，现在我们晋宁很多还在开发。

访谈人：对。

受访者：本来晋宁那片水是很好的，如果万一那边污水处理什么的跟不上的话，很有可能要重蹈覆辙，但是，我们肯定不希望那种情况出现。

访谈人：嗯。

受访者：对，广州开发商的广告就在滇池那边，但是，其实不是那么近，所以就给人一种误导，我们都是看离着近才去的，但是他们那广告就是这样打的。

访谈人：是。

受访者：你离10米，我就只有9.5米，但是，不是这种概念。去年我们基金会与日本那边有一个环保的交流活动，他们说一下飞机，机场全是滇池边的房地产广告，是不是就是那种无序的开发？我说，看广告上都应该给我们基金会捐钱，都是拿着滇池在做广告嘛。

访谈人：是。

受访者：其实不是那种状况，对大家也是一个误导。因为水质提升，我们周边的一些活动增加，包括大家看的马拉松、龙舟赛，以前那种水质，绝对是举行不了的。

访谈人：是。

受访者：那一片在龙舟赛以前都是臭的，走到滇池边，大家都是捂着鼻子跑过去，现在起码感官上还是有很大的变化的，里边没那么臭了，但是，蓝藻确实是一个问题，因为它现在虽然是轻度的富营养，但毕竟还是富营养化的湖泊。

受访者：大家知道为什么我们以前要叫草海吗？就是因为它下面有很多沉水植物，长得很好的。蓝藻其实在Ⅲ类水、Ⅱ类水的一些湖泊、水库里面都是存在的，只是没有像这样生长得非常快。现在我们重点做出了六大工程，截污、河道整治，肯定是要持续做的。

访谈人：嗯。

受访者：我们该用的手段都用了，就像西医的大手术，全都做了，环湖截污是100多亿元，牛栏江引水是80多亿元，环湖生态修复"四退三还"是100多亿元，所以钱都是花在这些地方，包括我们污水处理厂的进水。现在在东郊西郊的垃圾填埋场用的都是滇池治理的贷款，所以为什么我们现在说用的资金太高了，500多亿元，但是跟太湖那些比起来还是很少，太湖是超千亿元的，而且我们不是说投到这水面的钱，就是所有基础设施都算到我们头上，其他城市没有这样一个湖泊，也是要建设这些基础设施的，垃圾填埋场、管网、污水处理厂都是要建的，但是其他城市没有一个系统来算这总账。

我们因为有滇池，这些钱都算在滇池治理里面，所以确实投入也很大。这样做值不值得，你用那么多钱买水都把滇池水换了几遍了，但是不能这样理解，因为它是一个自然的湖泊，它不是一个游泳池，你每天都可以换水。

受访者：每天还是有源源不断的生活污水，这些处理过后的水都要排进来。

访谈人：真的。

受访者：我们为什么提六个转变，说真的是我们生产生活方式的一种转变，对吧？大的如产业结构的调整。虽然现在已经没有什么工业污染了，当然我们面源污染治理这方面还是比较欠缺。然后就是生活方式的转变，我们的绿色发展、绿色生活方式，整体的更节能环保、环境友好的这种方式，只有全社会都做到这一点，才有价值。

访谈人：这是一个责任。

受访者：对，我们节约每一滴水就是有意义的，包括垃圾分类也是一样的道理。环境也是这样，大家觉得围海造田很可惜，对吧？

访谈人：对。

受访者：我们看过以前的片子，资料片，现在你看到会觉得很震惊、很痛心。

围海造田都是肩挑那种，我们那么多的水就截断了。然后所有的石头、挑的沙，全部填进去，因为那会儿失水太多了，大家不觉得心疼，城市也很小，可能填呢。

访谈人：主要是还不够吃的。

受访者：对，孩子多，吃的多，还不够吃，那会儿也谈不上什么环境保护。

访谈人：没有意识。

受访者：国家领导人真是高瞻远瞩，很早就提出了要保护好滇池。

访谈人：嗯。

受访者：然后注意不要被污染，但是，没有办法。你想我们20世纪80年代，可能一直到20世纪90年代初吧，才刚刚有这个意识和精力来做这些，以前可能就是觉得蓝藻太多了，就把它捞出来。1999年世博会的前后可能有一些特殊的措施。

访谈人：嗯。

受访者：但是，你看真的到20世纪90年代以前可能就是关停那些五小的企业，比如纺织厂、印染厂、电厂，都是点源的一些污染。

访谈人：是。

受访者：20世纪90年代昆明治理污染还属于很早的了，利用世界银行的贷款，建污水处理厂和垃圾填埋场，整治河流，还是给我们奠定了非常好的基础。

访谈人：是。

受访者：因为现在大家生活条件好了，就肯定开始想整治环境，以前就是为了填饱肚子。所以，共性都一样，湖泊治理，包括洱海、太湖，是一湖一策，只是大家的提法稍有不同，但是基本上都是把它作为一个系统治理的概念，不是某个技术、某种方法就能起作用的，都是一个系统工程，现在也没有什么独门秘籍可以去借鉴，只是根据湖泊不同的情况来治理，久久为功，才能把事情做好。滇池治理，确实是压力很大。

访谈人：是的。

受访者：洱海水质变坏了，我们咬咬牙下下力气，还是可以整治好的。

访谈人：对。比较好保护。

受访者：人的干扰要少一些，包括抚仙湖也一样，对吧？抚仙湖也是，最多就是周边的那些。

访谈人：主要是旅游，没有像这种常驻工业什么的。

受访者：对，而且抚仙湖的水量也非常大，一旦污染成滇池这样子，那也没有办法治理，就是一点办法都没有，但是抚仙湖的水质很好。其实，大多数污染都是周边的污染排进去的。

访谈人：嗯。

受访者：它能消化掉。一开始滇池可能也能消化一部分。所以现在我们说以后的重点就是除了截污、河道整治外，最重要的就是我们的生态修复，还是要恢复它的自净能力。

访谈人：嗯。

受访者：我们刚才说了大手术做完以后，现在进入调理的阶段。

受访者：中医调理，希望他慢慢好，因为自然的力量要比人为的力量大，草海之前比较糟糕的那片水域对面就是滇池生态研究院，现在那片草海水域是Ⅲ类水，是现在滇池水质最好的地方，现在恢复了很多的水生植物。

访谈人：嗯。

受访者：那块是Ⅲ类水，是作为我们的一个样板和示范。

访谈人：嗯。

受访者：都有海菜花了，海菜花就自己在那里生长。所以，希望以后滇池全湖都能是那个样子，但是还是很难，因为外海的面积太大，而且风浪比较大，我们还有一个蓄水的功能，水位比较高，植物光合作用发生不了的话，它生长不了。为什么我们要高水位运行呢？因为水位高，污染物的指数就会低一些，也是为了我们的水质好一些，但是，一旦把水位降低，污染物浓度就变大。所以我们领导也担心有这种风险，但是水位低一点的话，对于水生植物的生态修复效果要更好一些。但是，现在我们也在尝试，今年其实外海的水位就有一段时间不太高，所以植物生长得也还行。自然的力量是很大的。我们还是希望能尽量在限度内一定程度恢复它的自净功能，因为它以前相当于是完全没有什么功能了，水糟糕到这种程度的话，什么都活不了，现在基本上我们把它的污染物控制住，水质类别提高了一点。

访谈人：嗯。

受访者：它起码就像草海那个，还是能活，对吧？你看我们陈书记以前都不知道那个地方，他是坐飞机从北京回来的时候，在天上都可以看到滇池里的水，平时看都是黑的，基本上可能是因为光线什么的，有污染的水，看起来颜色是不一样的。

受访者：他有一次回来，看到草海就是我说的那个位置，是蓝的，是亮的，就是跟其他部分的颜色不一样，所以他以为是出什么问题了。一下飞机就问我们这一块是怎么回事，就是担心有什么问题，我们就说，可能是那块的水质比较好，于是他就亲自过去看了。所以生态修复就是我们的一个重点，包括我们现在湿地面积的增加，因为我们环湖已经建了差不多 5.4 万亩，大家问我们湿地公园有多少个，其实我们都不太提多少个的概念。

访谈人：对。

受访者：公园化的概念，包括政协提案，很多政协委员、人大代表也反对这种公园化，就是说你一旦建成公园，就会有很多人进去。

访谈人：很多人。

受访者：对，就是很多人进去，而且它发挥不了那个功能。现在我们湿地的基础设施基本齐全，一级保护区内的那些，我们现在就是要进一步提升它，因为以前可能是按公园标准建的，其实没有发挥湿地的功能。它的水根本就没有跟滇池连在一起，根本就没有起到作用，所以我们现在都是在提升改造阶段，都是为了尽可能地让水多在这些地方停留一段时间，水的指标再降一点，然后再进入滇池。

访谈人：嗯。

受访者：以后的做法基本上都是这样的，那宣传这块就不用说了。治理的过程，一直在嘛。以前大家非常不理解、非常抵触，你一说什么，他都是说："啊！你们投这么多钱都是白投的吗？"但这几年可能确实还是有一些变化，包括我们研究院的工程师常年监测蓝藻，可能他们那些同学也会不理解，说你们这些都是白干的，天天干那些，但是还是有很大的改观，现在他们一起聊天时会说滇池还是好了很多。

访谈人：嗯。

受访者：但是蓝藻的问题还是比较突出。蓝藻现在是我们滇投下面的一个湖泊公司专门在处置，就在那个位置，有一个围挡，它那里有一个藻水分离站，就是把浓度高的藻水抽进去以后，通过那套系统把蓝藻分离出来，制成藻泥，运走，然后出来的水又回到滇池。出来的水，其实基本上就是Ⅲ类水了，但是，只是局部的。昨天去捞鱼河，观景台还是有很多，因为都是冬天了，特别冷，央视的还去拍了。我说，你们前两天来拍，天气冷的时候，蓝藻全都沉下去了，今天天气好，太阳一出来，蓝藻全都浮上来了。他说，我们就拍点素材，这也是正常现象，然后他们等着拍日落。

访谈人：嗯。

受访者：太阳一落下，蓝藻又都下去了，所以很多市民就说，水还是脏的嘛，反正就没办法，蓝藻现在还是一个藻形的浊态，就是浑浊的那种湖泊，我们要恢复成草形的、清的湖泊，这个过程很艰难。如果真正能到Ⅲ类水，那肯定它就不可能像现在这样子。

访谈人：对的。

受访者：但是确实非常困难，因为面积太大了，所以这儿的生态恢复起来很困难，只有靠我们周边的湿地，提升之后慢慢净化。

访谈人：我们上次是在西山那边，就是在虹桥村那个西华湿地，也正在建。

受访者：西华也是之前建好的，现在估计也是在改造，今年好多湿地都在施工，就是我刚才跟你说的提升改造，提升它们的过水系统。然后，还有一些隔离在拆。

访谈人：嗯，其实我们也都看见了。

受访者：外面有40多千米是人建的，"四退三还"的时候拆了十多二十千米，今年继续再拆，就是把水和湿地之间的屏障、隔离打开，那时候效果更好一点。今年就是在做这些工作。

访谈人：其实我们在调研之前，对围海造田的影响，就像你刚说的，可能是有点扩大，但是，我们后来看材料发现主要说的就是围海造田，其实没有20世纪七八十年代那种的影响大，主要还是人口的影响。

受访者：对，人口的增加、城市规模的扩大，还有我们的工业发展，主要是我们环保设施的滞后，就先污染后治理嘛。其实全国大部分包括长江、黄河这种，大家都是这种情况。

访谈人：对。

受访者：对，说白了，就是先污染后治理，就是当时为了经济发展，牺牲了环境。

访谈人：我看你们现在在进行一个对滇池的宣传活动。

受访者：嗯，我们一直都在做。

访谈人：嗯，那现在主要有哪些宣传方法呢？

受访者：一个就是我们的网站，微信、微博这些都是有的，然后是媒体。我们今年跟《今日头条》有合作，《今日头条》也在推我们的文章。有些人可能只刷刷抖音，但是我们现在抖音还暂时没开，因为抖音它需要有一些视频的补充，而且因为蓝藻的问题，我们生怕会有很多负面的影响。宣传是一直在做的，包括最早就是传统的报纸，后面的网站、微信、微博都在做，然后媒体的，现在主要提的是我们的志愿者，春城志愿者，我们去年发的那种方案就是春城志愿行，滇池明珠清，包括我们的市民合展，如爱湖志愿队、滇池驴友，这些也是书记提的，全部要发动起来嘛。我们的市民合展，现在有100多个团队，也是通过报名，还有一些企业自发组成的团队，但是，因为大家各自有各自的工作，我们不组织活动，他们就说你们都不组织活动，我们一组织活动，到报名的时候大家就说……。

访谈人：没空。

受访者：对，没空，来十多个人已经是很多的了，但是没办法。现在更重要的手段就是网格昆明，就是城管的那个数字就是网格昆明。他们把主城化为了上千个网格，都有网格员在询查，包括处理平时的垃圾和占道问题，我们现在是借助他们那个平台，他们本身是叫网格昆明，有微信公众号，12319 是他们的电话，他们现在新开发了一个网格滇池志愿者，也是微信公众号，关注以后就可以举报。比如你在哪里看到排污水的，你拍张照片将定位发给他们，他们那边是可以反馈到县区，可以直接查处，所以我们也依托他们那种手段，包括 12345，这些都可以举报。我本来自己是学新闻的，毕业好多年没做这块，但是，我觉得传播学这块，确实是现在媒体太多了。我们父母那辈他们会看条形码，街头巷尾说，你们滇池现在都在查污水了，放鱼了，他们都知道，就是老一点的人，他们可能关注那些。反倒年轻的，像我先生那些人说，你们天天在干嘛，因为他们平时都是刷抖音、刷头条。这个宣传确实是很难很难，我们只有尽量地扩大，包括今年我们跟《今日头条》的合作，因为他们虽然是经常对政务，他们也有专门的政务部，但是也要给他们一定的经费，他们就给你推这个东西，有一些合作是这样的。包括抖音，我们都还没有太想好要怎么做，因为负面效应不太好控制，抖音现在文旅这些做得还挺好的，文旅其实很多也包含滇池，也算对滇池的一种宣传，包括他们区上的一些，因为都在沿湖，昆明好的地方都是在滇池，特别是红嘴鸥来了之后。

访谈人：对。

受访者：其实现在不是我们需要做什么，包括我们基金会这边，他们也跟一些自然教育的机构在做我们湿地公众的教育，就是一些亲子家庭的活动，到湿地里面，给他们做自然笔记，介绍湿地的一些情况。我们在多渠道地做宣传，但是确实覆盖面或影响力还是需要不停地扩大。他们也跟房地产有一些接触，接受它们的捐款。现在传播的这种分层有一些太小众了，所以根本传达不过去这些信息，哪怕你每天发这些信息，他也接收不到。

访谈人：对。

受访者：所以就只能持续地做，包括我们市民合展、滇池卫士，包括像你们这种，就像我们局长说的，能说动一个是一个嘛，对吧？你能收到，你们两个回去又帮我们说十个二十个。

访谈人：嗯。

受访者：宣传就是这种效果，肯定也是一个长期的过程，包括我们局长，他也很重视。因为他自己家就是海晏的，就是网红打卡点，所以他是很有情怀的，他自己对滇池很有感情，包括去哪里讲课他都亲自去讲，包括有些人来了解什么，他亲自给大家介绍，说为什么连我们的母亲湖怎么保护你们都说不出来。怎么保护？唯一就是节约用水。水资源的重要性，多重复利用一点，对水资源实施积极的保护。

访谈人：嗯。

受访者：他去党校给不同层面的人讲滇池的重要性，平时都是市委书记在强调，头号工程、头等大事。但是他去讲一讲，大家都说，真的是，这真的是提高到昆明的经济发展的基础，对吧？滇池不行了，包括里面的生物多样性，你从何谈起？

访谈人：是。

受访者：包括创文，最核心的指标，城市有没有黑臭水体，还有河道水质指标，这些都是硬性的，所以真的是经济社会发展的基础。他讲课之后，大家都说，局长这个 PPT 给我们拷一下，他说，你们都去帮我们宣传，你们能讲你们自己都去讲去，这都可以公开。包括中央省市级媒体，我们都有很好的合作。我们局是 2002 年才成立的，当时滇池已经到了危急的时刻了，1999 年，世博会就是因为滇池当时的情况而受到影响，没有办法，到了非要单独成立一个局的时候了。但是，单独成立了一个局之后还是有很多交叉的地方，没有办法，其他城市的管网建设、黑臭水体，都是住建部门管的，滇池治理由我们局负责，所以我们局压力就很大。

访谈人：是。

受访者：就是，治的好了吧，有成效，个个都可以来讲，生态环境局、水务局，因为都跟它们有关系，个个都说，我们还是做了工作什么的，我们局也不过多去宣传，特别是水质类别，我们是不怎么宣传的。因为这事很难，我们就生怕一掉回V类，就有问题，但是有成效的话，每个局都说，我们是做了工作的。

访谈人：是。

受访者：农业、植物、生态、环保，一旦出问题，就是滇池管理局背着，所以包括我们前阵有一些局合并，我们局没有调整，我们局是第一个被确定保留下来的，因为根本没有人会接这件事情，黑臭水体，那都是住建厅来检查，只是流域外的由他们管，但是说流域外，那就没剩多少了。

访谈人：是。

受访者：流域外黑臭水体不多，基本都在流域内，所以我们局就比较尴尬，压力也很大，但是，我们都习惯了，就相对来说，怎么都不顺，要是没有这个局吧，可以分散到各个局，包括现在湿地，其实在林业部门，林草局湿地处现在只管流域外的，昆明市绝大部分的湿地都是滇池周边的，所以像这些申请经费什么的，我们就很困难啊。其实，国家是有很大的力度的，但是，因为我们对不到那里，我们就不行。我们还不是市政府的一个组成部门，我们就是一个工作部门，组成部门就是像财政啊，发展啊，我们局就是工作部门，就是为了这项工作而特别成立的这个工作部门，因为大家级别都是一样的，所以有时候事情很难协调。但是，大家越来越重视环境，包括发改委的什么山水林田湖草的那些在他们那里，推动长江大保护那些在他们那里，那些工作也都是在我们这里，但是起码大家都一起做是好事嘛，对吧？

访谈人：嗯。

受访者：对。还是需要宣传，我们领导他们去也是一种宣传，包括针对高校的、团市委的。往年暑假都会有很多学校来，云南学校真的还不算多，我觉得可能外省的学校比较有这种意识。外省的包括我刚才说的，去年北京大学、清华大学、华中科技大学、华中农业大学的学生暑假都会来，当然有一些是昆明人，有些也不是。云南大学以前有一个唤青社好像是。

访谈人：对，现在也有。

受访者：云南大学跟我们比较密切的是滇池学院，他们有个志愿者的社团，我们不是每年在海埂公园有活动嘛，都是他们的志愿者，对，都是滇池学院的志愿者去，还是很辛苦的，那些小孩就大一的，我们的志愿活动已经十年了嘛，今年第十一年，我们还在海埂公园那办，可能还是请他们过来，那些小孩如果是第一年参加的，现在都工作好多年了。所以也还是挺难得的，就是需要不同层次。我们像团市委，他们就可以发动你们学生，然后，妇联、学校等，我们就相当于是一个统筹协调的部门，只要有人家联合来给我们做，且做的跟滇池是靠边的，我们就可以跟人家一起做，我们自己虽然没有那么多资源，但是，只要大家愿意来宣传，像我们提到的，从政府主导到社会共治嘛。社会共治，就是所有层面，对吧？企业、团体、学校、社区什么的，包括我们基金会也有很多进社区的活动，只要你愿意，有这个意愿来做，包括百胜集团也在做一些爱湖的公益活动，只要大家有这种想法，找到我们，我们都是全力配合，因为这种宣传的扩大面越大越好。因为像这种受众的分层太多了，也许我们真的是触及不到，像百胜来合作，那他们就可以请他们的 VIP、VVIP 会员，那些人，我们平时根本宣传不到，本来他们到草海去体验桨板运动。他们就很感兴趣，然后去划，包括他们的总经理说，现在滇池水都这么清了呀。就是大坝旁边，那里有块湿地，已经是很清了，虽然可能还是Ⅳ类的样子，但是，起码感官上，他们就是说，原来现在滇池都这么清了。因为总有一些我们触及不到的团体，所以但凡有什么团体来联系，我们都可以做，没问题。

访谈人：现在这个项目就相当于一个口述史，可能跟新闻学院也有一点联系，我们主要是找当时参加过围海造田的人。

受访者：这事儿我们还真的不清楚，我们局没有这种资源，可能因为参加过的人年纪都太大了。

访谈人：对，我们之前去走访过好多个村落，他们有一些人参加过围海造田，人还比较多，但是组织者已经全部不在世了。

受访者：嗯，你说的这个，我们没有掌握这些信息，包括他们来采访的时候说，有没有跟滇池有故事的这些人，我们都没有掌握，可能跟我们联系的企业和社会团体会多一些，但是，个人他不可能说，我跟滇池怎么怎么，特别那种主动来找我们的很少，这种信息我们掌握得不是太多，像我们的市民合展，那都是比较年轻的，也不太会有这样的人。可能还是只有沿湖周边的那些。

访谈人：我们有到各个村去走，基本上滇池一圈我们都走过了，各个区都去了一遍，然后第一次去是去福保村，官渡那边的，那边活着的参加的人比较多。

受访者：嗯。

访谈人：然后还有浪泥湾那边。

受访者：福保那片儿靠近那边，基本上靠近度假区的这几个村会多一点。

访谈人：官渡这些会多一点，像晋宁区那边会比较难找一点。

受访者：您可以找到他们的社区，对吧？找到社区之后，他们对人员情况掌握得比较熟，可以协助一下。我们局不太掌握这个情况，因为我们局确实成立的时间很短，主要做治理的工作，现在只是说对围海造田有一个客观的认识，包括以前说草鱼的影响，因为草鱼都是吃水草，其实也有影响。我们研究院，他们可能查了一些资料，就是 20 世纪 50 年代，放鱼，包括里面的银鱼都是从太湖引进的，银鱼其实污染也挺大的。它是一年生的，它死了之后会有污染。我们现在实施禁渔以后，今年是捕捞不了了，明年可能还是要想办法，一年生的银鱼和下沉的还是要捞出来，不捞出来的话，它死在里面还是会对水体造成污染。当时为了大家能吃饱饭，就引进了很多草鱼，因为草鱼也不是滇池原生的物种，它每天消耗草的速度是很快的。当时因为水清了，可能大家不觉得，但是我们研究院查过一些资料，就是说，不能引进草鱼。现在基本上草鱼还有一些放生的。我们现在也出了放生的管理规定，草鱼之类的外来物种是不能放生的。

访谈人：嗯。

受访者：但是大家就是不知道有这些规定，有些就乱放。

访谈人：对，上次在西环还看见有人在放生。

受访者：对啊，就是放生的人太多了，滇池就被污染了。有人会主动来问，我们就会传一份资料给他们，但是有一些人根本不知道放了什么进去。草鱼，客观来说，它还是有影响的，但是那会儿没办法。那会儿银鱼、草鱼都承担着很多功能。以前专门有一个水产公司，我们局才成立的时候，水产公司挂在我们局，改制了以后变成企业后来破产改制了。昆明有一个水产公司，靠滇池养活了很多人。只是说现在不提它这个功能了。

访谈人：是。

受访者：但是这都是客观性的，所以我们不掌握这方面的资源，我们只是从历史的角度去把握，还是以他们讲述的为主，我们管理部门只能客观看待，它肯定和当时的要求是符合的。但是，从对整个环境的认识来看，它肯定是一个相对不科学的办法，但你也不可能完全否定它。它在当时也是一个没有办法的事情。

访谈人：你刚刚说的研究院，他们是有一些关于生物的资料吗？

受访者：他们可能有一些资料，关于蓝藻他们都会做一些监测，你们也可以上网搜一下我们的微信公众号，有关于滇池的文章。《昆明日报》曾专门写过一篇《滇池减肥记》，《滇池减肥记》就是专门写蓝藻是怎么形成的，包括蓝藻现在的状况，它写了两篇，去年大家读了那个文章，带点科普蓝藻的，也还可以。

访谈人：因为我们想，如果采访他们的话，他们说的很多话没有办法考证。我们之前采访了西华村的一个奶奶。她说围海造田前后气温变化很大，但是我们又不知道上哪儿去考证。

受访者：气温变化大吗？

访谈人：对，她说围海造田前气候好，全年平均气温21摄氏度，之后是在23摄氏度、24摄氏度了。

受访者：我觉得现在气温也差不多吧，就20摄氏度。

访谈人：对，就觉得这个话的可信度还有待考证。

受访者：但是因为环境史是有客观记录的，如果你们要考证的话就只有到气象部门，我不知道他们有没有一些历史的数据。

访谈人：嗯，所以说那个研究院有没有可能有关于水生物的一些资料，之前记载的有吗？

受访者：他们成立的更晚，他们是2004年还是2005年才成立的，基本上以前的资料更没有，我刚才说的草鱼，他们都是自己上网找的一些资料，所以你们可以上网查一下，他们只有近十几年来，对蓝藻的暴发的频次之类的资料，可能中科院、动物所、植物所会有一些，那些科研院校，包括你们云大的生态学院之类的，可能也会做一些研究，你们也可以去问一下。老师让同学他们在做，他们肯定也搜集这方面的资料，我们研究院没有那么原始的资料，成立的更晚的估计也没有。

访谈人：嗯，那按照您的考虑来讲的话，围海造田有没有可能会对滇池现在的治理或者后台开发造成很大的危害。

受访者：现在有影响也不可逆了，填的那些也不可能挖出来了，比如大半的度假区和民族村那些基本上已经是不可逆了。

访谈人：这主要影响到水体面积。

受访者：对，对水体面积有影响，然后它周边的生态也会受到影响。

访谈人：周边的生态。

受访者：对，对周边的生态有影响，以前肯定是长着水草之类的，那些现在是不可逆的。防浪堤也是在这里打的。乌龙、晋宁、大湾这些旁边没有建房子的可以退，一级保护区也可以退出来，但是大坝能打开吗？不可能啊。

访谈人：能不能不都建成别墅？

受访者：建设已经是既定事实，而且是不可逆的，所以现在只能是在我们现有的面积的情况下，守住我们的红线，守住我们的一级区。有很多人都说，为什么还在建？以环湖路那边为界的都不可逆，当时其实无保护，还是建了很多，它是点状的分布。我们局只能守住我们的底线，那些开发建设有时候还真是没办法。

访谈人：是，乌龙村靠近滇池，从乌龙村可以走到滇池岸边，后来发现那里好像在开发。

受访者：对，当时也是在一级区外了。寺庙过来有一个闸，一级区大概就是到那个位置，绝大部分都是在二级区，二级区可以开发一些轻的，比如文旅之类的。

访谈人：薰衣草园。

受访者：对，接近湿地接近生态那种，但是一级区都有监测到，我们执法的也随时去巡查，这也是不可逆的影响。

访谈人：我们调查的时候，他们也有人提到，围海造田好像对滇池本身影响也不是特别大，他们主要强调20世纪八九十年代的环境污染。

受访者：是的，我们也是这么说的。客观地看当时减小就减小了，但是，其实没有直接地弄这么多污染进去，主要还是水体面积的减少。

访谈人：但最主要的还是20世纪八九十年代的污染物。

受访者：对，主要的还是有污染源源不断地排进去，接近源头。

受访者：对，这个只是作为一个客观的历史事件。

访谈人：对，其实主要影响也不是那么大。我们现在在做一个考察，对于现在滇池保护不知道能不能有作用。环境史这几年越来越发展，就是想根据历史的一些东西来看现在。

受访者：那肯定不能再重蹈覆辙了，我们"四退三还"实际做的就是跟这个相反的事情，就是把这片土地还回去，我们还了差不多11.5平方千米。房、田之类的都退掉就是为了保护环境，那也付出了代价，很多人拆迁，就是为了把水面还回去。不能再做这种向环境要田，一味地索要，损坏环境的事。

访谈人：是。

受访者：我觉得这是一个共性问题。

访谈人：我们这个项目能不能对你们有什么帮助，具有什么样的现实意义？

受访者：嗯，你们到时候做出来，可以给我们做一些资料留存，包括你们这些采访也很有意义。我们也去不到那些地方采访，到时候把这些作为一个我们的资料或者是向大家讲述的一个东西。

访谈人：可以拍一张这个吗？

受访者：可以。

第二节　官渡区福保村村民关于围海造田的口述①

访谈人 B：当年围海造田，有没有亲历者、参与者之类的？

访谈人 A：五十年前，叫六甲公社，昆明市委会推行围海造田向滇池要粮要田，爷爷有参加过吗？

亲历者 A：围海造田，找政府要了几千亩地，之后大家就开始开垦土地，一人开垦几十亩，我得到了几千元。

访谈人 A：我们与西南环境史研究所合作，主要针对环境史，我们做的是关于围海造田事件的口述史。大家都知道围海造田，但是我们不清楚围海造田具体的内容，只知道在官渡、晋宁、西山和呈贡都有做围海造田的工作，但是我们想知道在官渡、呈贡是如何做的？具体做法是什么？从 1969 年到现在有 50 多年了，很有意义，现在我们在学校有立项，有专门的老师指导。今天，我们主要想了解当时围海造田组织了多少人参加，当时围海造田的领导是谁，现在参加过的人还有谁。我们希望专门采访一下这些亲历者。

亲历者 A：当时的领导都去世了，如果没有领导，这个围海造田也组织不起来，因为工程量太大了。

村民 B：当时，公社党委书记、农家公社的主任。

访谈人 A：党委？

村民 B：主任不是党委。

访谈人 A：公社里面？

村民 B：对！

访谈人 A：公社革命委员会这些人？

---

① 亲历者：徐凤保，村民 B（不愿意透露姓名）。访谈人：万刘鑫，张瑜萱。访谈时间：2020 年 9 月 20 日。访谈地点：官渡区福保村。备注：万刘鑫（访谈人 A），张瑜萱（访谈人 B），徐凤保（亲历者 A），村民 B。

村民 B：那个时候已经是公社了，一个主任主要管生产，在公社里面算是一个副职务，然后他带着十个公社围了这个地。

访谈人 A：官渡区十个公社？

亲历者 A：不，是十个办事处。

村民 B：那个时候办事处叫公社，农家公社。

访谈人 A：我们这里有当时官渡区公社的图片。

亲历者 A：农家公社十个大队。

访谈人 A：双少公社，这里是六甲公社，往那边就是前卫和福海，主要就是这三个公社——福海、前卫和六甲，主要靠滇池这里，这个伊六和先锋好像没有太参与进去？

亲历者 A：没有，主要是六甲，其他没参与。

访谈人 A：六甲只做六甲这个区域，还是三个公社一起？

亲历者 A：没有，只是六甲做一个公社的，在最南端。

访谈人 A：在突出的这两个地方。

亲历者 A：对。

访谈人 A：六甲公社做这个地区，和其他公社没有合作？

亲历者 A：没有。

访谈人 A：当时，这个围海造田是公社组织的？

亲历者 A：对。

访谈人 A：我们知道 1969 年有一次围海造田，后面还有吗？

亲历者 A：后期，围海造田最多到 1971 年，两年就围起来了，后面倒了几次口，也是六甲在做，倒口就是造田挡不住水，倒了两次。

访谈人 A：两次是补缺口？

亲历者 A：对。

访谈人 A：爷爷，当时的参与者的年龄大概是多少？

亲历者 A：当时我们才十多岁，十一二岁。

访谈人 A：当时的云南知青比较多，到西双版纳这些地方。

亲历者 A：没有，知青在六甲公社之后，他们来过，但是没有参加过围海造田，他们参加不了。围海造田是用石头造的，用船运输的，在大海口运得多。

访谈人 A：它不是直接从西山运过来？

亲历者 A：不是，西山也运过，但是运得少。

访谈人 A：为什么不是从近的地方运过来？

亲历者 A：它的石头不够，供不上。石头太高了，炸下来比较危险，没有人去炸石头。大海口（浪泥湾）比较容易取石头。西山下面有公路，比较危险。

访谈人A：从大海口运过来都是海运？

亲历者A：对，全部都是船运的，各个生产队的船。

访谈人A：当时，我们官渡区只是负责将石头填坝，炸石头是那边负责？

亲历者A：我们也派人去大海口协调了。

访谈人A：具体的通信方式是什么？书信吗？有电话吗？

亲历者A：当时人就和船一起过去了。

访谈人A：当时的船是定点过来，还是船运来之后还要去别的地方？

亲历者A：船只来到这里，就把石头填到海里。

访谈人A：那土是从哪来的？

亲历者A：土是本来就有的，海底的土。

访谈人A：就是把水排出去？

亲历者A：对。

访谈人A：那用什么把水排出去？

亲历者A：抽水机，有抽水站的。

访谈人A：这个大队里的人都去干什么？分工是什么？

亲历者A：有的和船一起运石头，没有卡车，有车都没有路，全是船运。

访谈人A：我们知道当时官渡区是1969年开始做。

亲历者A：具体的时间我们不清楚了，两年左右结束。

访谈人A：这里说1970年7月开始，官渡区福海、六甲两个公社，在马家堆到海埂新庙红家村到蔡家村进行围海造田。六甲公社筑堤2000米，1970年开工，1971年上半年基本完成。

亲历者A：这个不是，这是其他公社的。

访谈人A：昆明市革委做的，和官渡区没有关系？

亲历者A：没有，按理来说是属于官渡区的。

访谈人A：在官渡区，但是不是六甲公社做的。

亲历者A：对，六甲公社只做了之前说的两年的围海造田。

访谈人A：1969年12月底到1970年初这个围海造田是在官渡区做，但是人是五华区、盘龙区的？

亲历者A：不是，就是六甲公社做的，之前也没有做过围海造田。

访谈人A：围海造田只做过一次，其他都是维修？

亲历者A：对。

访谈人A：田用来种粮食吗？田是我们的村民去种吗？种得好吗？

亲历者 A：是的，我们去种，种得好啊，和一般的田的肥力差不多，但是种的粮食好。

访谈人 A：围海造田有没有考虑过环境的问题？

亲历者 A：当时，中央以种植粮食为主，其他没考虑，都是中央政府办的，当时粮食紧张，人口太多了，当时很多人都想成为昆明人，都绕着滇池走，大小便都在滇池里，生活废水都排在滇池里。三十年前，当我们小的时候水都可以直接喝，现在不行了。

访谈人 A：围海造田和这个环境有没有关系？围海造田对这里的环境有什么影响？

亲历者 A：没有什么影响，主要是上游水的影响，主要的影响是田占了太多，水面降了，气候各方面都变了，湿地没了。

访谈人 A：这方面的知识是怎么知道的？读书？

亲历者 A：自己想出来的。

访谈人 A：所以现在春城的气候没以前好了？现在，造的田还在种吗？我们可以去看看吗？

亲历者 A：没有种了。政府把滇池里的淤泥移到了田里，离这里很近的。

访谈人 A：走到水边就可以看到吗？

亲历者 A：对。

访谈人 A：当时的土地是怎么分的？分给村民？

亲历者 A：当时围起来以后，是生产队集体种。

访谈人 A：当时土地是政府所有，产出也是，生产种植只是去赚工分？

亲历者 A：对。

访谈人 A：围海造田的田种到什么时候？

亲历者 A：种到十年以前。

访谈人 A：十年前是家庭联产承包责任制，当时有谁去承包了？

村民 B：我当时就承包过，当时是这么分的，我家有三个人，一人一亩地，有三亩地。

访谈人 A：这是 20 世纪 80 年代以后，就是承包了？后面田的肥力怎么样？

村民 B：对，后面还是不错的。

访谈人 A：书上说种得不好，后面都是种草莓。

村民 B：海埂那边有草莓，这里没有种。

访谈人 A：当时参与的人都是这里的村民吗？由这里的公社领导组织？有少数民族吗？

村民 B：对，没有少数民族，都是汉族，都是当地人。

访谈人 A：当时男生都是体力活，女生在干什么？

村民 B：女生在耕田，男生在搬石头。

访谈人 A：七八岁的小孩有参与吗？

村民 B：没有，就是做饭之类的。

访谈人 A：十八九岁的在干什么？

村民 B：去船上搬石头啊，越大越苦啊，你想想围海造田那么大的工程，家家都要出人。

访谈人 A：当时吃饭睡觉在哪里？

村民 B：回家，各回各家。

访谈人 A：没有集体食堂吗？

村民 B：没有。

访谈人 A：西山区有集体食堂，他们集中在华亭寺。四五十岁的人都在干什么？

村民 B：都在耕田啊，当时是达到了年龄的都要参加。

亲历者 A：当时是都有分工的，有的搬石头，有的耕田，生产队分工的。体力好一点就搬石头什么的，不是全部都去。

访谈人 A：当时有换班吗？

村民 B：当时换着的，一两个月换一次。

访谈人 A：当时围海造田有没有知青？

村民 B：没有，当时这个地方没有。

访谈人 A：我们这个地方有没有去当知青的？怎么确定谁是知青？

村民 B：不清楚了，知青都是从学校里选出去的。

访谈人 B：现在田地还种着菜吗？

亲历者 A：种着的，有些租出去了。

访谈人 A：当时的领导都去世了吗？

亲历者 A：总领导去世了，叫李美，男的。

访谈人 A：他有儿子吗？

亲历者 A：有儿子孙子的，他当时是公社主任。党委管政治，公社主任管生产。

访谈人 A：党委有参与吗？还是说只是下达指令？

访谈人 B：还有分管领导吗？

村民 B：太多了，记不住了。

访谈人 B：李美有参加吗？和你们一起上船吗？

村民 B：他不用上船，他都在督导。

访谈人 A：我们能找到他的家属吗？

村民 B：可以找到，我知道他住在哪里。你找了他也没用，李美儿子都大我两岁。当时没有什么资料。

访谈人 B：您记得当时你们公社主管的人是谁吗？党委书记是谁？

亲历者 A：李美，党委是杨中礼，他已经去世了。

访谈人 A：党委书记管这个吗？

村民 B：我们当时太小了，具体领导我们也不清楚。

访谈人 A：他的子女有吗？

亲历者 A：他是六甲乡永胜村办事处的，不是福保的。

访谈人 A：爷爷认识李美的子女吗？

亲历者 A：对，他常住在这里，但是不一定找得到。

访谈人 A：爷爷您叫什么？

亲历者 A：徐凤保。

访谈人 B：爷爷您能留个电话吗？

访谈人 A：我们可能想要做一本关于围海造田的书。您多大年纪？

村民 B：1959 年。

访谈人 A：当时是农民吗？每周都在这里？

村民 B：对，每天都在。

访谈人 A：当时有别的公社来宣传经验吗？

亲历者 A：我们不清楚。

访谈人 A：我们这里的人都参加过？

村民 B：都参加过，当官的就少参加一点。

亲历者 A：比方说一个生产队三百人，两百人都要守着田，只有一部分去围海造田。

访谈人 B：就是说一部分男的要守着稻田。

村民 B：对。

访谈人 B：当时管理很严。

访谈人 A：这些都是从父母那里听来的？

亲历者 A：自己也听到过一点。

访谈人 A：有机会我们也想了解一下李美的儿女。

村民 B：可以。

第三节　呈贡区江尾村村民关于围海造田的口述①

访谈人 A：你们村子去围海造田的人多吗？

亲历者 A：多的，不少于 300 人。

访谈人 A：有男有女吗？

亲历者 A：男男女女老老少少都有。

访谈人 A：是自愿去的吗？

亲历者 A：是自愿去的，去炸石头。

访谈人 A：那你家除了你还有其他人吗？

亲历者 A：有。

访谈人 A：那你们家除了你一共三个人吗？剩下两个人是谁呢？

亲历者 A：还有我老父亲。

访谈人 A：那还有一个是谁呢？

亲历者 A：笑笑（大概忘记了）。

访谈人 B：当时是怎么选的？有什么标准吗？

亲历者 A：这不好说，一般打杂工的要去。

访谈者 A：谁领着你们去的？

亲历者 A：是领导，但是领导去世了。

访谈人 A：那领导的子女还在吗？

亲历者 A：只知道领导去世了，但是队长子女不知道怎么样。

访谈人 A：当时和五龙、斗南联系得紧吗？

亲历者 A：全县的都是在一起，都是去五龙做。

访谈人 A：晚上还住在五龙吗？

亲历者 A：是，回家来不及。

访谈人 A：那就是江尾的、斗南的都住在五龙吗？

亲历者 A：是的，都住在那边。

访谈人 A：你们在那边吃的是什么啊？

亲历者 A：自己带着去。

---

① 亲历者：杨智新（亲历者 A），村民 B（亲历者 B），村民 C（亲历者 C）。访谈人：李红霞、万刘鑫、吴亦婷。访谈时间：2020 年 10 月 2 日。访谈地点：呈贡区江尾村。备注：李红霞（访谈人 A），万刘鑫（访谈人 B），吴亦婷（访谈人 C）。

访谈人 A：那你们回家吗？一般多久回一次家？

亲历者 A：一个星期左右回来一次。

访谈人 A：你们是自己走路去的吗？

亲历者 A：是的，那时候没有什么交通工具。

访谈人 A：是大家一起走路去吗？

亲历者 A：不是，哪个想回家就自己回去。

访谈人 A：江海这边围海造田是三个村子一起做，那江尾自己的围海造田也是自己做吗？

亲历者 A：按比例来，如十个人中抽一个过去。

访谈人 A：剩下的就留在江尾围海造田？

亲历者 A：按比例，有的在菜地，有的在农地。

访谈人 A：那江尾也围海造田吗？

亲历者 A：围海造田，这里也有打堤坝的点。

访谈人 A：那江尾的点是在哪里？

亲历者 A：城内、梅子、江尾。

访谈人 A：那梅子、城内都是大队吗？

亲历者 A：是的。

访谈人 A：那江尾属于哪个公社？

亲历者 A：龙街公社。

访谈人 A：那当时围海造田，呈贡都是龙街公社做的吗？

亲历者 A：是的。

访谈人 A：那龙街公社当时是在哪里办公？

亲历者 A：在城内办公。

访谈人 A：那当时就是分几部分人，一部分人在菜地，一部分在农地，一部分出去围海造田，一部分在江尾围海造田？

亲历者 A：是的，还有一部分打杂工。

访谈人 A：都是打什么杂工？

亲历者 A：去荒地。

访谈人 A：那爷爷当时就是 30 多岁去围海造田的？

亲历者 A：是的，30 出头。

访谈人 A：那当时去围海造田都是做什么？

亲历者 A：按分配来，每个人都不一样。

访谈人 A：围海造田也包括在打杂工里面？

亲历者 A：是的，一般和队长关系不好的，就会被分去打杂工。

访谈人 A：那龙街公社有两个围海造田的点，一个在五龙，一个在江尾，还有其他的点吗？

亲历者 A：是去西山炸石头拉过来。

访谈人 A：那城内是一个村吗？

亲历者 A：城内就是呈贡县里面。

访谈人 A：那龙街公社属于呈贡县吗？

亲历者 A：呈贡管着龙街公社。

访谈人 B：这位爷爷参加过围海造田吗？

亲历者 A：没有，他当官。

访谈人 A：爷爷，您主要负责保管什么东西？

亲历者 B：主要就是保管钱。

访谈人 A：打水库属于围海造田吗？

亲历者 A：不属于。

访谈人 A：水库在哪里？

亲历者 A：有个白龙潭水库、大河水库。

访谈人 B：那这位爷爷保管什么东西？

亲历者 A：他主要就是经济保管。

访谈人 B：保管就是保管物资吗？当时要的物资都是从这位爷爷这里拿？

亲历者 A：不是，是在公社，公社组织起来，与小队和其他村没有关系，是公社组织起来。

访谈人 B：那就是公社出物资，小队出人？

亲历者 A：是的。

访谈人 B：那浪泥湾有没有带人去？

亲历者 A：跟着去扛石头。

访谈人 C：那你们当时和官渡那边认识吗？认不认识福保村？

亲历者 A：认识的，一起做过活。

访谈人 A：那当时分哪个大队去五龙，哪个去江尾吗？

亲历者 A：分的。

访谈人 A：奶奶，你们去围海造田吗？

亲历者 A：没有去过。

亲历者 C：我老公去了，我就不去。

亲历者 B：她老公是负责人之一。

访谈人 A：奶奶，你们还有大队当时的照片吗？

亲历者 C：有，但是现在找不到了。

访谈人 B：那奶奶的老公还在吗？

亲历者 A：早就不在了，她小她老公六七岁。

访谈人 A：那围海造田的工人那会儿还在读书吗？

亲历者 A：读书的肯定就不去，学校就在对面，当时一个好好的学校被轰了，让他们都去龙街，就只有一个学校在这里。

访谈人 B：平时老人都会来这边聚会吗？

亲历者 A：不是，吃完饭在球场那边，亭子那里。

访谈人 B：老年协会平时人多吗？

亲历者 A：也不多。

访谈人 B：我看福保村那边人比较多？

亲历者 A：那肯定的，福保村是重点村，市里面的重点村。

访谈人 A：为什么是重点村？

亲历者 A：因为工业先进。

访谈人 A：你们当时围海造田的地方现在是在哪里？

亲历者 A：围都没有围起来，往滇池那里出去一千米打大坝。

访谈人 A：打出来的大坝现在看不到，都在海里了吗？

亲历者 A：现在大坝在哪里都不知道，只知道是往滇池边出去一千米，现在肯定看不见，水位现在提高了，看不到了。

访谈人 B：那你们种田了吗？

亲历者 A：坝都没有打起来，还怎么种田？

访谈人 A：我看五龙那里有坝有田，那五龙那里可以种田吗？

亲历者 A：被水淹了。

访谈人 B：当时有没有人受伤？

亲历者 A：有的，我们村子就有一个，两边同时在开炮，这边的人看不到另一边，那边炮一炸下来，就砸到人了。

访谈人 C：那就是浪泥湾离得最近，为什么不在西山炸？

亲历者 A：因为西山有个裂口，国家不准在西山炸石头，西山一炸山就会倒了。

访谈人 A：你们去浪泥湾炸石头，那会不会浪泥湾的人也去？

亲历者 A：不会，两个互不相干，浪泥湾的人不参与。

访谈人 C：现在有路可以走到浪泥湾吗？

亲历者 A：不可以，只可以到昆明。

访谈人 B：那当时会不会想着炸石头会把风水破坏了？

亲历者 A：这个是国家规定的。

访谈人 C：那会不会对水有影响？

亲历者 A：没有，坝都没有打起来，就只有石头在下面。

访谈人 A：您在五龙做了多长时间？

亲历者 A：做了一年多一点。

访谈人 B：有没有什么口号？

亲历者 A：下海要粮。

访谈人 B：当时有没有什么宣讲会？

亲历者 A：没有，就只说向海水要粮。

访谈人 C：当时就算不下海，粮食够吃吗？

亲历者 A：够吃。

访谈人 A：在浪泥湾多长时间？

亲历者 A：在浪泥湾半年多，先去五龙，又去浪泥湾。

访谈人 B：在浪泥湾住在哪里？

亲历者 A：那边有个造船厂。

访谈人 A：在浪泥湾多长时间回家一次？

亲历者 A：石头下够了就可以坐船回家。

访谈人 A：那运石头的是不是龙街公社的人？

亲历者 A：是，江尾的人占多数。

访谈人 C：那是不是江尾和五龙的人运石头多？

亲历者 A：江尾和斗南运石头的人多。

访谈人 C：那五龙的人只造田吗？

亲历者 A：他们就是在那里打大坝，这些都是规定好的。

访谈人 A：那打水库和大坝是一起的吗？

亲历者 A：先打水库后打大坝。

访谈人 A：那福保村的人去打大坝吗？

亲历者 A：他们是去打草海（不知道草海是什么意思）。

访谈人 C：那在你们炸浪泥湾之前，有人炸过吗？

亲历者 A：也有人炸，都炸过。

访谈人 C：那大队长他们的孩子还在吗？

亲历者 A：都在的。

访谈人 A：那个时候打大坝是怎么打的？

亲历者 A：就是拿人工打的嘛。

访谈人 B：爷爷可以留一个电话吗？

亲历者 A：我没有电话。

访谈人 B：爷爷祖上是不是清朝迁过来的？

亲历者 A：祖辈充军，从南京迁过来的。

第四节 西山区西华村村民关于围海造田的口述①

访谈人 A：当时您参加的是哪一次围海造田？是西山区的还是市革委会的？

亲历者 A：西山区的。

访谈人 A：不是昆明市主持的，而是西山区主持的？

亲历者 A：嗯，因为那个昆明市组织的那一次，我没在，我是去修南环铁路去了，修南环铁路回来了以后才去西山区围海造田。

访谈人 A：您是大概多少岁去的？

访谈人 B：就是围海造田。

亲历者 A：那时候是 1969 年，1969 年我有 16 岁。

访谈人 A：16 岁了。那您精神很足，我看不出来。大概去参与的女性都是在做什么样的工作？

亲历者 A：样样都做，如抬石头。

访谈人 A：也抬石头？

亲历者 A：嗯，抬石头、打炮眼，这些我都干过。

访谈人 B：打炮眼也打过？

亲历者 A：嗯。

访谈人 A：就炸石头？

亲历者 A：嗯，炸石头。还有划船、拉土，这些我都做过。

访谈人 A：都做过？

访谈人 B：都做过。

访谈人 A：那男女之间工作分配上很平等吗？还是说男女不……

亲历者 A：男女不分，都是做那些。

① 亲历者 A：杨树珍。访谈人：万刘鑫（访谈人 A）、吴亦婷（访谈人 B）、杜京京（访谈人 C）、李红霞（访谈人 D）。访谈时间：2020 年 10 月 3 日。访谈地点：西山区西华大队红映村。

访谈人 B：都做一样？

访谈人 A：男女不分，都做一样？

亲历者 A：嗯，都做一样。

访谈人 A：之前我们在调研的时候好像一直都在说妇女好像会做得轻松一点，但好像不是这样？

亲历者 A：不是，男女都做一样的。

访谈人 A：您当时是在哪里进行围海造田这个工作呢？

亲历者 A：那时候我们就在王家堆、董家村。这些都是我们工作的地方。

访谈人 A：马家堆？

访谈人 B：王家堆。

亲历者 A：王家堆，还有董家村。

访谈人 A：董家村？

亲历者 A：就是大坝过来一点那个，董家村。

访谈人 A：西华这边，它本地是没有做这个东西的？

亲历者 A：我们这边没做，我们都是生产队派出去做的。

访谈人 A：就是公社里面派你们到那边去做？

亲历者 A：嗯，到那边就是，西山就在那个高峣（此字念 yáo，但当地人习惯称 qiáo）那边。

访谈人 A：高峣。

亲历者 A：挖土就在高峣挖土，石料厂就在普坪村，那个普坪村，那个大庆石料厂。

访谈人 A：还有一个什么村来着？

访谈人 B：苏家村。

访谈人 A：苏家村，苏家村取土。

亲历者 A：高峣、苏家村。

访谈人 A：高峣也是取土的吗？

亲历者 A：嗯，取土。苏家村离高峣不远，大概一两千米，就在高峣、苏家村这两个地方取土。

访谈人 A：您当时也以农民的身份去参加，是吗？

亲历者 A：嗯。

访谈人 A：除了农民，还有什么人？有工人之类的参加吗？

亲历者 A：没有。

访谈人 A：工人没有。

访谈人 B：主要是西山这边。

亲历者 A：只有去修铁路的时候，有工人有农民。桥工队的，架桥的就是工人，我们这些民工就是在前面挖土方这些，抬石头就是农民工，这些就是农民干，但是男女不分，男的做的事情女的也必须做。

访谈人 A：噢。还比较辛苦。

访谈人 B：你们当时去做的话有发一些什么东西吗？

访谈人 A：物资还是什么的。

亲历者 A：没有。只有一个月三块钱的伙食补助。

访谈人 B：一个月三块钱的伙食补助？

亲历者 A：伙食补助就只有三块钱。

访谈人 A：那是自己回家吃饭，还是在那边？

亲历者 A：在那里有食堂。

亲历者 A：有食堂，就是生产队补助我们三块钱这种。

访谈人 B：也是男女都一样？

亲历者 A：生活补助，伙食补助。

访谈人 B：也是男女都一样，一人三块，男女都是？

亲历者 A：嗯。

访谈人 A：那算工分的话，有没有像全劳力、半劳力这样去算？

亲历者 A：都算全劳力。

访谈人 A：当时您是 16 岁参加的？

亲历者 A：我是 1954 年生的，但是 1969 年我就去参加了。

访谈人 B：1969 年去参加。那当时女性大概都是这个岁数吗？

亲历者 A：不是，大的也有。我们读到了四年级。

访谈人 B：上学上到四年级。

访谈人 A：是在那个高峣小学吗？

亲历者 A：没。在我们那里的西华小学。

访谈人 B：西华小学？

亲历者 A：嗯。赶上"文化大革命"就停学了，停学以后就没有再读，就去生产队做活去了。

访谈人 B：那就是西华这边的小学都停学了？

亲历者 A：嗯，全部都停学了。

访谈人 B：全部都停学了。那些原先上学的学生都去围海造田了吗？

亲历者 A：有一部分去了，大一点的都去了，小一点的没去。

访谈人 A：小一点的没去？

亲历者 A：小一点的没去。

访谈人 A：现在如果我们要去找的话，这些当时参加围海造田的老师和同学能不能找得到呢？

亲历者 A：老师倒没去，是生产队的队长，已经去世了。

访谈人 B：生产队队长。

访谈人 A：生产队队长去世了？

亲历者 A：嗯。不在了。

访谈人 B：老师也找不到了？

亲历者 A：教过我们的老师，好像这会儿都是七八十岁，八九十岁的。

访谈人 A：那么年长的老师？

访谈人 B：不知道还在不在。

亲历者 A：我们都快要有七十岁了么，老师就不知道还在不在。

访谈人 A：他们现在都是七八十岁这样子。

亲历者 A：嗯。我认得的老师都是不在的了。

访谈人 A：学生可能会好找一点。

亲历者 A：反正我们同学都去围海造田。

访谈人 B：你们同学这些都有参加过？

亲历者 A：嗯，都参加过。

访谈人 A：您这些同学现在还有一些聚会联系吗？

亲历者 A：没有。

访谈人 A：如果要去找的话也都找不到。

访谈人 B：他们还住在村子里吗？

亲历者 A：住，就是有些嫁出去，嫁远了，有些男的倒是在村子里。

访谈人 A：男的在村子里？

亲历者 A：嗯。女的有些倒是嫁远了，有些嫁到附近。

访谈人 A：当时就是说这个围海造田，您参加的是西山区的？

亲历者 A：嗯。

访谈人 A：西山区是 1970 年 3 月开始的。

访谈人 B：1972 年结束的。

访谈人 A：差不多 1972 年结束。

亲历者 A：嗯，1972 年就结束了。

访谈人 A：当时是怎么说要结束了？是说做完了，还是说没做完就叫停了？

亲历者 A：没做完就叫停了，可能是市里面说的。

访谈人 A：市里面说的。

亲历者 A：市里面就叫停了。

访谈人 A：当时有听说为什么叫停这件事吗？

亲历者 A：没听说。

访谈人 A：没听说，只是说不做了？

亲历者 A：嗯。撤回家去了，全部撤回来了。具体什么原因，我们也不知道。以前带队的，我们那个带队的是区长了。

访谈人 A：区长。

亲历者 A：叫王连福，区长。

访谈人 A：叫什么名字？

亲历者 A：叫王连福。

访谈人 B：现在还在吗？

亲历者 A：现在怕是没在了。我们那时候十多岁，他就有六十多岁了，现在应该是没在了。

访谈人 B：噢。

访谈人 A：叫万……

访谈人 B：万连福。

访谈人 A：万是哪个？

访谈人 B：王，王连福。

访谈人 A：噢，我还以为跟我一样，我姓万。后面有没有听说过围海造田影响环境？后面有没有听说过别人说这些问题？

亲历者 A：有。就是老的小的都有说，围海造田之后，对这个生态环境也是有影响呢。以前到冬天每年都是要下几回雪，下霜。这会儿就是霜也不会下，雪也不会下，还有就说是雨水也不××了，也不像以前，雨水天就是雨水天，冬季就是冬季，都是四季分明。

访谈人 A：现在气候都乱掉了。

亲历者 A：嗯，已经乱掉了。

访谈人 A：现在自己也觉得这个围海造田确实可能对环境有些破坏。

亲历者 A：嗯，还是有一定影响的。

访谈人 B：自己也觉得是有的。

亲历者 A：嗯，空气也受到影响。以前昆明的最高温度达到 23℃就为高的了，现在基本上有些时候达到 30℃。

访谈人 A：对。

访谈人 B：哦，是。

亲历者 A：还是有一定影响的。

访谈人 A：当时您这个年龄差不多是十五六岁，您是比较小的年龄，还是说大部分都是您这个年龄的？

亲历者 A：反正说在我这个年龄段里，我是算小的。

访谈人 B：她算小的。

访谈人 A：还算小的。

亲历者 A：还有比我们还大的，四五十岁也有。

访谈人 A：最大的四五十岁？

亲历者 A：嗯。

访谈人 A：那最小的？

亲历者 A：十多岁。

访谈人 B：最小的十多岁，也就是十五六岁，再小一点就没去了。

亲历者 A：嗯。

访谈人 A：十一二岁就没去了？

亲历者 A：十一二岁不能干重体力活。

访谈人 B：不能干重体力活。

亲历者 A：嗯。

亲历者 A：那个都是重体力，抬石头都是两个人抬的，在一百公斤以上。

访谈人 B：两个人要抬一百公斤以上？

亲历者 A：嗯。一百公斤以上。

访谈人 B：是一天要抬一百公斤以上？

亲历者 A：不是啊，一次啊，一次一百公斤以上。

访谈人 B：一次。

访谈人 A：是怎么抬？

亲历者 A：两个人，拿那个石头××（语言不清楚），用那种链子把石头拴起来，两个人扛在肩上。

访谈人 A：拿个杆子。

亲历者 A：拿一个杆子，两个人扛。

访谈人 B：我刚刚听那个爷爷，就是杨佰桥，他说你们当时还用牛车马车运回来，是吗？

亲历者 A：围海造田的时候没用。只是我们这里有个沙场嘛，有个沙场是在我们村的，村子后面的山上。

访谈人 A：沙场？采沙场吗？

亲历者 A：以前的老百货大楼，建老百货大楼的沙就是从我们西华街运过去的。拿牛车拉来海边，又往海边拿船运到现在的篆新农贸市场那里。

访谈人 A：就修老百货大楼的时候？

亲历者 A：嗯。修老百货大楼的时候。那个时候才有牛车。

访谈人 B：那围湖造田，围海造田的时候怎么把那些石头运到……

亲历者 A：围海造田的时候已经有小板车、拖拉机。

访谈人 B：拖拉机，还有一些板车。

访谈人 A：我们上午去西华湿地公园那边，就对面那边，去看那个，我们以为那个就是围海造田的一个痕迹，但是后面听那个杨爷爷说……

亲历者 A：不是，是打防浪田的。打些防浪田，滇池的水质就不好了，因为什么呢？滇池里的脏东西上不来，脏东西就一直在里面搅，水质就差了。我们小的时候，滇池到处都有沙滩，它浪打打整整，那些脏东西就冲上来了。

访谈人 B：浪打打就冲上来了。

亲历者 A：所以以前我们滇池的水质相当好。有几条鱼在水里游着，你只要站在滇池边，都能望得见。

访谈人 A：我们今天去看，一条鱼都没有，都是水。

亲历者 A：看不见，水脏了。我们这些老百姓说话不算数，好多年前我就说过，治理滇池，首先要把这个沙滩整出来，滇池就治理好了，没有沙滩，脏东西永远在里面搅着上不来。

访谈人 A：我们还看到那些石头造的网，那个是干嘛用的？

亲历者 A：石头整些那个网。

访谈人 A：对。

访谈人 A：造的网，对，那个是干什么用的？

亲历者 A：防止浪大的时候石头倒下，拦着石头。

访谈人 A：那个石头是干什么用的？就是防浪的，还是……

亲历者 A：以前是防浪的，现在防不了浪了，现在滇池沿海都没有沙滩了，水质就差了。

访谈人 B：哦。

亲历者 A：如果说有沙滩，那个浪淘淘、攒攒，那些脏东西就上来了，派两个人去捡那些脏东西，一个村子再派两个人去捡，水质就会好了。

访谈人 B：那围海造田造出来的田也就是跟防浪堤一样。

亲历者 A：围海造田造出来的田，就说是昆明市造出来的田，就是现在的红塔集团那些了，红塔集团就是大坝那边的那些，红塔集团那些一大片一直到金家红家，都是市围海造田。

访谈人 A：那围海造田和防浪堤，它一个是 20 世纪 70 年代做的事情，一个是 20 世纪八九十年代做的事。

亲历者 A：市围海造田是 20 世纪 60 年代的事情。

访谈人 B：西山区。

亲历者 A：1967 年、1968 年、1969 年那个时候。

访谈人 A：我看记载说是 1969 年底差不多。

亲历者 A：1969 年的时候是市围海造田，西山区大概是 1971 年、1970 年。

访谈人 A：那您觉得是围海造田对滇池影响大，还是防浪堤对滇池影响会大一点？

访谈人 B：都大。

访谈人 B：您觉得你们围海造田造出来的那些田有用吗？

亲历者 A：有用的。那时候粮食紧张。

访谈人 A：对。

亲历者 A：那时候造出来的田就分给附近的那些村子里的人种。

访谈人 A：上午，刚刚去采访，杨爷爷，他说当时那个是有分给我们西华村的，有分这个田在那边。

访谈人 B：都分。

访谈人 A：对，他当时是说，我们虽然离那边还有一段距离，可能不能直接在这边村里面种，但是有派人过去。

亲历者 A：没分给我们这里种，只是调了我们村的几个人去种。

访谈人 B：没有分？

亲历者 A：嗯。

访谈人 A：分是分给公社，然后我们只是村里出人去耕种。

亲历者 A：只是去了一两个人。嗯，小林就是那个，我瞧，他是叫什么，杨自荣。

亲历者 B：杨自荣。

亲历者 A：光荣的荣。

访谈人 B：是这个杨吗？您能写一下吗？

亲历者 A：自己的那个自。

访谈人 A：还有一个，小林，他那个是叫什么？

亲历者Ａ：他就是叫小林。

访谈人Ｂ：还有一个是谁？

访谈人Ａ：哦，他就是小林。还有一个。

亲历者Ａ：哎呦，还有一个叫什么我就记不得了。我就只记得他。

访谈人Ｂ：现在都还住在这边吗？

亲历者Ａ：住着的。

访谈人Ａ：我们要找他的话，要去哪里找？刚刚那个爷爷就是说什么，找那个什么古联村。

亲历者Ａ：古联村，古联村要在上面那个村。

访谈人Ｂ：他现在住在古联村吗？

亲历者Ａ：没，他今天好像在这里。

访谈人Ｂ：今天在这儿？

访谈人Ａ：今天在这儿？

亲历者Ａ：嗯，他今天在这里帮忙，有一家结婚，他们家。好像我早上都还瞧见。

访谈人Ａ：早上看到了。要不我们出去看一下？

亲历者Ａ：我看他在不在，早上我倒看见了。

访谈人Ａ：找不到就算了，我们下次还会再来的。

亲历者Ａ：这会儿没在。

访谈人Ａ：没事。来，我们继续吧，后面留个联系方式。

亲历者Ａ：我现在想起来，有一个是等于我们西华大队的，不是我们这个村的，他的名字叫……他已经不在了。

访谈人Ｂ：不在了？

访谈人Ａ：去世了？

亲历者Ａ：嗯。不在了。

访谈人Ａ：没事，我们后面，如果小林在的话，那我们可以找他继续访谈。

亲历者Ａ：嗯。

访谈人Ａ：奶奶有他的联系方式吗？电话有吗？

亲历者Ａ：电话没有。

访谈人Ｂ：没事没事。

访谈人Ａ：没事没事。

访谈人Ａ：奶奶您的电话有吗？

亲历者Ａ：我有的。

访谈人 B：留一个您的电话。

访谈人 A：姓名和电话。

亲历人 A：我说你写，135290×××××。

访谈人 C：您贵姓？

访谈人 B：杨树珍。

访谈人 A：杨树珍，树木的树，珍贵的珍。

访谈人 A：对。谢谢奶奶。

访谈人 D：红映村属于西华大队，那西华大队是不是有四个自然小组？

亲历者 A：嗯，有红莲一队、红莲二队、红莲三队，他们属于一个自然村。

亲历者 A：西华街又是属于一个大自然村。

访谈人 A：西华街是属于一个大自然村。

亲历者 A：嗯。古联村又是一个大自然村。

访谈人 B：哦，古联村。

亲历者 A：我们这几个村。

访谈人 A：所以这些都是碧鸡公社的。当时是说西华大队是，比如说西华大队底下包含我们红映村。

亲历者 A：我们红映村有六个生产队，有一个蔬菜队。

访谈人 A：哦，六个生产队，还有一个什么？

访谈人 B：蔬菜队。

亲历者 A：蔬菜队，种蔬菜的。

访谈人 A：蔬菜队。

亲历者 A：嗯。

亲历者 A：我们昨天去的时候听说种蔬菜的就不去参加围海造田了。

访谈人 B：蔬菜队有没有参加围海造田？

亲历者 A：参加了。

访谈人 A：当时是按怎么样的标准去找这些参加围海造田的？

亲历者 A：就是生产队派出去，比如说任务，就说是区上下到站上，站上下到生产队，生产队派出去了。

访谈人 A：就下名额和指标这样子。它是按什么样的标准去选这些人？

亲历者 A：就说你家里没有什么顾虑这些，有些有老人丢不开的，有些有娃娃丢不开的，就只有我们这些年轻的，没有什么顾虑。

访谈人 A：嗯，就还是有一些考虑。

亲历者 A：年轻人去得多。

访谈人 A：就是，家里面有老人的话，不太会指派你过去，那还是比较人性化的。

亲历者 A：嗯。

访谈人 A：我把你调了就调了，不管你家什么情况，不会有这样子的？

亲历者 A：嗯。

访谈人 B：那你们当时就是在西山那边住的？

亲历者 A：我们就住在这个村。我们围海造田的时候住么，就高峣小学也住过。

访谈人 B：高峣小学也住过？

亲历者 A：嗯。住过高峣小学，也住过普坪村。

访谈人 B：普坪村也住过？

亲历者 A：嗯。

访谈人 D：那普坪村的时候是住厂里吗？

亲历者 A：不是，住在以前废弃的一个馆子里。

访谈人 B：废弃的馆子？

亲历者 A：嗯，以前开食堂的。

访谈人 B：哦，就男女是分开住的？

亲历者 A：分开的。

访谈人 B：男的，刚刚那个爷爷说他们住在水泥厂里面。

亲历者 A：嗯，男的就住在水泥厂，我们女生就住在那个饭店里面。

访谈人 B：嗯。饭店里。

亲历者 A：一个饭店里面。

访谈人 D：去食堂吃饭的时候是用发的那三毛钱的补助买饭吃吗？

访谈人 A：三块钱。

访谈人 D：用三块钱的补助买饭吃吗？

亲历者 A：嗯，三块钱的补助也没拿来发在手里，人家就交给食堂。

访谈人 A：哦。

访谈人 B：一个月交一次，还是每餐交？

亲历者 A：一个月交一次，不发到每个人手里，直接交给伙食团，伙食团的人就按着每餐来算，煮给我们吃。

访谈人 A：哦。

亲历者 A：自己吃的米是从生产队拿去的。

访谈人 B：哦。

访谈人 B：米是生产队的，菜是食堂的。

亲历者 A：嗯。

访谈人 B：哦。

访谈人 A：这个会怎么去调配？比如说每个公社带一点菜过去，还是送过去的？

亲历者 A：嗯，集体去买，有集体大食堂，有好些人煮饭，我们这些人下班回来吃饭，就拿着碗去打饭。

访谈人 A：那有没有人去那边参加围海造田，不参加这个搬石头、砸石头，他是直接去食堂里面去工作的？

亲历者 A：有的。

访谈人 A：他具体的工作安排是每个人固定一个职位，比如说在食堂，我就做食堂这些。

亲历者 A：就是分在食堂的就做食堂的工作，分在工地的就在工地做。

访谈人 A：没有说轮换什么的？

亲历者 A：没轮换。

访谈人 B：在食堂不是会轻松一点吗？

亲历者 A：是，食堂是比在工地轻松。

访谈人 B：哦。

亲历者 A：但是去食堂那些要不了那么多，对不对？

访谈人 A：要不了那么多。

亲历者 A：嗯。

访谈人 D：怎么选择让谁去食堂？

亲历者 A：怎么选择，我们就不知道了，人家怎么安排我们也不知道。

访谈人 A：哦。

亲历者 A：这个么，人家喊我们去抬石头就去抬石头，挖土就挖土，划船就划船。

访谈人 B：管得严吗？

亲历者 A：嗯，还是严的，经常放卫星，放卫星，你们知不知道是整什么？放卫星，就是喊今天要放卫星，就是今天要加班，就要上两个班了。

访谈人 B：哦。

访谈人 A：放什么？

访谈人 B：放卫星。

访谈人 A：放卫星，哦，放卫星。

亲历者 A：就是上两个班。

访谈人 B：要加班。

亲历者 A：比如说你今天早上八点上到下午六点，六点回来吃饭，八点又要去上班，短点的到十二点，如果时间长些就到第二天早上八点，加班么喊放卫星嘛。

访谈人 B：那还蛮累的。

亲历者 A：嗯，累得很，反正多数都有受伤。

访谈人 B：多数是要上山的？

访谈人 A：受伤？

亲历者 A：受伤啊！

访谈人 A：受伤。当时都是什么样的伤？

访谈人 B：哦，受伤。受伤的人还挺多的？

亲历者 A：还是多的，当时都是说受伤么，你像抬石头，有些时候被石头打到，有些时候踩不好崴着脚，这种受伤，有些时候抬重了……

访谈人 A：颈椎疼。

亲历者 A：会撞到颈椎么，颈椎疼。

访谈人 B：当时区里会有医生吗？

亲历者 A：有，有医生，比如说你和医生关系好点，他可以开三五日病假条给你。

访谈人 A：病假，噢。

亲历者 A：如果和医生关系不好，他就开一天的病假条给你，你就只能休息一天。

访谈人 A：哦。

亲历者 A：关系好点，可以开三天五天，他开给你几天你就可以休息几天。

访谈人 B：那些医生也都是村里去的，还是……？

亲历者 A：不是。

访谈人 A：区里的。

亲历者 A：嗯，是西山区调来的。就只有一个卫生所。

访谈人 A：卫生所？

亲历者 A：卫生所。像我们和医生没有什么关系，认不得医生是哪里的。

访谈人 A：那除了病假，平时还有别的休息的时间吗？

亲历者 A：没有。

访谈人 A：都没有？

亲历者 A：没有，没有休息。

访谈人 A：周一到周天都上工？

亲历者 A：嗯，是。每一个月也都要上工。

访谈人 B：每一个月都要上工。

亲历者 A：每一天都要去，除了生病、受伤，医生开给你病假条可以休息，要不然你就没有休息的时间，天天都要上班。

访谈人 A：所以也没有什么娱乐放松的时间？

亲历者 A：没有。

访谈人 A：那晚上呢？如果不去放卫星的时候都在干什么？休息吗？

亲历者 A：晚上收工回来已经很累了，也就不去哪里玩了，也就洗洗脸脚，接着就睡觉了。

访谈人 A：噢，太辛苦了。您在那边大概经历了这样子多久？

访谈人 B：就大概有多久在这边？

亲历者 A：一年多一点。

访谈人 A：一年，一年都是这样，一天天都是这样过来的？

亲历者 A：嗯。

访谈人 A：太厉害了。

访谈人 B：太累了。

亲历者 A：累也没有办法。

访谈人 A：他有没有说，有个奖状，比如三好战士这些？

亲历者 A：没有。

访谈人 A：都没有，没有评这些激励的东西？

亲历者 A：没有，也不评这些，这些都要在学校里才会有，上学的时候才会有，三好学生的奖状啊，或者说是你写个作文，你的作文写得好，评了个奖，这些才有奖状。

访谈人 A：自己在……

亲历者 A：在生产队去围海造田没有什么奖状，也不说评什么。

访谈人 A：围海造田也没有说评什么先进？

亲历者 A：没有。

访谈人 A：那您还认识除了杨爷爷之外其他的参与者吗？在这个村子会很多吗？

亲历者 A：多的。今天来吃饭的。各个队都有几个去的。

访谈人 B：每个队都有几个去的？

亲历者 A：嗯，每个队都有几个。

访谈人 D：那您知道杨自荣爷爷住在哪里吗？

亲历者 A：他就住在陈家饭店。

访谈人 B：长江半边？

亲历者 A：陈家饭店，上面那里。

访谈人 A：就黄河、长江那个长江？

亲历者 A：陈家，陈家饭店。

访谈人 A：哪个 chen？

亲历者 A：耳朵旁，一个东字的陈。

访谈人 B：陈家饭店。

访谈人 A：陈家饭店，他家是开饭店的，是吗？

亲历者 A：不是，就在那家旁边的旁边。

访谈人 A：附近。

亲历者 A：隔壁，旁边。

访谈人 A：好，行。

访谈人 B：我们留了您的联系方式，我们之后还会再来这边。

访谈人 A：今天只是大概了解这个情况，我们觉得这个村非常好。后面肯定会再过来，做一个深度访谈。我们这个课题其实是学校比较重视的，学校立项的一个课题，关于滇池围海造田的，主要是口述史，相当于采访，后面我们会出一部书，到时候给您看一下。

第五节　西山区浪泥湾村村民关于围海造田的口述①

访谈人：一方面本村人都有参与围海造田，另一方面对岸那些六甲公社、福保公社都有人跑到这边来取石头，所以我们要做的一个项目就相当于一个采访，记录当时他们经历的一些事情，你不要说一些小孩，四五十岁的中年人也不太了解。我们的题目叫"口述环境史视野下的滇池围海造田"，针对于环境这一块还是想要做出一些新的解读，所以需要寻找一些帮助。具体在这边需要寻找一些访谈对象。村长，您手上有没有当时参加围海造田的名单之类的？

---

① 亲历者：姜牙所（村长）。访谈人：万刘鑫。访谈时间：2020 年 10 月 4 日。访谈地点：西山区浪泥湾姜牙所家中。

亲历者：名单倒是没有了，只是记得一点，四十多年前了。

访谈人：1970 年到 1972 年。

亲历者：对，具体是哪一年我不太记得了。过来采石头的有呈贡的江尾村、斗南村，江尾村在现在交疗这个地方。

访谈人：哪个 jiao？哪个 liao？可以写一下吗？

亲历者：我文化水平不高，你写吧，我说。交通疗养的交疗。当时江尾村的在现在花猫嘴交通疗养院这里。

访谈人：就是疗养院在花猫嘴那一片？

亲历者：对，交通疗养院，江尾村住那边，采石头就在花猫嘴这个地方。

访谈人：就是现在下面滇池边那一块吗？

亲历者：就是现在的滇池。

访谈人：上去一点，然后在海边。

亲历者：上来，我领着你们去看，下边那栋。

访谈人：这栋。

亲历者：下边海边上。

访谈人：这个是花猫嘴？

亲历者：花猫嘴。

访谈人：这个是江尾村住的那块？也在那边采石头？

亲历者：嗯，江尾村就在现在的交疗就是下边这里，也就是海边。

访谈人：刚才看到一个工人疗养院，是交通疗养院吗？

亲历者：不是，还得上来。那个是云南省工人疗养院，还在上来那个地方，那个是在白衣口。我们这边是斗南村，住在我们老村子下边。

访谈人：就跟村民住在一起吗？

亲历者：租村民的房子。

访谈人：那租房子的钱是需要自己出吗？

亲历者：那个应该是公家出。他们采石头在旁边这里。

访谈人：就是那个斗南，然后江尾在那边，斗南在这边。

亲历者：嗯嗯，江尾在那边，斗南在这边。斗南然后是梅子村。

访谈人：梅子村？

亲历者：也就是呈贡梅子村。

访谈人：他们六甲也在。

亲历者：嗯，对。

访谈人：就是说他们几个村不是按公社住在一起，而是按照村子分开的，然后他们一个村自己派人过来，然后自己派人运石头回去？

亲历者：运是由公家运，原来是用那个大船，然后是用机房船。他那个是拖船，那个船是木船，石头堆在木船上。

访谈人：大船拉小船这样？

亲历者：那个大木船也大，可能能装四五十吨。

访谈人：我们之前福广那边一船大概拉三十吨。

亲历者：对，一船大概拉三四十吨。

访谈人：前面一条大的船可能是用柴油或者……

亲历者：嗯嗯，用柴油发动机拖。

访谈人：后面那些就载着这些东西。

亲历者：一次可拖十多只。

访谈人：一条大船拖十多只小船吗？

亲历者：那个木船也不小，能装二三十吨左右。

访谈人：就是木船本身不能动，由大船驱动？

亲历者：对，用机械化的方法。

访谈人：大船上有没有装石头？

亲历者：拖的这条大船不装石头，后面的十多二十只，每只都能装二三十吨这样拖着去。

访谈人：您当时参加过，还是父母去过？

亲历者：我们当时只有十多岁，只是勉强记得，就是这样的情况。

访谈人：然后，浪泥湾是去西山区那边参加围海造田吗？

亲历者：有，西山区那边，我想想好像基本都走光了。

访谈人：就是老人，参加围海造田的。

亲历者：对，村里面好像有。

访谈人：在65岁以上的。

亲历者：对对对，都走了。好像，围海造田。

访谈人：刚刚我们在老年协会那里碰到的老人说他们是去西山马街那边。

亲历者：围海造田的吗？

访谈人：嗯嗯。

亲历者：具体的人，我也记不住了，好像有六七个，走掉了两三个。

访谈人：就是说不太多。

亲历者：不怎么多了。

访谈人：刚才老年协会那几位老人说他们先是去修南环铁路，修完铁路就去西山区围海造田。

亲历者：修完铁路就去围海造田。

访谈人：在马街水泥厂。

亲历者：对对，住就住在铺平村，上工在铺平村后面，后面那个大箐里面，好像田海萍家。

访谈人：我们去的时候刚好碰见了一个老爷爷，女的也有吗？

亲历者：嗯嗯。

访谈人：刚才我们在老年协会，他们说浪泥湾是只有男的去没有女的去。

亲历者：没有女的去，那可能就是有田海萍家了。

访谈人：田海萍的爸爸？那我们可以后面找他联系，他爸爸还在世吗？

亲历者：在的。

访谈人：那我们可以找他联系，留个电话也可以。

亲历者：我的这个手机坏掉了，通讯记录这块完全不行了。

访谈人：那村长您的电话可以留一个吗？有了，已经记过了。

亲历者：好的，如果我问到就打给你们。

访谈人：可以请村长留意一下村里的老人平时大概有多少，我们下次还会再来，关于这个围海造田。

亲历者：可以的，刚刚外面官渡和呈贡的在我们那里，别的还有什么要问的？

访谈人：参加围海造田的只有六七个人吗？

亲历者：现在都已经走掉几个了，我记得只有田海萍，等着我再给你们问一下。

访谈人：不像我们上次在福宝的时候他们说参加的有上百个，但留下来的不知道有多少人。就是这个村当时参加的人多吗？有没有上百？

亲历者：他们过来的倒是有。

访谈人：过来的多，就是我们去西山的不太多，是吧？

亲历者：是的。

访谈人：当时是只有六七个去了西山。

亲历者：对，就是他是分区域的。

访谈人：就是分区域的，那个区派几个人。

亲历者：我们西山区这边就是在西山区围海造田，就是现在海埂大坝这边。原来是渡船。

访谈人：浪泥湾有人去参加市围海造田吗？

亲历者：不清楚了，因为他是从各个厂矿、各个单位调进去。

访谈人：是从各个单位调过去。

亲历者：后一步么，像五七农场，里面是建农场。

访谈人：像我们区自己做的活儿，主要是本地的农民参加。

亲历者：对，像我们西山区就是由各个公社抽着人进去。

访谈人：浪泥湾在围海造田的时候总共有多少人？

亲历者：两百个。

访谈人：就是总人口少，所以去围海造田的人少？

亲历者：当时我们抽调去修南环铁路，修了以后，男民工就没有转回来，直接去围海造田。然后可能女的回来了。所以人也不多。具体人数我不清楚。

访谈人：现在在世的可能还有六七个？

亲历者：应该就是两个。

访谈人：有没有那种七八十岁的老人？

亲历者：没有，现在也就是七十沾边了。他们两个就是去围海造田的了。

访谈人：我们待会儿还想去采石场实地看一下，我们刚刚打车过来时听那师傅说那个采石场被围起来了，不好进去。就是现在进不去了。

亲历者：那个现在可以进去的，只是采石场被设了一个卡点，护林防火这一块，这一季应该可以去，你朝山上都有点难走。

访谈人：就是没有路，是吧？就是修好那种路？

亲历者：没有。

访谈人：今天的访谈先到这里，后续我们再联系。

第六节　晋宁区牛恋村村民关于围海造田的口述[①]

访谈者：爷爷，您当时是在大队里面，还是在村里面担任职务？

亲历者 A：在小队上当过两年领导，（干的工作）那就是围海造田。

访谈者：在大队上当了两年领导？

亲历者 A：小队上。

访谈者：就我们这村吗？

亲历者 A：小渔村。

---

① 亲历者：李有功（亲历者 A）、张卫（亲历者 B）。访谈人：万刘鑫（访谈者）。访谈时间：2020 年 10 月 6 日。访谈地点：晋宁区牛恋村。

访谈者：哦，小渔村那边？我们看那个小渔村当时是指挥部，一个指挥部在那边。

亲历者 A：是的。

访谈者：爷爷，您当时是在指挥部里面工作吗？

亲历者 A：没有，在村子上，当小组领导。那时候围海造田，负责的就是和围海造田办事处的梅工（猜测是个人名称呼，可以理解成梅师傅）对接工作。

访谈者：当时是有领导去参与这个围海造田吧？

亲历者 A：嗯。

访谈者：那当时在小渔村那边的围海造田大概是个什么情况？

亲历者 A：情况是什么样的？（重复）小渔村那边的情况变动过，这边有个指挥分部，这边乡政府有个指挥所，×××有办事处，有领队。

访谈者：当时是按军队里面的方式管理吗？什么连队、营之类的？

亲历者 A：那时候等于是搞那种军队的统一管理。

访谈者：那当时围海造田是 1970 年开始的吗？

亲历者 A：1970 年。

访谈者：那当时为什么要开始围海造田呢？

亲历者 A：1970 年围海造田是因为梁中义。

访谈者：什么？梁中义？

亲历者 A：梁军长，是个军长。

访谈者：省长？

亲历者 A：省长。

亲历者 A：到了大一点的部队，还有甘军连（？听不懂），（领导名叫）甘良成，他在我们县上。

亲历者 B：还有一个叫什么？

亲历者 A：还有一个那就不说了……

亲历者 B：他们两个人当领导，我记得还有一个，你说那个叫什么来着？

访谈者：那个王明虎？

亲历者 B：对。

亲历者 B：王明虎和甘良成两人是一起（工作）的。

访谈者：是他们当时要组织这个围海造田的吗？

亲历者 A（或者是 B）：是的。

亲历者 A（或者是 B）：甘良成组织的。

访谈者：然后王明虎是……

亲历者 A：王明虎是军队里面的参谋长。

访谈者：王明虎当时是副主任吧？

亲历者 A：是，甘良成是正的。

访谈者：当时他是怎么宣传这个围海造田的呢？它是干嘛用的？

亲历者 A：当时说山西能治山，昔阳能治水，我们这里就弄一个围海造田。

访谈者：山西治山？山西是山西省那边吗？

亲历者 A：恩。

访谈者：山西治山，那他们就治理太行山那边？

亲历者 A：不清楚那边的情况。

访谈者：昔阳治水，那昔阳是山西哪块？爷爷您能写一下吗，就刚刚那些地名？

（写字中……）

访谈者：那爷爷我们云南就是围海造田？

亲历者 A：嗯。

访谈者：后面说要做水利工程，那当时是什么样的说辞呢？

亲历者 A：当时围都没有围起来，1972 年 12 月份就不让搞这个了。

访谈者：当时好像说是水淹（漫）出来了？那为什么说弄不了这个了？

亲历者 B：拿人力工，最后被喷了（被骂了的意思），这里填起来，水到其他地方，这边也受灾，那边也受灾，就不弄了。国家叫停了。

访谈者：当时国家为什么要叫停呢？

亲历者 A 和 B：具体的情况就不清楚了，人家让停就停了。当了一小点官的喊停么就停了……人家让你干你就干，人家让你停（能怎样），这种事情嘛。

访谈者：那这××大队下面这个小渔村，河伯所那边呢？

亲历者 B：一样的，河伯所，海埂那边，都是在这里整。

访谈者：那您还认识当时在河伯所和您一样领导级别的人或者组织者吗？或者有简单参与组织领导这些工作的人吗？

亲历者 A 或 B：各个办事处的领导。

亲历者 A：这个我就要和你说了，朱勇啊，我们的负责人，朱勇是县上的，那个一……

（说着大概 2 分钟，太嘈杂了听不清，大概就是相关人员差不多已经去世了）

访谈者：那意思就是说，我们如果还要找爷爷这样的人访谈，要去其他村了？

亲历者 A：没有了，差不多都……

访谈者：那就没有参加的学生之类的？

亲历者 A：学生都是晋宁的，从晋宁二中来的一些。

访谈者：现在还是叫晋宁二中吗？

亲历者 B：叫晋宁镇，还是晋宁二中。

访谈者：就是想体验一下，体验劳动那种吧？

亲历者 A：就是那种三班制轮流干活。

亲历者 A：我们现在采访就只剩下这个了。这些工作人员，只剩这一个了，您写写他的名字。

访谈者：爷爷，您今年多少岁了？

亲历者 A：71 岁。

访谈者：爷爷，您有没有联系方式？今天确实我们有点匆忙。留个电话，我们以后再找你们提前联系。

亲历者 A 或 B：找到我这样的人，我还可以带你们来找人，和你在这里讲讲我们知道的。

访谈者：嗯嗯，对，很谢谢您。

访谈者 B：我们是云南大学的学生，我们在做这个围海造田的项目，后续还可能深入了解一下。

第七节　五华区作协会员关于围海造田的口述①

访谈人：张先生，先麻烦您做一个简单的自我介绍。

亲历者：好，同学们，我叫张伟，网名大卫，是作协的，区作协，是会员。我写这方面的文章，题材主要是昆明的历史，以昆明的这些山山水水、文物古迹为主，包括像我写昆明的盘龙江，也就是滇池的源头，盘龙江的水流到滇池，主要的一条河，主流，其他的还有三十多条河，有些属于小河，盘龙江是条大河。我写过盘龙江，滇池写过几篇，渔民的风俗习惯，渔民的情况，对他们了解，深入他们的生活，写过一些滇池渔民的生活。近几十年由于人口的膨胀，城市发展太快了，滇池面积缩小了很多，将近……从围海造田，外海内海都进行了大大小小的围海造田，缩小了二十一点几平方千米，缩小以后，生态环境

---

① 亲历者：张伟。访谈人：万刘鑫。访谈时间：2020 年 11 月 21 日。访谈地点：昆明慕尚精品酒店。

遭到严重的破坏。我说的这些话，听得懂吗？

访谈人：听得懂。

亲历者：参加围海造田，我刚好是高小升中学的时候。在围海造田当中看到的，当时虽然没什么保护意识，看着一车一车的砖、石头、土还有些岩石，倒在自己的母亲湖，我们是学生，体力不能和成人相比，我们个子小。那时候不像现在的娃娃，长得个子高，我们个子不是那么高，大家普遍瘦小，我在同学当中还算比较高大的。我们主要是挑土，用扁担挑，就是昆明人喊箐篓，就是有点像……可能你们见过了，一个竹字头，底下一个奋，篓就是上面一个竹字头，底下一个基础的基，就是这两个字。

访谈人：就是奋斗的奋吗？

亲历者：奋斗的奋。

访谈人：竹字头下面一个奋斗的奋。

亲历者：普通话应该是说哪样，反正不像个箩筐，而是个浅的那种箐篓，我们就挑着，从西山山脚下挖下来那个红土，用汽车，就是离那个岸边近点的地方，我们就过去挑，挑到围田的地方，将红土倒进去。本来呢，也旱，火柴擦了以后可以点得着，多少万年的生物腐烂变的。

访谈人：草煤吗？

亲历者：草煤。所以我们就是挑那个土来填滇池的这个海……湖底的给它混合，然后能种庄稼。

访谈人：改造……

亲历者：改造土壤的结构，我们搬运石头什么的，开采那些石料、土料，而且是动员昆明所有的单位来，各个单位，出人出力出钱，动员这些人，有解放军，还有当时昆明辖区的农民。

访谈人：好像抽调了……

亲历者：动员农民……

访谈人：六千……

亲历者：工农兵都上阵了。每天平均参加这个围海造田的大军有十多万。

访谈人：总数是十多万。单位来的，因为他们往返浪费时间，就在那里扎下自己的简易的房子住在那里，我的父亲就住在那里，当时是商业局，昆明商业局，他们也派去了干部。

访谈人：商业局？

亲历者：嗯，商业局，围海造田……

访谈人：就是机关干部？

亲历者：机关干部，好多单位都是就地搭绿色帐篷住，就住在那里，只有我们学生是早出晚归，城里面，由学校集合以后排队走路到那里，到那里将近十四五千米，走到云纺，从云纺算起，到海埂大坝那个地方将近十千米，整整十千米。但是我们也要……

访谈人：从哪里开始？

亲历者：从城里走到云南纺纱厂。

访谈人：哦，云南纺纱厂。

亲历者：就五千米多。

访谈人：起点是在城里面。

亲历者：城里各个学校都是在学校里集合，清晨就出去了，走着出去。

访谈人：然后再到云南纺纱厂。

亲历者：嗯。

访谈人：这个纺纱厂大概是在哪里？

亲历者：就是原来的老螺蛳湾商贸城，现在拆了，建成的还是属于商贸，就是环城南路的南端，从那里算，每隔一千米有个石碑刻着一千米、两千米……到石咀，走到那里刚好十千米。我们就是由学校走到云纺将近五千米，由云纺起点来算，里程十五千米。

访谈人：云纺是什么？

亲历者：云南纺纱厂。

访谈人：哦，就是从纺纱厂再到工地，大概十千米。

亲历者：十千米。

访谈人：从城里到纺纱厂是五千米？

亲历者：五千米。

访谈人：当时您是在哪所学校？

亲历者：我在省立小学，就是长春路，人民电影院旁边，（对李红霞说）可能你知道，就是正义路北段下来，上去是五华山，省政府那里，省政府下来那里，有一个学校在那里。

访谈人：省立小学？

亲历者：嗯，是，我们的学校是市立，不是省立，咸宁小学，咸就是咸蛋的咸，盐咸了，宁是宁夏的宁。

访谈人：咸宁小学。

亲历者：咸宁小学。

访谈人：当时您大概是小学几年级？

亲历者：六年级。

访谈人：就是快升到初中了。

亲历者：快升到初中，就是我们跨进初中之前都在围海造田，八个月，整整八个月。

访谈人：当时停课了吗？

亲历者：停课了，完全不能上课。早上出去，晚上回来，相当疲惫，有时候是七八点才到家，有些女生走得更远，她们更累，在路上好多都掉队，不能走在一起，有些害怕。我们当时男生和女生基本不会说话，所以男生走男生的，女生走女生的。

访谈人：班级里面也是这样男女分开？

亲历者：男女分开，不好意思说话，说了又被男生说，压力挺大的。

访谈人：压力大？

亲历者：比如说，男生就要说些很难听的风言风语，受不了，互相之间都不敢说话。

访谈人：道德的一种回归。

亲历者：时代。

访谈人：那当时怎么会想到抽调学生去参加？

亲历者：人手可能不够，然后学生也要参加劳动，体验这个，围海造田要大家参与，做多少贡献，参与进去，我们还是都参加了。

访谈人：当时是有一种思潮说劳动教育。

亲历者：围海造田完了以后，我们升到中学，中学毕业的时候，高中毕业，我们下乡，我们是小知青，晚几年后又下乡，我也是知青。

访谈人：1973 年到 1976 年是小知青？

亲历者：嗯，是。

访谈人：我们也去过云南知青记忆馆，刘馆长您认识吗？

亲历者：谁？

访谈人：刘大卫馆长，当时他给我们介绍了很多知青，当时老知青和围海造田是错开的，他都下乡了。

亲历者：错开，我们就下乡了。

访谈人：您当时是几几年下乡的？

亲历者：我下乡时是 18 岁。

访谈人：18 岁？

亲历者：嗯。

访谈人：差不多是……

亲历者：下了三年好像。

访谈人：当时我们看到一些报纸上面报道说围海造田的事情，您还记得当时围海造田刚开始的时候，是怎么号召的吗？

亲历者：当时昆明城里东风山有个东风广场，当时把原来的老文化宫拆了，拆了以后就叫红太阳广场，然后才改成东风广场，我们就在那里开誓师大会。

访谈人：誓师大会的情形是什么样子？

亲历者：锣鼓喧天，震耳欲聋。那些广播，情绪相当激昂，可以说是豪情万丈。

访谈人：我们看档案上面它是有写……要提前说从各单位抽调多少人，然后到那边大概是十二月多的时候开誓师大会，在之前要去做一个集中培训，您当时有参加过这种培训吗？

亲历者：我们学生倒没有参加。

访谈人：学生没有？

亲历者：学生没有参加，就是工人这些在职的干部都参加。

访谈人：学生没有参加这种培训，可能我们后面要问当时参加的一些民工，他们去参加培训的时候想到的是什么，这种思想和这个工程有什么样的关系，这可能是我们后面要了解的，和我们今天的访谈关系不大。学校是怎么组织这些学生的？挑选哪些学生去参加围海造田？

亲历者：一般只要没有什么病，身体一般的都去，太虚弱的学生，老师看了以后觉得算了你就别去了，他就可以在家里待着。

访谈人：就是除了特殊情况，一般都是全员上阵。

亲历者：一般就这样，被老师说你不要去了就感到是一种……太难过了，一种耻辱，是不愿的，被说了不要去的人，再想去就要去找老师，三番五次地要求……

访谈人：请战。

亲历者：……去参加，那个时候精神真是不得了。

访谈人：您当时班上是全员都参加吗？还是也有这样的同学？

亲历者：百分之九十九都参加，就是一两个……

访谈人：一两个。

亲历者：我们班有一两个没有参加的同学。

访谈人：那个班级大概多少人？

亲历者：我们班有五十六个同学。

访谈人：然后有一两个同学没有参加，全班都……

亲历者：全班都参加。

访谈人：这种参加是说班级与班级之间轮班,还是说每天整个学校都空了？

亲历者：每天都要去，不轮，每天都去，到后来，每天都要下定决心，不怕牺牲，排除万难，争取胜利。

访谈人：思想的力量是很神奇的，那当时这个老师是……您还记得老师的名字吗？

亲历者：老师的名字，还记得。

访谈人：班主任呢？

亲历者：班主任的名字还是记得的。

访谈人：他现在还在世吗？

亲历者：他现在九十多岁吧，十多年前我们还和老师聚过一次会，因为他身体不太好，我们就不打扰他。

访谈人：当时老师有专门去组织参加誓师大会吗？

亲历者：嗯，就是老师带着去。

访谈人：您能描述一下那天的情形吗？就是早上大概什么时候老师开始组织？

亲历者：冬季的时候，天还没亮，黑的，我们那个时候五点多钟就要爬起来，爬起来之后就自己搞一点早点垫一下肚子，然后带上头天晚上父母给我们准备的饭菜，装在一个铝皮的饭盒里。

访谈人：见过。

亲历者：那种薄铝皮的。

访谈人：银色的那种。

亲历者：勺也是铝勺，因为男生饭量大，我们的饭要在饭盒里面用勺塞得实实的，压实了饭，再把菜盛进去，把小勺放在最上面，饭盒盖上盖，就难免这个勺的背面磨着饭盒盖，到了那里呀，饭变得灰黑灰黑的，菜都成了乱七八糟的样子，但是那个时候的人不挑剔这些，只要能吃饱就行，管它是不是冷的，现在怎么可能吃冷饭冷菜，吃生病了。那个时候没有那么娇贵，老老少少都是这样，老师也是这样，他们也是像这样带着饭去，跟我们一样，有些身体不太好的同学就反胃呀，打嗝啊，还是很受罪。

访谈人：那就是这样子早上准备好饭然后带到学校，老师再带队去誓师大会，而且不是一天两天啊，长达半年八个多月。

当时对誓师大会的印象，除了比较热闹的一个场面，学校是怎么组织你们到这个誓师大会的？它是接到了什么通知然后让老师带队去的吗？还是说当时就是整个学校一起去的？怎么到东风广场？

亲历者：全市所有学校由教育局安排，当时大家一般都不好意思请假。

访谈人：这就是围海造田的时候？

亲历者：围海造田，比如说这一个月你都来了，给一点粮食补贴，就补贴粮票，当时粮票很珍贵，补贴了就像发工资一样，拿到粮票回家之后好好地很珍重地交给父母，父母可以买粮食。

访谈人：当时是配给制。

亲历者：配给制。

访谈人：就是说和后面围海造田的记忆相比好像没有那么大的感觉，好像只是官方说誓师大会很热闹，我们也保留这样的印象，但具体它怎么开展啊，其实我们老百姓没有什么印象。

亲历者：嗯，是。

访谈人：我现在看它好像还要清场还要布置场地，说车不能开进市区什么的，我们看档案里面都是这样说，说是非常庄重的一个场面，就是官方对这个非常看重，但是百姓好像感觉在参加一个普通大会这样子，没有什么。

亲历者：每天开往海埂公路，公路不太宽，顶多两车这个宽度。每天早上汽车拉着单位上这些围海造田的大军，浩浩荡荡地开去，那个场面真是车轮滚滚、浩浩荡荡，路上走的是我们学生，还扛着锄头挑着扁担，就像支前队一样。

访谈人：劳动的氛围浓厚，在那个环境下不劳动好像变成异类了。

亲历者：那时候像这样一般感到很悲观，被淘汰了不能参加劳动是最大的耻辱。

访谈人：劳动最光荣。那还记得当时誓师大会都说了些什么吗？

亲历者：时间久远，就是一些动员方面的口号，然后可能说了一些像昆明的粮食供应会放宽一些，大家的杂粮能少搭一些，大家能吃饱之类的话，主要是政治的动员口号说得多。

那个时候能吃饱饭，吃一碗净的大米饭就是有福气了，端上来的饭上面都是摆着什么窝窝头啊之类的，什么苞谷啊，什么荞面的，乱七八糟的。

访谈人：掺杂粮。

亲历者：嗯，掺杂粮，搭杂粮，搭的比例还比较高，最高的时候达到百分之四十杂粮，只有六成的大米可以吃，作为吃惯了大米的南方人太难过了。

访谈人：大米和杂粮哪个会顶饱一点？

亲历者：就是……

访谈人：是大米会更顶饱一点吗？

亲历者：就是条件差，没有菜，只要有一碗白米饭就满足了，不要菜，那个时候大家的生活质量是很低的。

访谈人：现在好像为了健康还会经常去吃杂粮。

亲历者：嗯，有故意去吃。

访谈人：那我们当时就是只有学生参与进去，还是有其他的很多人？

亲历者：可以说那个时候各条战线的战士们……工农兵、学生、搞商业的，都在里面。

访谈人：您一家好像都去参加？

亲历者：我一家都参加了，我是家里最小的，我是幺儿。

访谈人：您父亲是作为……

亲历者：我父亲、我的哥哥姐姐都参加了。

访谈人：父亲是商业局里的机关干部。

亲历者：嗯。

访谈人：然后哥哥是怎么去参加的？

亲历者：也是单位。

访谈人：单位？

亲历者：嗯。

访谈人：您哥哥当时是什么单位的？

亲历者：我哥在医药公司，还有昆明电机厂，马街那个地方。

访谈人：是不是我们上次去的那个地方？昆明电机厂。（问李红霞）

亲历者：昆明电机厂，就是马街那里，是个大厂，这个厂是抗日战争时期迁来昆明的。

访谈人：我们上次去了小团山，从小团山下来也去了马街。

亲历者：嗯，马街。

访谈人：当时您姐姐也参加了？

亲历者：我姐姐是医生，也参加了，就是在那里搭上医院的帐篷，挂上旗子，受伤的围海造田战士就到那里治疗，她们就像是红十字会一样。

访谈人：就卫生员。

亲历者：卫生员，她是医生。全家总动员，最小的我都参加了。有时候我母亲会做一点父亲喜欢的菜叫我早上去的时候带着去，还有他要换洗的衣服，也带着，我抽空去看过我父亲好几次。在那个帐篷里，有单位的条件还好，人劳动完就住在帐篷里了，同事之间聊聊天、洗洗脸脚就睡了。我们是早出晚归，比他们辛苦，就是我们干的活比他们轻，毕竟我们还小。

访谈人：您的家庭就是说父母、两个兄长、一个姐姐，然后您是老幺，就是这样的一个家庭结构，当时除了母亲其他人都去。

亲历者：母亲是家庭妇女，她没去，当时街道上的居民委员会都是这些家庭妇女，做一些后勤工作。

访谈人：所以当时留在家庭里面的一些妇女，可能会参与到居委会里面去做一些工作。

亲历者：社区后勤工作。

访谈人：像您这样的家庭会很多吗？

亲历者：嗯，很普遍，当时昆明这样的家庭很多，多数就是当时妇女参加工作的不是很多，可能就是五六成有工作，其他都是家庭妇女。

访谈人：家庭妇女，丈夫孩子都出去围海造田了，自己就找点事情做。

亲历者：找点事情做，就是这样。

访谈人：她们平时在居委会做什么工作？

亲历者：居委会的工作，一般就是叫邻里之间管好自己的子女，门前门后院内院外邻里生活，还有治安问题。

访谈人：和现在差别不大。

亲历者：差别不大，就是干这个工作。

访谈人：和围海造田没有太大的关系。

亲历者：没有，就是配合家里面出去搞围海造田，给他们做饭菜之类的工作。

访谈人：那您当时是什么时候正式投入围海造田的工作的？

亲历者：就是动员会开了以后隔了几天我们就参加劳动。

访谈人：当时刚开始接触这个工作是什么样子的？

亲历者：刚开始接触对什么东西都有些好奇，沿路的时候好奇就到处跑，看看，好玩嘛，工地上到处在跑，参观一下，事情做完了之后，有时候就有几个同学跑到西山脚下看工人怎么采石头，怎么取土，那些很苦又很危险的工作，看见他们怎么操作了，很苦的，当然大家精神状态很好。当时为了新中国建设，大家积极性很高，围海造田精神也是，大家真是一不怕苦二不怕累，什么事都能干，所以豪言壮语都说了，什么搬山填海，拿出愚公移山的精神。但是事与愿违，做出了一些损害自己的事情，破坏了生态环境。

访谈人：当时围海造田好像工地管理得比较严？

亲历者：是，管理得严，在工地上基本还没出什么大的事故。

访谈人：大的事故？

亲历者：嗯，管得还是好的，当时围海造田，大家齐心协力干活。

访谈人：当时刚开始工作的时候，是怎么进行工作分配的？

亲历者：分配工作，事先就有指挥部，有个总指挥部，围海造田指挥部，由省政府、市政府组织的这些机构，在那里有他们的分级工，哪个单位做什么。学生基本都是挑土。

访谈人：那学生当时在工地的主要工作是挑土吗？

亲历者：主要是挑土、传土，传递比较安全。

访谈人：但也有参与进去。

亲历者：也参与进去。

访谈人：当时是早上五六点从家里出来，然后到学校，学校再到……

亲历者：集合。

访谈人：集合，再到那个云纺，云纺之后再到工地。

亲历者：一路走着去，顺着那条小河，云纺出去以后有条小河，沿着那条小河，在河埂边上走，因为公路上太拥挤了，跑步安全，我们学生怕汽车。汽车太多，车轮滚滚，天天早晨到天黑，汽车是不停的，浩浩荡荡。

访谈人：就是。

亲历者：其实，公路旁边有一条基本上和那条公路平行的小河，我们就顺着那条小河的河梗走。

访谈人：现在还记得那条河的名字吗？

亲历者：那条河叫泰椒河，还是叫什么河？

访谈人：泰椒河，查一下。然后这个是从云纺到工厂，还是从学校到云纺？

亲历者：从云纺到工地，到围海造田工地，基本就是一两条河，我们顺着这两条河走着去。

访谈人：当时看到那两条河流是什么样的情况？

亲历者：那两条河旁边都是些村庄，我们就一路走过去，都是村子。

访谈人：河水那时候有受到很大的污染吗？

亲历者：那时候河水污染不太大，水还是比较清的。沿河的村民洗菜、洗衣服都在里面，那时人口也不太多，就是围海造田，完了以后滇池水都还没有被污染，进入20世纪80年代，水、人口、生产，各方面扩大了，污染就大了。围海造田刚完，滇池的水还可以的，我们在海埂大坝，海埂的大田下游泳，水都还是清的。

访谈人：那时候就是工地上面可以下去游泳。

亲历者：嗯，我们男生都会游，小时候在盘龙江就把游泳学会了，然后到那个围海造田的地方偷偷地游泳，老师不准我们游，怕出事，出了事不好交代，三令五申，但我们男生还悄悄地跑去游泳。

访谈人：那时候大概鱼虾出来比较多的品种，虾大概是20世纪70年代开始盖过鱼的产量，那时候也有去摸鱼捉虾。

亲历者：嗯，是摸鱼捞虾，也有也有。

访谈人：那时候，有没有说能够认清楚这个是什么鱼，那个是什么鱼？

亲历者：滇池的这些土著鱼，我们都认得清的，白鱼什么之类的。

访谈人：金线鱼。

亲历者：金线鱼之类的都能认得清，还有食鱼的一种鱼，叫乌鲅，就是我们昆明人叫乌鲅、乌鱼。

访谈人：鱿鱼吗？

亲历者：乌，就是淡水鱼那个，它的身子圆圆的，圆圆的牙齿，那个是吃鱼的，滇池里面叫乌鱼。

访谈人：好像还叫鱿鱼。当时就是那时候，围海造田的时候看得比较多的鱼是什么样的鱼？

亲历者：最多的就是一般的青鱼、鲫鱼。

访谈人：鲫鱼。

亲历者：嗯，鲫鱼和鲤鱼，这几样是最普遍的。

访谈人：四大家鱼吗？比较多的是这些家鱼。

亲历者：嗯，鲤鱼、草鱼，鲤鱼，甚至有些宽胖一些，草鱼，身子瘦，舒长一些。

访谈人：家鱼好像是后来才有。

亲历者：你说的鱼好像还没听过。

访谈人：没有，我说四大家鱼，就是鲤鱼、鲫鱼、草鱼这些。

亲历者：是。

访谈人：这是后面才引进的。

亲历者：原来滇池也有。

访谈人：原来就有。

亲历者：原来滇池就有。

访谈人：也算我们滇池的一些土著鱼。

亲历者：也算土著鱼，滇池的土著鱼，像金线鱼，这些就是因为滇池污染，那个要求的水质要好，就在它的源头那里可以看到，在盘龙江的源头。松林那个，叫柏宜。松花坝前面，可以看到金线鱼，那里有个黑龙潭，黑龙寺，你们可以看到，那个滇池里面有很多的。

访谈人：原来很多的，小时候就很多。

亲历者：嗯，很多，原来滇池沿岸还有金线洞。

访谈人：金线洞。

亲历者：金线洞是金线鱼很多，游进那个洞里面。

访谈人：有点像现在抚仙湖说的抗浪鱼，还有一个叫什么洞。

亲历者：嗯。

访谈人：那个，也是说。

亲历者：就这样抚仙湖的抗浪鱼就少了，就是土著鱼。

访谈人：我们滇池金线鱼是很多。

亲历者：嗯，金线鱼。

访谈人：好像除了鱼还有那个……

亲历者：还有虾，还有螺蛳。

访谈人：还有那个什么花。

亲历者：海菜花。

访谈人：对，海菜花。围海造田的时候还能看到海菜花吗？

亲历者：还能看到，在草海里都能看到，原来草海百分之八九十的湖面都被海菜花覆盖。

访谈人：草海的这个草字。

亲历者：就是靠草长得很旺，海菜花一开，像外地来的，把草海说成花湖，有很多海菜花。

访谈人：就是草海，那种水生植物非常多，所以看上去像草一样。

亲历者：鱼虾也多。草海属于内海，它的湖底没有外海生物，外海有将近八米多深，草海的水经过沉淀以后再流入外海，外海的水就更清。

访谈人：在草海水会清一点，会比较适合鱼虾繁衍。

亲历者：是，基本只是流经，滇池河流基本都是，都是流经到草海里的，在草海这里倒入。

访谈人：在20世纪70年代像这种鱼啊、虾啊，还有这种水生植物都还是比较多的，但是，围海造田之后，有没有发现一些比较大的变化，或者说开始察觉到或者意识到好像鱼虾或者说水生植物海菜花没有以前多了，有这种感觉吗？还是觉得好像围海造田也没有这么大影响？

亲历者：围海造田以后，还没明显的变化，然后隔了几年后，就慢慢发现海菜花越来越少了，出现了外来植物——水葫芦，水葫芦就慢慢滋生，把一个大观河，还有草海都覆盖了。

访谈人：水葫芦大概是什么时候出现的？

亲历者：水葫芦，在围海造田前后已经有了，但是不太多，没有危害草海。围海造田完了之后，好像隔了三四年，水葫芦就多了，疯长，进入 20 世纪 80 年代，已经是成灾了！

访谈人：我看到 1992 年还是几几年，大观河那边发动昆明市市民打捞。

亲历者：打捞确实有，但又发现水葫芦也能净化水质。

访谈人：一开始。

亲历者：有些地方又开始故意种植水葫芦。

访谈人：一开始就是为了净化水质，然后种多了就把氧气给吸没了。

亲历者：嗯，又造成反噬。

访谈人：所以这种环境的变化，好像围海造田，它作为短时间的一个工程，或者说一次环境事件来看，它是一个环境事件嘛，好像就是滇池环境变化的一个很直观的反应。

亲历者：叫什么滇池的老化。湖面突然缩小了，大面积缩小，这个草海是最重要的一个净化水的地方，就像人的两个肾被摘掉一个，是不是？

访谈人：这个比喻很恰当。

亲历者：嗯。

访谈人：外海一个肾，草海一个肾。那我们说围海造田，当时我们作为学生，吃住都是自己带吃的，然后回去住。

亲历者：天天早出晚归。这样就很累了。现在人们出去就打车，坐公交也很方便，所以当时天天走 15 千米，来回就是 30 千米。30 千米，谁受得了？也就是我们那代人才受得了。

访谈人：嗯。之前说五六点出来，然后大概到了工地的时候是几点？

亲历者：到工地将近 9 点多 10 点了。

访谈人：走了 4 个多小时这样子。

亲历者：下午是 3 点多就要收工了，不然走回去太晚了，父母也担心，所以老师就是叫我们 3 点多 4 点就回去了。

访谈人：然后又走四五个小时。

亲历者：是，太累了。

访谈人：到家的时候差不多几点？到家会很迟？

亲历者：很迟，有时候父母就留着饭，热给我们吃，都等不得了嘛，相当累。

访谈人：嗯，当时您父亲还有哥哥在那边驻地？

亲历者：都在驻地，都在单位上，他们相对还是舒服一些。

访谈人：姐姐也是在那边？

亲历者：嗯，姐姐也在那边，都安营扎寨了，可以说住在那里。

访谈人：他们多久能回一次家？

亲历者：一个多月能回一次，有时候，回来家里面来拿一些换洗的衣服，马上就走，住在那里洗东西不方便。我印象中他们只是个把月可以回一次。

访谈人：围海造田，当时好像是要赚工分吧？

亲历者：工分倒是不，就是带着工资去，就是单位上开着工资。

访谈人：哦。

亲历者：外派出去单位的人都是由单位付工资，照样该领工资领工资。

访谈人：他们就是。

亲历者：就是从农村抽调来的人口是记工分。

访谈人：是公社大队里的人。

亲历者：公社大队里的人，记工分。当时市政府给他们一些补贴。

访谈人：好像我们看到一篇文章，说工地会用大喇叭去宣讲一些东西，当时有没有这种？

亲历者：有，因为这些由农村抽调来的学生大部分留在农场里面做工人，后来围海造田结束后建农场，叫五七农场，就留在农场里面做工人，农转工，变成农场的工人，就领工资了嘛。好些农村村民很羡慕，能领到工资嘛，是国家发放，是不是？但是工资也低，一个月工资28块，很低的，他不能跟城里工厂中的那些工人比，农场工资是低。

访谈人：五七农场，工资是一个月28块。

亲历者：嗯，最初是28块，后来慢慢地调整了，跟城里那些工人的工资差不多。

访谈人：您是有朋友在里面吗？还是？

亲历者：有，业务朋友。

访谈人：朋友是在五七农场里面。

亲历者：在五七农场，然后知道他们的情况。

访谈人：那个朋友以前是在公社里面？

亲历者：原来是在农村里面，然后论职业，我属于农管级。我就了解他们的工作情况，他们有些就是农场解散，开始搞民族村，有些人就留在民族村，成了民族村的工人，这些人都退休了，都没有一个在的。

访谈人：现在要去找五七农场，就是您朋友在五七农场。

亲历者：原来前几年守门！干这些杂活的有些老工人，就是那会儿留下来的。

访谈人：民族村的。

亲历者：嗯，民族村里的，你所说的五七农场里的工人。

访谈人：现在都退休了。

亲历者：现在都退休了。

访谈人：现在跟那些朋友还有联系吗？

亲历者：呃，有些还是有联系。

访谈人：有联系。

亲历者：有些就抽调了。后来成立了牛奶公司，从五七农场抽调来好多人当工人，脱离了五七农场就好像高兴得不得了，来牛奶公司当正式的工人，渊源我还是清楚一些。

访谈人：那我们如果要找到他们去访谈的话方便吗？

亲历者：有些人虽然经历很多，但是说不出来。

访谈人：您其实是我们访谈中讲得最清晰的一个。

亲历者：他说不出来，表达不清楚。

访谈人：等后面也可以尝试去接触。

亲历者：还有他们也没有兴趣，现在有些人，来要有好处，是不是？若一样好处也没有，白来他们更不愿意。

访谈人：后面我们看一下吧，还是要尽力去拓宽访谈的群体层，才能共同去看这个情况。嗯，当时我们这边工地上有学生，有军人，有单位的职工，有机关的干部，还有反正各种群体。

亲历者：这些对象年纪都大，我属于年纪比较小的。

访谈人：对。

亲历者：那会儿我们叫工人叔叔、解放军叔叔，那些人现在都七八十岁了，那会儿他们二十七八岁，我们十多岁。我都64岁了，你想想。

访谈人：他们当时在工地上的时候，有不同的表现吗？军人和职工应该不太一样，但当时有什么不太一样？

亲历者：军人的积极性高，因为他们是解放军嘛，他们都是被安排干最苦的活，最最最苦的，其次是工人，我们学生干的是最轻的活，解放军是最苦的。

访谈人：那我们看那边还有民兵。

亲历者：还有民兵。

访谈人：民兵是怎么参加的？

亲历者：民兵是各个单位选拔出来的，就是一些生产单位，这些工矿企业商业出来的年轻人，多半是男性，女性也有。

访谈人：像我们现在各个单位的武装部这样。

亲历者：嗯，是。

访谈人：他们也会参与到其中去。我们学生会不会主动去跟他们聊天，跟他们去接触？还是说他们太忙了，根本顾不上我们学生？

亲历者：其实你们采访这些人，他们年纪大了，有些人你找到他，他也回避。

访谈人：我说您，您当时作为学生有没有去主动找他们聊天？

亲历者：还是去找过，故意找过，也愿意跟他们在工地上有接触，就跟他们聊一下。我们好奇嘛，好奇找他们玩啊！

访谈人：他们当时都会聊些什么事情？

亲历者：聊什么，他们比如说是工作的有些事，谁违反了什么纪律，还有谁受了什么伤啊，我们有听过。有些事情是哪里出什么事故，谁的受伤情况，我们也知道一些。

访谈人：您说受伤，好像您刚刚也说没有出太大的事故。

亲历者：没有。

访谈人：一般的事故是什么样子的？

亲历者：一般事故就是被石头砸了。

访谈人：砸石头？

亲历者：大石头，被石头砸之后，有些人就陷进泥里，沼泽里面。

访谈人：还有沼泽？

亲历者：嗯，救起来一般不会受什么伤害，就是说小吓唬，普通话就是被吓唬了一下。

访谈人：吓唬了一下。

亲历者：吓唬了一下。

访谈人：那时候那边有沼泽吗？就是湿地这些。

亲历者：湿地就是人都可以陷进去，如果不抢救就可能有生命危险。

访谈人：那这样的湿地公园也会改造，改成这种田地。

亲历者：那就是填那些什么石头、土，倒进去以后，放个宽的板子，几个人站上去把它拖着压平，慢慢地这个沼泽地就改变了。

访谈人：我们对当时的围海造田有一个基本的了解，就是学生在里面到底是扮演什么样的角色。当然，我们现在可能也会想象，嗯，对，还有一个是当时有没有人去逃跑，或者说，对围海造田提出一些不同的意见？

亲历者：太少了，人们一般不会有，除了真是胆子太大了，神经有点问题，才会做出这种事。

访谈人：冒天下之大不韪。您当时从头到尾都作为学生完整地参加过围海造田。他们宣传说粮食不够，但是我们当时粮食是否真的那么不够，您回答是说也还好，就是大概还是够吃，也没那么好，但是是够吃的。

亲历者：还是够吃，也没怎么饿着。

访谈人：当时宣传这种向滇池要田要粮的标语，还有很多很多。

亲历者：初衷是好的，是想改善生活，可以理解，但是，这个事情没有过多考虑生态环境破坏。

访谈人：像我们这个口述环境史，也是想知道这个工程到底在环境史当中是什么样的地位。如果要去为围海造田找一个起因，我们一方面说当时宣传缺粮，但您看还有哪些方面？您觉得为什么发起围海造田，还有什么别的原因吗？

亲历者：备战备荒，为了落实这个精神。只不过就是想着把这个粮食产量提高，不要太依赖外地把粮食拉来，昆明人自给自足，主要是这种目的。

访谈人：您后面在农管局工作，然后对于昆明，以前粮食的输入情况，应该还是了解的。云南省或者昆明市平时的粮食，大部分在那个年代，20世纪70年代还是总依赖于省外吗？

亲历者：我们吃的大米都是广西、湖南的。

访谈人：本地大米少。

亲历者：本地的稻米少，可能是不够吃才这样，所以围海造田就是想解决自给自足的问题。

访谈人：在围海造田之前，20世纪70年代以前，我们昆明有什么特别大的一些农田，或者说农场，比较传统的农业生产区吗？

亲历者：哦，就是由国家建立的一些什么国民农场啊，一二三农场啊，不是归农管局管，就是这些农场也垦田，种庄稼，养殖一些牲口。

访谈人：那这些也不能够保证昆明？

亲历者：也不能够保证。

访谈人：还是要靠外人。

亲历者：还是要靠外边。

访谈人：但是围海造田之后，这种局面……

亲历者：也没有扭转，反而还劳民伤财。

访谈人：就是粮食的产量达不到开始的一个标准。

亲历者：嗯。

访谈人：农管局内部有没有说，对围海造田有一个评估或者调查？

亲历者：嗯，就认为这个东西就是因为那个时候没有受当时的各种思潮影响，实际上是可以办好的事，但是欠考虑，缺乏全局性，自然就告罄。后来中央知道了就下令赶快停，围海造田才草草收场。

访谈人：对于围海造田，我们有两种说法，一种说法是围海造田工程，另一种说法是围海造田运动，您是怎么看待这两种说法的？

亲历者：初衷是好的，但是他们不讲科学，所以说做错了事情。

访谈人：就还是更偏向它是水利工程，就是说方向好，初衷好，但是不科学，但归根结底还是个水利工程。

亲历者：水利工程。当时想的还是去把滇池填了，像一条河一样，往螳螂川淌出去，淌到金沙江，把整个滇池变成田地。在草海上整的就是那样。外海的局部地方也被填了一点，生产大队公社拿一个小海挖一挖、做一做实验，也填了一小部分，所以外海的面积也将近有 1.5 平方千米。

访谈人：很大，我们看这个材料说，晋宁县全部围掉，从西边的河泊所到东边的河泊所连接起来。西山区、官渡区也做这些事情。

亲历者：都做了。西山，包括晋宁，沿湖的几个区县都做了，都是想整出一点业绩来。

访谈人：我们觉得他们是先锋。

亲历者：嗯，跟风走，所以对滇池的影响确实大。

访谈人：那我们说滇池的环境，它后面也在慢慢治理，您在农管局应该也有接触到滇池治理的一些工作。

亲历者：我离开单位十多年了，也不太清楚。

访谈人：呃，作为普通市民的话，我们看看滇池，现在好像确实在慢慢变好，成立滇池管理局，它去做这些事情。

亲历者：嗯，做这些工作，可能是这几年在滇池沿岸建立了一些湿地公园，还有就是有些地方退耕还湖，就是面积我想肯定没有围海造田的面积大。

访谈人：反正不管怎么样，草海那一块，一大块都是土地了，你再怎么弄，也不能退，再退也退不了。

亲历者：可能退湖就是还湖的地方，有原来填的那么多，是不可能的。

访谈人：嗯。

亲历者：因为那些地方填了之后已经有一些被开发成房地产了，开发商有些抢着要那些地方，盖成度假村，实际已经被占用掉了。

访谈人：那就是说，我们之前也讨论说滇池的一个污染主要在于后面的人口暴增，人口暴增后城市的污染物排到滇池里面去。如果我们去看围海造田，把围海造田放到1949年以来滇池开发利用治理当中，您会怎样看待围海造田的环境影响？它的环境影响多大？后面和前面比起来，它是一个什么样的地位？

亲历者：这方面我也不好比较了。

访谈人：那也是。

亲历者：是不是？

访谈人：可能还是有影响的，但是，具体和后面比起来，能够主观比较的话，那您感觉后面污染会大一点？

亲历者：嗯，是。

访谈人：后面那些民办企业，可能有影响。

亲历者：嗯，是。

访谈人：我们再问几个问题吧。您还有多长时间？

亲历者：我的家也远，需要将近两个小时才到得了家。

访谈人：我们再问一个问题，您觉得滇池治理以后应该往哪些方向走？或者说我们民众最关心的东西，政府现在还没有正视的一些地方，怎么去把滇池治理好？

亲历者：滇池要治理好，就是要政府下大的决心，关键是政府决策，市民是肯定支持拥护，是不是？有些想退耕还湖，我认为是关键。应该把水重新引进来，把能恢复的湖面积去恢复过来，我认为这个才是大手笔，在边上种植什么，早就不行了，它荒着也不好，水放进来都变成湿地，尽量地多开辟周围的湿地是最好的，基本是防护，让草海基本恢复原有的面积，如果不能恢复九成，恢复六七成都是可以的。你说呢？

访谈人：就是现在的思路还是去纠正以前的一些错误。

亲历者：嗯，就是一些低洼的地方，也不允许房地产商来随便地开发，开发商建些别墅，其实也是在残蚀滇池，在威胁滇池的治理。

访谈人：现在规定三级保护区以内不让建，所有的建筑都不行，但三级开始它还是可以建的。

亲历者：其实，有些时候经济利益和环境保护是相矛盾的，有时候环境不得不让位于经济，是不是？所以说滇池很难治理，往往都是一退再退，一让再让，其实滇池很脆弱。

访谈人：所以说以前是人进水退，现在还是希望人退水进。

亲历者：是，这些房地产商唯利是图，都想在滇池沿岸开发，搞一些娱乐、疗养、休闲的地方，其实，对滇池威胁很大。好多房地产商都把那看成赚钱的肥料，打的宣传语说他抢到了这块地，地盘地皮三面环水，前景好，搞这些宣传都是在残蚀滇池。其实这个残蚀，还是威胁很大，属于围海造田、围海造地，房地产商赚取大量的钱，所以说，对政府，对整个国家来说是没有好处的，应该下严令，政府方面的执法力度要加强。

访谈人：当初，您作为学生去参与围海造田，虽然停止了，但此后对滇池的侵害还是在继续，像您刚刚说的，围海造地还是围海造田，它还在进行当中。

亲历者：还在尝试治理滇池。

访谈人：您的希望，就是说希望他不要做不该做的事。

亲历者：只能慢慢地想办法，尽量恢复，应延缓它的缩小，不能加大破坏。

访谈人：从面积来说，如果滇池大了，它对净化可能会更好一点，这是主要想法。那我们今天就这样吧，谢谢您。一个多小时快两个小时了，非常感谢您。

第三章　滇池的保护与再开发

20世纪70年代以来，随着工业化的快速发展以及城市、人口的加速膨胀，滇池遭到了严重的污染，其治理直至今日仍有很长的路要走。因其高原湖泊的特殊性，加之其污染和治理肇始时间较早，滇池的保护、治理及其再开发在我国的湖泊治理中有着重要的典型性和先验性特征。

第一节　昆明市北市区的城市化发展与滇池治理变迁①

一、昆明市北市区的开发历程

袁：董老师，您今天下午带着我在北市区转了半圈，也看到了盘龙江。您带我实地参观北市区，结合您的讲解，让我感受到了北市区的变化。您能否再系统介绍一下，您记忆中的昆明市北市区经历了什么样的变化？

董：20世纪80年代初，北市区尚处于未开发的郊区状态。20世纪80年代，从昆明市出来，最北的郊区就是北站。当时北站到黑龙潭只有一趟公交车，即9路公交车，唯一一条直通北站到黑龙潭的路基本就是龙泉路，当时北站是昆明市最偏远的郊区，当时的龙泉路是很窄的柏油路，坑坑洼洼的，当时的北市

① 受访人：董学荣，男，1968年出生，曾任昆明学院党委宣传部副部长，现任昆明学院马克思主义学院院长、书记、副教授。主要研究方向为经济人类学、生态人类学、民族理论及少数民族历史文化、中国环境史等，近年参与多项昆明市经济社会发展、人口问题及滇池流域生态文化变迁研究项目。在全国中文核心期刊发表学术论文10余篇，多次被转载和引用，并被人大书报资料中心全文转载，多次获云南省政府、昆明市政府哲学社会科学优秀成果奖。主访人：袁晓仙。整理者：袁晓仙。时间：2016年9月24日（18：00—21：30）。地点：昆明市北市区走访过程中。

区是昆明市很偏远的郊区。龙泉路也就跟乡村路差不多，龙泉路两边都是农田（问：龙泉路是何时修建的？答：具体不知，你回去后可以查一查）。当时沿着龙泉路比较大的单位就是下马村的云南财贸学院（后来改为云南财经大学）、云南省财经学校（专科）、昆明地质学校（后改为云南旅游职业学院）。也就是说，当时北市区最北的地方就是现在龙泉路下马村的云南财经大学附近（云大龙泉住宅区也是 2000 年才修建的），当时云南财经学院也属于郊区，很偏远。顺着龙泉路一直往北走，有一个德和罐头厂，往前就是昆明烟厂、蓝龙潭啤酒厂（跟水源有关系）、人造板机器厂、水泥厂（挨着山）、重型机器厂（茨坝附近，从 20 世纪 50 年代开始昆明的机械制造业集中在北郊茨坝，成为昆明的茨坝工业区），这些厂在 20 世纪 80 年代的时候零散分布在北市区的龙泉路沿线上，规模比较小，也就是厂子和学校比较多，厂子周围都是农田和树，龙泉路边也有种树。当时，这些工厂的经济效益还是不错的，后来就逐渐不行了，现在这些厂的旧址都还在，顺着 84 路公交路线就能看到这些厂的旧址，已经很陈旧了。

整个 20 世纪 80 年代，昆明北市区差不多就是这样，有零散分布的学校和工厂，其余大多都是大片大片的农田，农田以种植水稻为主。尽管周围有一个昆明烟厂，但几乎无种植烤烟的。烟厂的烟叶来源主要是昆明周边各地的。晚上的时候，整个北市区几乎就是荒郊野岭，黑漆漆的，骑自行车到那儿，都是很危险的，因为太偏远了。正如许多昆明人对 1999 年之前的北市区的回忆是"处处皆菜地，到处是蝉鸣"。直到 21 世纪初，北市区仍是昆明市的郊区，到处都还是绿油油的稻田。

20 世纪 90 年代，北市区的开发建设慢慢起步。改革开放的时代背景之下，包括当地的农民开始零星盖房子，但数量很少；20 世纪 90 年代中后期，盖的房子开始陆陆续续增多[①]。当时昆明市开始规划建设北市区，2000 年北市区公交客运站建成，当时昆明市的城区规划中，北市区车站已经是最北边，相当偏远了，当时人们都想着应该不会再往北扩展延伸了。当时北市区车站附近的红云小区的修建，对当地老百姓来说都觉得太稀奇了，因为那边实在是太偏远了，也就是当时昆明市的郊区。

---

① 从 1995 年开始，昆明市政府先后完成了北市区范围内的"上庄片区规划"和"三竹营片区规划"，同时开始了北市区的总体规划。1997 年初，昆明和瑞士苏黎世的专家共同完成了北市区新城规划。随着 1999 年世界园艺博览会的举办，国家土地开发政策的改变，住房制度的改革，北市区当时的状况与原有的规划产生了一些矛盾，因此，又对北市区的规划进行了调整。根据 1999 年制定的《昆明城市总体规划》，北市区是昆明的四个副中心之一，是主城教育科研等第三产业和生活居住以及部分加工工业集中的地方。昆明市规划设计研究院于 2000 年完成了《昆明市北市区分区规划》和《北市区核心区控制性详细规划》。

　　21 世纪以来,北市区开发建设开始飞速发展,大规模的农田被占用。2000年左右,当时北市区的地价差不多是 20 万—40 万元/亩,当时来说是很昂贵的,后来地价快速增长,从 1997 年开始规划开始,地价慢慢上涨,68 万—168 万元/亩不等。现在北市区一亩地的价格已经涨到 800 万元,近十多年以来昆明市的地价是呈飞速上涨趋势的。农田被大规模征用,很多农民失去土地,被迫另谋生路,农民新的谋生方式也开始转变,主要是到附近工厂打工、自主创业,如小本经营的餐旅店,也有人创办乡镇企业。北市区大量农民的土地被征用,其生计方式也开始发生变化,这些变化对北市区盘龙江等周边的环境影响是很大的。

　　袁:董老师,您刚刚提到 21 世纪以来北市区开发过程中大片农田被征用,那么,您是否了解一些具体的关于因土地征用而产生的冲突纠纷事件?

　　董:这个就不太清楚了,你可以去查一下相关资料。

　　袁:是否认识当时在农村,且农村被改造成城中村的人或者朋友?

　　董:不认识村里的人。

二、昆明市北市区的发展与环境变迁和污染

　　袁:作为定居昆明的外地人而言,您在 2008 年左右对滇池的环境和污染治理的研究是否与您所经历的北市区的变化有关系?

　　董:怎么说呢,并没有直接的关系,但是,不可否认的是,北市区的开发建设也是滇池环境变迁的一部分,20 世纪 80 年代到 20 世纪 90 年代我在北市区所经历的一切,并没有激起我对滇池环境变迁研究的兴趣。自 2000 年以来,北市区的迅速发展导致了该地区巨大的变化,与我所亲身经历的北市区渐行渐远,才让我逐渐关注北市区,但我并没有对此进行深入研究。我从 20 世纪 80 年代定居昆明,对北市区的变化是亲眼所见的,很熟悉,而且感触很深。可以说,在昆明 30 多年,我见证了北市区发生的一切变化,尽管这些变化带来的感触并没有让我与滇池的研究直接联系起来,但不可否认,北市区开发的过程也是滇池环境变迁的一部分,北市区的开发与滇池的保护治理是无法截然分开的。2008 年左右我对滇池环境变迁展开研究,直接原因就是滇池环境污染和环境治理的严峻性与迫切性。

　　我记得,20 世纪 80 年代,我所在的北市区,学校周围都是大片农田,从宿舍的窗户往外望去,一眼望见的都是连片的绿油油的农田,夏天的时候是水稻,冬天的时候是蚕豆。当时我在云南师范学院上学,记得学校的美术生写生都是直接到学校附近的田野里(现在的下马村附近),因为那儿是大片绿油油的

农田，田间水沟和田埂纵横交错，还有乡间小道，稻田里还有鱼虾小蟹，完全一派乡村田园风光。学生时代，周末或者课余，我们学生都喜欢相约来这边捕鱼捞虾，很好玩的！当时根本想不到，那么多肥沃的农田现在都被占用，没了！北市区十多年的变化真的非常之大。

袁：20 世纪 80 年代北市区一带已经有数量不多的工厂、学校和大片农田，是否对周边的环境造成污染？或者说，污染现象已经显现？

董：北市区车场、柏油路还没有建成之前，周边都是农田，当时的村子还不是很多，人口也不是很多，大部分是农民，以种田为生，农业的生产方式对周边河流、山林排放的污染是很少的；北市区车场和柏油路建成之后，当时周边虽然有啤酒厂、烟厂、水泥厂等，但由于工厂规模小，排放的污染有限，也不属于重金属类、化学类的大污染源。所以，当时农业和工业对周边环境的污染还不是很凸显，盘龙江源头和滇池的水质都很清澈，稻田里的鱼虾螃蟹都是生态的，而且当时的盘龙江也能对有限的污染进行自我净化，所以，河流自我净化的功能还是很强大的。整个 20 世纪 80 年代，北市区农村人口、工厂生产生活的污染源比较有限，排入盘龙江的污染被河流自我净化，环境污染问题已经发生，但并没有凸显，尚未影响到盘龙江和盘龙江入口的滇池的水环境。

20 世纪 90 年代，房屋逐渐增多，人口增加，工厂数量也在增加，生产生活的污染量也在增加，并且这些污染物直接排入盘龙江，盘龙江的污染现象开始显现，但并不是很严重。现在，这一整个片区，修建的大量建筑、学校、工厂、民居房等，以及四通八达的交通网覆盖了整个北市区，几乎已经看不到农田。人口的增加，建筑用地、各种工厂的扩张及交通建设，其产生的污染物是非常多的，排入盘龙江的污染物逐渐增加，使得盘龙江难以自我净化过多的污染物，最终污染物流入滇池，导致滇池及其周边河流的自我净化功能大大降低。可以说，穿流北市区的盘龙江是滇池径流量最大的入湖河流，北市区的重型机械厂等重金属污染对滇池的影响巨大，盘龙江污染的过程也是滇池污染的过程。大多数人的研究都认为对滇池的污染治理主要是从 20 世纪 80 年代开始，但我一直提倡对滇池的污染治理应该是从 20 世纪 70 年代开始，20 世纪 80 年代是滇池污染逐渐严重且日益向周边扩张的过程，污染问题已经不容忽视。

三、"城中村"凸显北市区变化和污染问题

袁：20 世纪末开始，昆明市北市区开始大规模建设，最明显的是农田土地被大规模占用，除龙泉路沿边依旧存在的旧工厂等见证 20 世纪 80 年代北市区的荒凉之外，还有哪些方面能够凸显北市区明显的发展变化？

董：现存的"城中村"最能凸显北市区的发展变化。正如前面所提到的，20世纪80年代北市区一带主要有零散的村庄、农民，大多数农民以种田为生，夏天种水稻，冬天种蚕豆等。那些村庄都是比较传统的土坯砖瓦结构的房子，而且村庄的规模很小，比较分散，人口也少，农田广阔，农民依靠传统的农作物种植就能养家糊口，满足日常生活所需。20世纪90年代以来，随着昆明城市人口的不断增加，主城中心难以容纳不断激增的人口，住宅区开始向外转移，北市区的城市开发规划也由此展开。在其开发过程中，对传统村庄的改造是最明显的变化，为了适应城镇化发展的需要，几乎所有的村庄都由传统的土坯砖瓦结构的房子变成了政府规划设计的钢筋水泥小楼房，差不多5层楼高，3幢一排，一个村也就有10排左右，"城中村"由此而来。正如你所见，现在的"城中村"每一排的间隔都是很窄的，完全不能满足日常的光照，尤其是周围大规模的高楼大厦的修建，使这些"城中村"显得破旧不堪，影响市容市貌，而在十年之前，这些"城中村"并未显得如此"落魄"。

昆明市中很多"城中村"见证了昆明市的城市扩张，也是昆明市曾经历史的明证。不管是在北市区、盘龙区，抑或是西山区、呈贡区、晋宁区、滇池周围，都能看见"城中村"的存在，这些"城中村"的所在大多是曾经传统村落的所在，其当下的"落魄"也在一定程度上凸显了传统农村和农业逐渐"落寞"。郊区作为城市和农村的交界地带，逐渐被纳入城市主体规划区中，城镇化的发展使昆明市的经济产业结构发生变化，即第二三产业逐渐壮大，而第一产业（即农业）开始往城区更远的地方发展。第一产业的逐渐消退，导致昆明市的粮食生产由曾经的自产自足到现在几乎都是依靠周边进口。

四、滇池四十年的治理变迁

袁：您在《滇池沧桑——千年环境史的视野》一书中，从环境史的视角通过三个篇章分别详细探讨了滇池水环境形成的历史意象、滇池水环境改造的认知轨迹和滇池水环境利用与保护的现代图景，通过人类活动和自然变化之间的互动影响，如气候、洪涝、自然灾害等自然因素与人口激增、水利建设、农业发展、工业污染治理等人类活动的双重互动的历史，以及这些互动历史对滇池环境变迁的影响，从历史时期到当下的人类活动对滇池环境变迁的影响是显而易见的，那么，您觉得滇池的污染治理主要经历了怎么的历程，运用了哪些治理技术？

董：当下，大多数的学者普遍认同的是对滇池的污染治理是从20世纪80年代开始的，有30多年的历史，但正如我在书中所阐述的，我个人认为对滇池的污染治理应该从 20 世纪 70 年代开始，即滇池治理 40 多年，主要是分三大阶段。

第一个阶段是 20 世纪 70—80 年代，主要以依靠工程技术的污染治理，即以"器物"的物理治理为主。20 世纪 70 年代是滇池湖泊环境变迁的转折点，该时期滇池急剧的环境变迁是历史上人类活动对滇池开发潜在的环境问题日益显现的后果。

历史地看，迟至 3 万年前，滇池流域就有人类的栖息繁衍，产生了独具特色的"贝丘文化"和"青铜文化"，至春秋战国时期，农业和畜牧业并行发展，滇池流域的人们与周边保持了密切频繁的经济贸易往来，但由于人口较少、生产力不发达，人与自然之间仍保持了整体有机统一的和谐状态，敬畏和尊重自然是主旋律。西汉以后，滇池流域人口聚集，为发展农牧业开始了水利开发，人水矛盾开始凸显，到了元明清时期，农耕经济和水利建设的大力发展，使滇池环境发生剧烈的变化，形成了第一个"人进水退"的高潮期。气候等自然因素与持续的人类开发活动使滇池流域的自然灾害频发，"水患"与"治水"的出现，在一定程度上强化了中央王朝对滇池边疆的控制，这个时期以传统的农业生产方式和手工加工业为主，滇池的环境问题主要集中在滇池流域附近。

19 世纪 70 年代至 20 世纪初期，昆明的近代工业开始产生和发展，大批沿海和内地的工业进驻昆明，现代工业的发展使滇池流域的人水关系发生了深刻变化，人类开发利用自然成为主旋律。20 世纪中后期人口高速增长导致"围海造田"，人类与滇池"争地""抢地"直接体现了人类对自然有组织、大规模的开发和利用，人类主导自然成为当时主要的环境认知。

20 世纪 70 年代是滇池环境变迁的转折点，滇池由大变小、由深变浅的物质变化，伴随着滇池富营养化、水体污染、水质变坏、生物多样性减少、物种结构突变的化学、生物变化，严重制约人类生存和区域经济社会发展。因此，20 世纪 70 年代日益凸显的滇池环境污染问题使滇池的污染治理被提上云南省政府的议事日程，这个时期主要借助找准污染源、运用工程技术治理滇池，其治理集中于污染源，相对分散，并未形成统一的整体，如污水处理厂、环湖截污、底泥疏浚等。

20 世纪 80 年代，滇池治理的重点是工业污染治理，即以确定水源保护区、滇池汇水区、居民稠密区、风景旅游区为重点防治目标，采取有力措施控制和削减重金属及有毒有害物质的污染，甚至于"九五"以来，国务院连续三个五年计划将滇池纳入国家"三河三湖"重点污染治理项目中。滇池的工业污染治理取得了一定成效，改善了滇池水质恶化的状况，但"点到点"的局部工程技术污染治理的工业污染治理并没有完全改善滇池环境污染扩大的趋势。

第二个阶段是 1990—2000 年开始的，主要是综合治理，即"点"和"源"相结合及工程技术治理与法律法规保护治理相结合。滇池的污染治理关乎云南全省的社会经济发展和民生安稳，成为云南省委省政府的重点工作之一，把滇池作为全省九大高原湖泊之首，每年召开专题会议对滇池污染治理工作进行研究部署，不断完善治理思想，加大污染治理的资金和技术投资，采取一系列"点源""面源""内源"等治理措施，如河道整治、生态修复、外域调水等工程，形成从湖泊内源、河道治理到全流域、全方位的治理，持续有力地推进滇池污染治理工作。此外，1988 年颁行的《滇池保护条例》，通过法律手段加强对滇池的污染治理，严惩违规污染企业和个人，提倡合理调整区域工业结构，鼓励发展节水型、无污染的工业，明确禁止在滇池盆地区新建钢铁、有色金属、基础工业、石油化工、化肥、农药等污染严重的企业和项目。将自然科学的工程技术手段与人文社会科学的法律手段相结合，从法律的强制性和不可违抗性来约束人类对滇池的开发活动，但持续增长的人口和工业发展，加速了"人进湖（水）退"的趋势，导致滇池在 20 世纪 90 年代的"公地悲剧"与水危机，说明单靠工程治理和不太完善的法律法规难以解决滇池的环境问题。

第三个阶段是 2008 年以来的生态文明治理，即重视广大公众环境伦理的转变，依靠先进科学技术和严格完善的法律奖赏制度。正确认识人类与自然之间相互依存的关系，转变人们的环境观念，塑造新的生态环境伦理，呼吁大众积极参与到滇池的环境保护中。尤其是 2008 年昆明市"四退三还一护"（"退田退塘退房退人""还湖还林还湿地""护水"）的提出与实践，充分展示了人类对自然环境的担当与责任，通过恢复、建设湖滨生态湿地和湖滨林带，与建设截污、治污系统共同构筑滇池流域水污染防治体系。同时，继 1988 年颁布《滇池保护条例》之后，2012 年出台《云南省滇池保护条例》，"九五"以来滇池被列为国家重点治理的"三河三湖"之一，滇池治理保护的体制机制不断完善。"四退三还一护"的生态文明建设理念主要体现为"六点"：一是科学规划滇池流域土地资源开发利用，优化人口布局，促进产业生态化；二是积极倡导绿色生产生活方式，促进滇池流域的资源节约与环境保护；三是加强生态文明制度建设，按制度办事，用制度管人，不断规范人们的行为；四是加强生态文明宣传教育，改造"理性经济人"，培育千千万万个"滇池卫士"，自觉维护滇池的完整、稳定和美丽；五是加强生态伦理的普及；六是推进"城镇上山"（"城镇上山"的前提是要转变环境观念，控制规模，同时加强必要的环境法律法规的完善，只有这样才能避免类似滇池的"公地悲剧"和污染破坏）。

总之，滇池环境急剧变化的 40 年是昆明工业化快速发展的 40 年，也是滇池污染治理的 40 年，从地方到中央，从国内到国外，从官方到民间，从污水处理到综合治理，从末端治理到中端整治，从工程治理到生态修复，从科技投入到人文参与，从点源治理到面源、内源治理，从湖泊、河道治理到全流域、全方位治理，从治水到治人，从"人进水退"到"四退三还一护"，从人类中心主义到生态文明，投入之巨大，动员之广泛，工程之宏伟，历时之持久，影响之深远，都是前所未有的。

五、滇池污染的根本在人的问题，需首要解决人的生态观念

袁：您认为对滇池的污染治理应该是从 20 世纪 70 年代开始，20 世纪 80 年代受到重视并开始大力整治，结合盘龙江在 20 世纪 80 年代被污染的现象，可见，当时滇池的污染治理已经受到重视，但不可否认的是，滇池周边的污染在扩大，也就是说，滇池开始了边污染边治理的过程，而且这种在保护中开发、在破坏中保护的趋势依旧存在。那么，您认为现在滇池的污染治理存在的最大问题是什么？

董：如前所说，滇池治理 40 年来，针对点源、面源、内源污染，采取了一系列以科技为主导的污水处理、环湖截污、底泥疏浚、河道整治、生态修复、外域调水等措施，但是，结果都与人们的主观愿望相去甚远。在长期的探索实践中，人们对滇池治理的思想认识不断深化，逐渐认识到仅靠末端治理、专项工程、科学技术和官方治理是远远不够的，滇池污染的根本在人不在水，因此，滇池治理的根本在治人。滇池污染治理最重要的不是探究其污染治理的历史进程或者技术工程手段的演变过程，而是滇池周边不断发生变化的人类社会和人类活动，以及导致其变化背后的原因。也就是说，当下滇池污染治理的关键是要回溯到历史上滇池周边的人类社会和人类活动的发展历程，厘清这些人类活动发展变化的过程，以及驱使这些活动背后所支撑的人类的文化观念的演变，如滇池周边郊区开发的过程背后的原因、趋势等。

纵观历史，滇池流域的人们对滇池的开发利用背后所产生的人与自然观念的关系的思想变迁经历了三个主要阶段：第一阶段，从远古到元代以前，人类对自然的朴素敬畏观念，这种自然观之下人类对自然的开发（滇池）是有限度的、约束性的和适应性的开发，以自然为生存的基础，但并没有对自然进行大规模的破坏。第二阶段，从元代以后，尤其是近代工业革命以来至 20 世纪 80 年代，人类对自然观念形成了二元、主客对立的征服自然的思维，主要体现于对滇池的大规模、系统化、制度化的驯化（涸水谋田、修建水利、围海造田）

治理。其间，人类对滇池的开发技术不断提高，人类对技术的信仰战胜了对自然的敬畏和崇拜，加剧了对滇池流域水资源、土地、湿地和林地的掠夺所导致的"公地悲剧"与水危机，充分体现了人类征服自然所带来的资源耗竭和不同利益群体的冲突。第三阶段，2008 年昆明市"四退三还一护"的提出与实践，充分展示了人类对自然环境的担当与责任，通过约束人类自身的活动，尊重自然的发展规律，正确认识人类与自然相互依存相互联系的整体系统的生态观念，具有鲜明的生态文明意蕴，是人类对以科技理性和"人类中心主义"为内核的信仰的摒弃，对滇池治理的思想从人类中心主义到生态文明史观的根本性转折，开始了湖泊治理的新时代。

这三个阶段体现了人类的自然观经历了敬畏自然、征服自然和尊重自然的演变，不同阶段的自然观所导致的自然环境的变化和人类活动的发展是不同的，其造成的环境恶化程度也不一样，因此，滇池污染治理的关键不仅是科学技术，更重要的是转变人的自然观，塑造生态中心主义的环境伦理。例如，20 世纪 80 年代以前，人们对环境污染的概念是微乎其微的，大家的共识是社会主义国家没有环境问题，环境问题是资本主义的产物，这种狭隘的环境认知随着环境问题的日益凸显，逐渐发生变化。人们的环境思想与环境问题是相伴相生的，现实环境问题的恶化迫使人们转变观念，正视环境问题的存在，以及人类活动对自然生态的破坏，并积极主动地约束人类自身的活动，采取综合性的科学措施进行污染治理、污染防范和环境教育。生态文明意识教育和环境伦理的塑造及环保法规的规范等，都是为了将环境保护的思想内化为公众个人自觉地、自发地保护环境的行动。要让每一个人都意识到污染环境是一种错误，保护环境是每个人的责任，这是人类生态文明意识的一大进步，也是生态文明建设最重要、最核心的力量。

要从人文角度去理解滇池污染治理的难度，而不应该只从技术角度去理解滇池污染治理的出路。也就是说，滇池污染治理问题，不仅是一个工程技术的问题，更是一个人口、文化的问题，人类的文化观念、环境思想的转变才是当今滇池污染治理的关键。转变大多数公众的环境思想，才能促使人们对滇池有文化自觉的保护意识，使其广泛参与到滇池的保护治理中，并敢于自觉地承担起一份责任，但从工程技术层面理解滇池污染治理问题，弄清楚什么时段有什么保护的技术手段等，这些流于表面肤浅的东西，并不能深入事实的真相。而且，滇池 40 多年以来的污染治理的事实已经证明，单靠技术工程的创新发展应用是无法解决滇池的问题的。只有从人口数量、人口生计的转变、人类文化观念的转变出发，才能深入滇池污染治理难度的真相，找到解决问题的关键。

我也一直强调人口问题是滇池污染治理的关键问题。滇池流域的人类文明的诞生，人类活动的发展延续确实是不断扩大对滇池的开发利用程度，人为因素成为历史时期滇池流域环境变迁的重要因素，而人类对滇池流域的开发活动和技术进步都是一个历史发展的过程，由于人口增加，如 1949—1992 年的 40 多年，昆明市的人口从 152.58 万人增加到 362.67 万人[①]。因此，为了满足生存发展向滇池"要水占地"的过程，如"涸水谋田"、"围湖造田"和"围海造田"等，昆明市人口的增加是滇池流域不断被开发污染的过程，也是昆明主城区不断向郊区扩张的过程，这表明滇池流域的环境变迁在很大程度上是人为活动对自然环境的破坏，但必须意识到这是出于生存发展需求的目的。要清楚，造成的生态环境破坏的不是人类为了生存向自然获取资源的行为，而是人类在满足了生存发展需求之后为了人类自身无限制的欲望而过度向自然索取的贪婪行为。因此，人口的增加，众多人口的生存发展的基础是向自然获取资源，这是基本的生存发展权利和手段，当前的生态文明建设也必须顾及民生经济利益，将民生经济利益与生态环境保护相结合，不能为了生态环境保护影响公众的生计问题。同时，转变人类的环境认知和环境观念，摒弃以人类利益为中心的过度掠夺自然资源的思想和行动，才能实现人类社会与自然环境的和谐可持续发展。在尊重人类生存发展的需求的基础上，进行科学规划，完善生态补偿制度，使生态文明建设与民生经济发展兼顾统筹，才能削减广大民众对环境管制的抵触情绪，发动广大公众参与到生态环境保护的队伍中。

六、政府在滇池治理中的作为值得肯定，也急需加强公民环境教育

袁：依您所见，滇池的污染治理的关键在于人的环境伦理或环境思想的转变，进而促成生态环保行动的实践，那么，您如何看待当前滇池污染治理中政府与个人的责任关系？

董：当前我国公众对生态意识与责任的态度和践行存在两种状况。第一类公众居大多数，其普遍认为，政府是环境治理的主体，是环境责任的主要承担者，个人无须承担相应的环境责任和义务，甚至存在一些态度极端和环境道德缺失的现象，最明显的是个人环境责任感和环境践行度的缺失，对政

---

① 资料来源：《昆明城市史（第 1、2 卷）》;《昆明市情》（2012 年）等。

府的环保治理工作采取一种极端过激的批判态度。固然，政府的性质和职能决定了政府是环境治理的主导者，必须依法执行保护生态环境和自然资源的社会职能，因此，完善环境法体系，加大科学技术、资金和人才投入进行环境治理是政府必要职能的体现，但并不意味着环境污染治理只是政府的事情，与广大公众无关。这种现象也充分说明当前加强公民的生态意识与责任的宣传教育工作迫在眉睫，只有加强公民的生态意识与责任的宣传教育，才能让广大公众意识到自己的环保责任和义务，深刻理解当前的生态环境严峻形势，并主动自觉地将生态意识内化为自身自觉性和自发性的实践，为环境保护贡献自己的力量。

就滇池的治理而言，政府确实投入了大量的人力、物力和科技，截至2012年底，投入700多亿元资金用于滇池的污染治理（这个数据应该还是比较保守的）。所以，我觉得应当对政府的环保工作给予一定的肯定，而不是一味地指责、批判政府对环保工作的无作为，应避免过激的环保态度；相反，每一个公民都应该反思自身的言行，叩问自己是否在日常生活中切实履行了公民的环境义务，如对污染事件的持续关注、举报、监督，日常的生活言行是否破坏了公共环境卫生，等等。毫不夸张地说，广大公众的积极参与是当前中国生态文明建设得以实现的根本力量，因此，发挥主人翁的自觉责任意识，践行生态意识责任是滇池污染治理的关键，也是生态文明建设最终的落脚点。

不过，当前公民的生态意识责任的践行并不单独体现在"事不关己，高高挂起"的大部分公众中。现实生活中，可喜的现象是许多公众的生态意识觉醒，开始主动关注周边生态环境问题对自身健康、生活的影响，对生物多样性的影响等，已经有相当一部分的民众转变了环境思想观念，认识到人是自然系统的一部分，人与自然界万物处于平等地位，每一种生物在自然界中都有生存发展的权利，都有适合的"生态位"，人类的生存发展与自然密不可分。这类民间人士不但从自身行动出发保护滇池，保护环境，而且还积极宣传生态主义的环保思想，组织成立民间非政府的环保组织，呼吁更多的公众加入环保队伍中。现行的环保法律法规存在不完善之处，很多有生态意识责任感的公民，往往不知道该如何开展环保活动，难以通过有效的途径参与到环保实践活动中。因此，生态文明建设中政府的重要任务之一，就是要完善和丰富公众的环保参与机制，为公众的环保行动提供切实可行的途径和方式方法的指导，让热心环保工作的公众能践行自己的环保责任，这样，才能有效改善我国以政府为主导的"自上而下"的环保形式。

七、口述环境史研究方法和史料的多元化

袁：这次访谈您将北市区在近十年的翻天覆地的变化与滇池流域的环境变迁和污染治理结合起来，以滇池周边的北市区的急速变化作为小视角，窥见滇池流域环境整体变迁的全貌和历史，这种由个体到整体、由特殊到一般的研究方法和视角是历史研究中重要的方法，请问，除此之外，还有哪些环境史研究的重要方法和视角？

董：确实，北市区的开发建设是滇池环境变迁的一部分，盘龙江将滇池与北市区连接在一起，使北市区与滇池流域相互联系，因此，通过北市区的开发变迁可以了解滇池的环境变迁。而且，北市区的开发变迁是人类活动的重要体现，这种人类活动对自然环境的开发改造的力量之大可见一斑，不可否认，人类活动对自然的开发利用是导致滇池环境变迁的重要原因。至于研究方法，除了运用新的理论和史料，最重要的是走出书斋，实地走访，进行多种对象的口述访谈，围绕相同的问题从不同对象的访谈中发现基本规律和差异性，通过实地走访可以亲身感受环境明显的变化。例如，今天下午你从一二一大街坐 84 路公交一路到北站所看到的一切，就是北市区不断扩大的一个过程。我带你从北站周边走访到盘龙江一带，亲眼看见"城中村"和在建的高楼大厦及新建成的中高档住宅区、商业区等，这些崭新的大楼都是在十多年的时间内拔地而起的，包括我们现在坐着的地方，十多年前都是农田。只有经过实地走访才能深刻理解导致环境变迁的原因。

另外，史料来源多样化、丰富化。如果你以最近几十年来的区域环境变化作为环境研究史的研究对象，如以昆明北市区的开发建设为对象，那么，资料的来源不仅要搜集各类历史文献、政府工作报告、城市规划报告、环境评估报告、新闻等，还要搜集房地产开发商的规划报告、宣传售房报告、各类广告和杂志等，这些信息反映了这个时期不同利益群体对北市区开发的不同看法和认知，能够让你理解整个社会对北市区开发这件事认知的全貌，你也就能理解房地产开发与环境保护之间的复杂性。

八、滇池生态治理之路还任重道远

袁：正如前面所讲，云南省对滇池的治理投入了大量的人力、物力和技术，那么，您觉得现在的滇池治理是否成功呢？

董：不，现在的治理还不算成功，滇池未来的命运还是未知的。现在为什么全国上下都在倡导生态文明建设，最主要的问题是环境恶化的趋势没有得到

明显的改善，人们的环境观念还没有真正转变，以人类利益为中心的环境观念仍是主流，这也就是现在城镇化、城市化不断扩大而得不到遏制的原因。例如，昆明市区向东南西北的"四面"扩张，西山区、晋宁市区、安宁市区被纳入昆明市的城市规划中，呈贡新区、北市区也在不断扩建，其扩建速度非常之快。20世纪80年代昆明市的大学城就是郊区，如一二一大街的云南大学、云南师范大学、昆明工学院，龙泉路的云南财贸学院、昆明地质学校等。这些历史时期的郊区大学城成了现在昆明市的中心市区，新的大学城转移到呈贡新区，如果照着现在城市扩展的速度，很难说现在呈贡新区的郊区大学城不会在日后成为昆明市中心区，而滇池说不定在不久的将来可能成为昆明市的内湖。

第二节　滇池污染治理的工程项目和管理措施①

一、各部门协同合作共同参与滇池流域污染治理的工程项目

工程治理是滇池污染防治的重要技术手段，从"九五"（1996—2000年）期间开始，提高水污染治理技术，加大工程项目建设就成为滇池污染治理防治的重要措施。

曹：余主任，您作为昆明市滇池管理局规划计划处工程技术的主要负责人之一，能介绍一下昆明市滇池管理局在滇池污染治理中负责的技术类工作有哪些吗？

余：目前"十三五"规划项目主要分为三类：一是城镇污水处理（管网、污水处理厂等）；二是饮用水源地保护（农村面源污染治理，如植树造林、退耕还林）；三是区域水环境综合治理，涵盖了入湖河道整治、底泥疏浚、农业面源治理等方面。其中，农业面源污染治理由农业局牵头负责，山上植被恢复由林业局负责，滇池湖滨的治理由昆明市滇池管理局负责统辖，再生水的循环回收利用由滇池投资有限责任公司负责。滇池投资有限责任公司还负责湿地公园建设，山上植被恢复有一部分划归给县区负责。滇池综合性事务管理这一块的工作主要由云南省和昆明市环保局、滇池管理局和滇池投资有限责任公司合

① 受访人：余仕富，男，汉族，1967年2月生，大专学历，中共党员，1985年8月参加工作。曾任昆明市滇池管理局规划计划处副处长、处长，市滇池北岸水环境综合治理工程建设管理局工程技术处处长等职。现任昆明市滇池管理局（市滇保办）总工程师（副县级）。主访人：曹津永、袁晓仙。协访人：米善军、巴雪艳。整理者：袁晓仙、曹津永。时间：2017年9月7日上午10：50—11：40。地点：昆明市滇池管理局1楼106室办公室。

作开展。可见，当前滇池的污染治理和综合工程都是多层级部门和多机构通力合作来共同开展的，并不是单个部门来负责，这也表明了当前云南省党委和政府对滇池环保事业的重视。

米：正如您所说的，面源污染控制是昆明市治理滇池的重要举措，您能介绍一下当前滇池的面源污染主要有哪些吗？

余：关于滇池的面源污染防治方面，当前采取的主要是三个方面的工作：一是加快农业产业结构调整，着力将畜牧业、蔬菜、花卉等招牌产品逐步退出滇池流域，向市内或其他地方转移。也就是说，在主城城市规划区 620 平方千米范围内；呈贡城市规划区 160 平方千米范围内；滇池水体及滇池环湖公路面湖一侧区域（含湖面）；36 条出入滇河流及河道两侧各 200 米范围内；除主城规划控制区、呈贡新城规划控制区以外县（市）区的城区规划建成区范围及流经县（市）区城区的河流和河道两侧各 200 米范围内实施全面禁养。同时，划定集中养殖区域，实行畜禽相对集中饲养，统一对污水、粪尿进行集中处理。二是实施规模化种植养殖和处理。在滇池流域以外区域，大力发展无公害蔬菜标准化生产基地和花卉标准化基地建设，在滇池流域实行"禁花减菜"工程，将这些产业转移到东部和北部县（市）区，并向这些县（市）区的蔬菜、花卉产业园区、基地集中。目前已完成主要产业的转移，大量蔬菜、花卉被转移到了安宁、嵩明、寻甸、宜良、石林等县（市）区。三是农业方面提出的生物病虫害防治。昆明市针对滇池农业面源污染开展农业有害生物综合防治、畜禽粪便资源化利用、农业有机废弃物资源化利用、测土配方施肥推广和农田面源污染综合控制示范项目五大工程，着力通过生物防治技术减少化肥农药的施用量，从而减少农残、保证食品健康安全和减少化学农药等对滇池流域的水体和土壤的污染。

袁：之前我们从滇池管理局对外交流与宣传教育处的工作人员那里得知，近期又开始利用水葫芦净化水质，但主要是在小区域、小范围内实行。然而，成本还是比较高，那么，水葫芦曾在滇池泛滥成灾，现在又开始利用其净化水质，余主任，您如何看待这件事情？

余：这是"十二五"期间（2011—2015 年）做的一个工程，但因为处理成本太高，就停了。水葫芦的含水太大，植物细胞含水太多，95%以上都是水。它的水氮磷含量很高，不能随便丢掉。云南省农科所在做这个，通过基因诱导，让它只长根，叶子很少。总体而言，处理成本很高，所以，"十三五"开始就放弃了，现在已经没有再做这个项目了，能看到的也就是个别地方还在围塘种植水葫芦，用于净化水质，但已经没有再推广使用了。

巴：您刚刚也提到，城镇污水处理是"十三五"（2016—2020 年）滇池流域污染治理的重要工程项目之一，那么，目前昆明的城镇污水处理情况是怎样的？

余：昆明主城区，目前投入运行的污水处理厂有 12 座，其中有 11 座是滇池水务公司在管理，还有一座是经开区（昆明市国家级经济技术开发区，简称经开区）在管理。目前昆明最大的污水处理厂在海埂，即第七、八污水处理厂（原来日平均处理水量是 30 万吨，这个数据是 2011 年的），共处理污水 3583.55 万立方米，日平均处理水量为 115.60 万立方米，削减 COD 约 11146.20 吨、氨氮约 1062.35 吨（2017 年 3 月份的最新数据）。这个厂虽然被称为第七、八厂，但实际上是指一个厂，分开称呼的原因是其投资修建的资金来源不同，七厂是日元贷款建设，八厂是国内资金建设。昆明经开区倪家营水质净化厂共处理污水 126.44 万立方米，日平均处理水量为 4.08 万立方米，削减 COD 约 552.29 吨、氨氮约 45.76 吨；呈贡污水处理厂共处理污水 39.98 万立方米，日平均处理水量为 1.29 万立方米，削减 COD 约 93.99 吨、氨氮约 8.59 吨。另外，昆明整个主城区的水网、泵站、调蓄池基本上都属于昆明排水公司，除了经开区，还有一些县区的污水处理和管网等由当地县区相关部门负责。

袁：刚刚您提到污水处理厂大多是滇池水务公司负责管理，这是通过招标投资的形式承包出去的吗？包括昆明排水公司在内，这些公司参与污水处理事务，是否可以算作一种市场化经营？您如何看待这种市场化经营的作用？

余：污水处理不是承包给公司去做，不是商业化管理，这些公司都是国有公司，我们采取的是特许经营，是一种专业化管理。污水处理可以算是市场化经营，但不能说是商业化经营，两者是有区别的。其实，在污水处理厂的设施建设和运营过程中，有些设施的建设和运营是没有费用的，如排水管网都是由政府出钱投资建设的；现在的污水处理厂，即使向企业和居民收取一定的污水处理费，但收费也覆盖不了运营成本，所以它没有办法搞商业化。我们采取的特许经营模式，是由政府购买服务，并由国有企业落实执行，实行责任制。按处理量计价，污水处理厂处理一方水就给多少钱，而且必须达到排放标准。现在对于昆明市污水处理厂，都要求达到 1 级排放标准，只有达到标准的处理量才能计价算钱，即使向居民收取污水处理费，污水处理厂也存在入不敷出的情况，这样的话，覆盖不了成本的部分就由政府来补贴，而排水管网全部是政府补贴。因此，昆明市的污水处理厂有市场化经营的痕迹，但绝对不是商业化经营，政府在其中起主导作用。

曹：滇池污染治理的工程技术这一块是从 1997 年就开始了吗？那时候滇池

管理局还没成立，能介绍一下您的工作情况，以及工程技术这一块与滇池管理局之间的关系吗？

余：我原来在水务部门工作，2001 年成立滇池管理局的时候就被调到这边来工作，当时还不叫滇池管理局，而是叫滇保办，2002 年的时候正式成立滇池管理局。2004 年成立了执法局，即滇池管理综合行政执法局，这标志着滇池依法保护和管理迈入新的历史阶段，但这两个部门的职属是分开的，尽管局长是一个人，但执法局和滇池管理局是相对独立的。滇池管理局下面对应的是处室，有八个基层单位。自 2001 年来滇池管理局工作以后，我在两个处室工作过，但实际上也是一个处室的职能，也就是在规划处。具体工作是指导县区工作，主要是义务指导，另外是将每年滇池流域治理的规划和计划分解到每一个部门。因为滇池治理内容很多，所以要进行年度任务分解，分解之后将任务下达。同时，关于任务的完成和进展情况，滇池管理局要对任务进行跟踪，以及了解项目进展情况。当前昆明市滇池管理局规划计划处职责如下：

（1）拟定并组织实施滇池保护治理和滇池水污染防治总体规划、专项规划、年度计划及综合整治方案的配套办法、措施；

（2）负责滇池综合治理专家组的管理、联系并提供服务；

（3）负责对专家提出的意见、建议和课题研究报告的收集、整理上报；

（4）负责开展滇池治理项目前期的技术论证、评审工作，并办理滇池污染治理建设工程项目计划的立项报批手续；

（5）负责滇池治理科技示范项目的政策咨询并组织实施；

（6）负责滇池水量调控管理工作、滇池基建项目综合统计工作；

（7）负责滇池出、入湖河道水环境综合治理的组织、监督和考核工作；

（8）承办局领导交办的其他事项。

滇池管理局的另外一个任务是制定相应的配套政策，还会制定相关的法规，包括 1988 年制定的《滇池保护条例》，2002 年滇池管理局又做了一次修订，2012 年上升为《云南省滇池保护条例》。所以，修订法规这一部分也是我们滇池管理局来做。例如，《昆明市河道管理条例》，涉及滇池流域的我们就必须负责，滇池流域的河道、水库、湖泊都是我们负责，相关的法规我们也会参与制定。我们这里有个法规处，就是专门负责制定这些法规、管理条例和细则，只要是涉及滇池流域的，我们都会进行搜集整理，在网上公布，涉及水环境、水失调等方面的我们也会搜集整理。

巴：近期关于滇池保护方面有哪些新的治理措施和规划？

余：规划主要就是四大类，"十二五"期间我们多了一类，就是工业污染防治。滇池流域的工业区很少，但我们的工业污染防治是从 1995 年开始的。"九五"是工业污染防治和治理，"十五"期间主要是工业污染的监管能力建设，"十一五"期间工业污染防治就很少了，这个期间就没有工业污染防治这一项。到"十二五"的时候，工业新园区的出现导致出现了一些新的情况，又必须重视工业污染防治。"十三五"期间，工业污染问题减轻，所以又开始不重视工业污染防治了。

滇池污染治理的众多措施中，不能说哪一项措施是比较有效的，滇池治理是一个综合性工作。第一，削减污染物，主要包括两个方面：一是点源，基本上削减率会达到70%以上，一个是工业废水，一个是城镇污水，我们的污水处理厂的处理量和出水量，在全国来说都是比较大的，出水量是全国领先的。我们按国家一级标准进行制定，从 2010 年到现在所有污水处理厂都做了升级改造。二是面源污染，治理难度也比较大。面源污染越来越突出，是由于入湖污染量是不断增加的，因为滇池流域的污染物是不断增加的。可以说，入滇的污染量是一直超标的。首先，人口不断增加，从削减污染物这方面，面源污染占的比重越来越大。面源污染只要不超过环境容量，水质就好。其次，通过底泥疏浚，减少内源污染，整个底泥疏浚就是从 20 世纪 90 年代开始的。农业面源污染方面，减少化肥使用量，利用生物技术减少农药，实行规模化种植。

第二，水资源方面。整个滇池流域水资源量很少，进滇池的水量只有 5 亿立方米，而整个滇池的供水量最多的时候达到 8 亿多立方米。一是小区单位有中型污水处理设施；二是污水处理厂的集中处理，节水办还开展雨水收集处理和利用；三是牛栏江引水，牛栏江每年引入 5.66 亿立方米的水进入滇池。此外，生态用水的利用量是很大的，生活污水经过污水处理之后用于农业用水，这样一来就实现了再生水的利用。再生水可用于农业灌溉和城市绿化灌溉，这样的循环利用也节约了水资源。农业再生水利用之后的剩余水，通过污水处理厂处理后再排入滇池。因此，农业用水和工业用水是再生水的重复利用，因为水不停地循环使用，所以水质改善难度大，尤其回归水的处理是很难得到有效处理的。

第三，生态恢复，一是山上的植树造林，二是湖滨带，简称"四退三还"：退田、退塘、退房、退人，还湖、还湿地、还林。目前，滇池流域已经实现退田、退塘面积 4.5 万亩，退房 152 万平方米，退人 2.6 万人。人是不回迁的，就是把人迁出一级保护区，建安置房，重新找地方住，叫安置房。老百姓称回迁房，实际上不是，回迁房是在原地拆了以后在原地盖，叫法不一样。目前滇池建成的湿地有 5.4 万亩，有一部分在浅水区，在 2015 年做过一次调查，发现水生植物有 290 种，鱼类有 23 种，鸟类有 138 种。

袁：生态恢复是滇池污染治理卓有成效的重要表现，请问在生态恢复方面，目前是否有滇池流域原来一些已经消失的生物开始恢复了？也就是说，水生动植物恢复的情况如何？哪一类恢复得快一些？哪些区域是生物恢复的重点区域？

余：滇池流域生物恢复的数量和具体地点是不对外公布的。从数量上来说，主要是鸟类和植物恢复得快一些。其他动物相对慢一些，尤其是水生动物类，鱼不仅仅要求生态，还要求水体。对于恢复的水生生物的详情，我们这边不太清楚，这方面的信息可以到滇池生态研究所去了解，它专门负责这方面的工作。滇池生态研究所是从 2004 年开始的，人不多，只有四五个人，很多是云南大学毕业的学生。生态研究所现在还和清华大学有一个合作协议，这些年滇池高原湖泊治理中心和生态研究所对滇池污染治理的关注比较多。

总体而言，滇池污染治理方面，目前发挥作用的是三大措施：一是削减污染物；二是补充生态用水，节约用水，污染物减到一定程度就补充用水；三是生态恢复，都是湖泊污染治理需要做的事情。

曹：目前正在修撰的《滇池志》，请问主要是哪些人参与修撰？属于滇池管理局，还是属于其他机构和部门？

余：编撰《滇池志》的是滇池研究会，是个社团组织，与我们没有关系，是长期从事滇池治理工作已经退休的老干部。主要是由以前的滇保办退休之后的主任负责组织的，是李副主任在负责。修撰《滇池志》肯定需要搜集大量资料，所以，他们那儿的信息会比较多。

二、滇池污染治理的管理制度

米：前面您给我们介绍了这么多项目，工程治理可以说是当前滇池治理的重要举措，那么，除了工程项目外，是否还有其他的举措？

余：滇池治理，还有一项长效措施就是管理，其中河道管理是重点。目前，国家要全面推行河长制，昆明叫深化河长制，2004 年就已经做过，但是那时候河长层次比较低。2008 年由市里面牵头全面推广，现在里面加了一些东西，包括增加了督察，以前是没有督察的。还有就是向基层延伸，四级河长，省、市、区、乡镇都有，督察是三级，从市到县区到乡镇，叫四级河长，三级督察，这些都是在原来的基础上深化的。

另外就是所有入湖河道实行生态补偿机制。例如，上游水质不达标就补偿下游；用污染物超标量来算补偿金，按照污染物超出部分算钱，Ⅲ类水是每立方米补偿20元，也就是污染物的量化计算和补偿，有很详细的划分标准和补偿细则。一是每年、每条河、每个断面都确定水质改善目标，二是断面位置在两个行政区交界，三是考核因子是氨氮、总氮、总磷三个指标。目前同时监测水质和水量，这样才能算出污染量。把污染物算成吨，每吨的补偿费用化学需氧量是2万元，总磷是200万元，氨氮是15万元，这个是标准。

　　我们先做试点，从4月开始做试点，做了3个月。在3条河道做试点，包括西边小河、西运粮河、新宝象河。通过试点，到7月，推广到草海片区7条河道，再加外海的一条河，全部实行生态补偿。8月开始，就将34条河全部摊开推广了。大观河和乌龙河就是第二阶段，7月开始实行的。污染量和补偿金是一月一次算账，每月都通报一次。4—6月的3条试点河流的生态补偿金就达到了300万元，7—8月的补偿费用还没有结算，到年底的时候算总账。河道原则上不允许断流，人为造成断流的要补偿30万元，昆明在旱季的时候有些河道会出现断流，但自然因素造成的不需要补偿。在考核里面，还要和项目完成进度挂钩，未能按照项目进度完成内容的，也需要收取补偿金。相关考核的指标和细则，新闻媒体上有报道，你们可以去查一下，但具体的数据是不公开的。所以，现在滇池的污染治理，有工程治理，也有管理，刚刚提到的河长制和生态补偿就是管理方面的，基本情况就是这样。

第三节　滇池湖畔企业污染与滇池的治理[①]

一、"格瑞"的发展兴衰

　　曹：今天很高兴有机会来聊聊您的传奇经历、您的公司及您自己与滇池的发展变迁。我们就围绕着您的经历，想到什么聊什么，也要先对您表示感谢！您能给我们介绍一下您的人生经历及您公司的情况吗？

　　赵：自开业以来，我公司就是在这里，原来公司是国营集体联营。后来，一些人眼睛红了，企业就倒了。企业倒了，就收拾不了，解决不了这个后患，我又重新扭转这个局面，所以后来我就从银行手里买过来。

　　我们是1992年成立的格瑞食品有限公司，原来是做脱水蔬菜，现在这个公

---

　　① 受访人：赵志恒，男，62岁，白族，云南大理人，现居于呈贡大渔乡滇池湖畔，经营宝丰湿地附近的生态园。曾任昆明格瑞食品有限公司董事长、总经理，以及大渔乡乡长，村党支部书记，是改革开放后较早成功的民营企业家。主访人：曹津永、袁晓仙。协访人：米善军、巴雪艳。整理者：米善军、曹津永。时间：2017年11月23日10：00—12：00。地点：昆明市滇池湿地瑞丰生态园。

司是在原有水产品加工厂的基础上建立起来的。水产品加工厂是 1988 年建的，主要加工银鱼出口。

袁：当时水产品加工是卖往哪里？

赵：日本。

袁：当时日本的需求量很大？

赵：恩。因为我是差不多在云南第一个做出口的，蔬菜换美元也是从我开始的。原来发展蔬菜产业的时候，我基本上是带头人。当时根本没有这种概念，那时我就开始做了。

袁：1992 年开始，开了几年？

赵：1992 年到 1999 年，就做好了，再到 2002 年就垮了。我走了以后，企业就垮了。当时我告诉他们说我不走。我在，各方面的网络、渠道还在，我走了以后，就不行了。我的资产大于公司的资产，他们不理解我的资产怎么会大于公司的资产。实际上，我的是无形资产，你看从蔬菜的基地种植、加工生产到出口销售，我都懂。所以，我不在，没有几个人能达到这种水平，如果懂贸易就不懂种植，懂种植他就不懂生产，我是全条线都懂。所以，他们把我的意思一是理解反了，二是将就着我的意思就锅下面。

曹：当时，你们是种植、加工整个一条线都有吗？具体是什么情况？

赵：嗯。1988 年我就提出"公司+农户+基地"的这种方式，是写入呈贡县政府的中心县委报告中的。"公司+农户+基地"是我提出来的，而且我当时还提出建立产业化的发展，这个公司当时 200—300 人，带动的是将近 1000 亩的土地滚动发展，是一个农业产业链相当大的公司。扶持他们（老百姓）种，从籽种上，就是我们控制农产，用来外销。

为什么昆明市政府在全国第一个提出控制农产品，也就是我们这些企业才有这种理念，而且当时我们蔬菜都是控制磷超标，当时氨磷（农药）这些不准打，从基地种植上就开始搞一条龙，而且带动了运输业等发展。我们当时从 1996 年、1997 年开始每年可以创汇 100 万美元。当时是一个浩大的产业，而且解决了 200—300 人的就业。国家、省的领导人会来参观，当时也是云南省的一张名片。

袁：您记得当时来参观的人有哪些吗？

赵：农工民主党中央主席蒋正华等都亲临指导工作，而且，我们建厂的时候，云南省副省长都来参观。

袁：您提到建厂的时候是"国有+民营"？

赵：当时是云南省西厂进出口有限公司，在大和村联合了一家企业。

曹：当时国有和民营是如何联合的？

赵：他们出资，我们出地盘，共同建造，双方派人管理。股份大的就是公司法定代表人、董事长，股份小的就是执行总经理，是股份制的一种模式。我们管理上很好，每天的账做得好。每天收 50 吨蔬菜，天天如此，你想一年收多少，一个月收多少。我们有韩国客户、日本客户、意大利客户等。当时格瑞公司还是相当有名气的。我们当时以出口为主。我们公司当时就叫昆明格瑞食品有限公司。"格瑞"就是"green"，绿色的意思。

二、大渔乡的乡长之路

曹：您的乡长当到什么时候？

赵：一直当到 1999 年，我当到 1999 年 9 月 27 日，为啥这个厂同时出现问题，太穷了，当时我就拿到七八十块钱的工资，当时的一个党总支书记，拿到 700 元左右的工资，全家人就能养得活。

袁：您父亲是什么时候来这里发展的？

赵：我就出生在这个地方，我父亲 1940 年左右来的这里。为啥我对这个地方感兴趣，原来路也不通，是我找钱修通的，是全大渔乡最宽的一条路。我当总支书记的时候，要管修路。这个地方 1950 年左右建的，建的畜牧场。我小时候天天来这里玩。我妈管不住家，我们几个就来这里，所以我对这个地方有感情，所以我才来建公司。我把这个地方买断，他们摆平不了我来把它买断。

曹：你们家有几个孩子？

赵：兄弟姊妹五个，两个姐姐、一个兄弟、一个妹子。

袁：之前听曹老师说你们在这里还打过鱼呢？

赵：嗯，我当时样样都做过，喂猪、割草、下河、洗澡都干过。以前滇池水清，为啥清，与当地的风俗、生活习惯息息相关。为啥息息相关？当时，农村在发展，富裕了，养鸡、养牛、养马养得很多。晚上睡觉人们盖被子，牛也垫草。垫草你也要干的，没有草就要到滇池里面捞水草晒干，当时浪打过来，滇池水上有一些东西就漂到岸边，打到岸边，人们就捞这些东西做柴火，把杂草拿来一捆一捆地晒干，晒干以后，就用在各个地方。我们都捞过，当时是用一根独木，漂来就一把一把地拿上来。把滇池上面的浪渣等捞上来，后来用竹排、钉耙打上来，再后来就用船。我是 1957 年出生的，七八岁就开始了，反正农村的十八般武艺我都做过。

袁：您 19 岁当乡长还很小呢？

赵：当时是选的。我还在外面打着工，领着大家在盖房子、提沙灰的时候，就通知我带着大家回来。为啥回来呢？现在是人民群众选你当乡长了。

袁：您是 1976 年当乡长，那之前都是带着大家打工？

赵：我 1973 年考入呈贡一中，当时数学考了 78 分，语文一篇文章就整了一个满分。有个老师说我的字太糙，就扣了 2 分。考取以后，我就读了三年，后来，家庭就慢慢地有所改变了。前生产队长就给我讲，让我当生产队长，那些老干部很高兴，说等于是红色后辈人。有些人就说不行，太小。后来当了以后，有我妈在，我妈当了多少年，各个事务都帮我，和这个也有关系。我自己写报告、做计划，大家说可以了，就照着执行。我先将粮食生产搞上去，再将水利搞上去，同时抓了我们的教育。我写的第一部乡规民约，就指出学校老师享受当地大队相应的照顾，你当老师没有钱交电费大队给你交，只要你能好好地教学生，而且考出一个中专每个家庭拨 600 元，给学校 600 元；考出一个大专 900 元，双补，一补家庭，二补学校，一共 1800 元，我重视教育。

袁：那为什么后来又想着当乡长的时候开企业？

赵：农民粮食产量高了，但是手里没有钱，还是穷。第一，我是白族，我不会用白族语言交流；第二，我不会讲白话，白话就是假话，我是实实在在，双关语言。所以我就带头，以书记来抓企业，我从各个方面联营公司，当着老总，我兼公司总经理。当时，我兼两份职，发一份工资，当时所有我们这批人拿的工资，包括我带头，每拿一百块放一半在村上，巩固村上的集体经济，用于以后改变村上的面貌。我们干的是两份活，而且我们干了以后，交给村上，修桥铺路。我不当书记以后就离任审计，我不当老总以后，也喊人离任审计。他们审计以后，也不敢把审计报告给我，也是我提出搞离任审计，让人退了也高兴，所以当一个农村干部，是不好当的。

曹：你刚才说当乡长搞农田水利，当时是怎样做的？

赵：就是搞基本建设，比如说沟渠呀，改造更新。

米：当时办企业的突破口是如何找到的？最大的困难是什么？

赵：突破口就是我自己拿我私人的钱，靠交朋友，研究我们这个地方适合搞哪样，我就搞，找朋友搞起来的。

曹：当时环保的压力很大吗？

赵：环保的压力在内部当中，政府是有关闭这个企业的意向，但是没公开讲。当时说企业还是相当不错的，能带领着大家，有一种发展目标了，是劳动密集型产业，就业在那个时候就已经出现问题了，就业难。一个企业能有几百人，不容易，还是给支持。有很多人认识不到这些东西，只认得，人们常说一句话"饱汉不知饿汉饥"，都是这种，所以在这种情况下对工作不了解、不熟悉。

农村的一个改革，包括现在不是你办几个企业。你像失地农民再就业，农民失去地之后怎么生存，后期怎么保障，带来很多综合问题，考虑问题单纯了嘛。所以包括这次我们整个大渔片区，原来是鱼米之乡，现在呢，变为口袋之乡了。

袁：口袋之乡？

赵：就是原来是自给自足，很丰收。现在呢，生活在退化了。因为原来是卖米，现在是要米。原来是倒出去，现在是装进来，就是自己的生产力没有了，都是靠喂猪，喂猪出现了问题，天时地利人和，从这个地方到那个地方，按照老习惯就做，做了抗拒不了自然的一种危害。

袁：当时企业倒闭的时候，员工是辞退了吗？

赵：都辞退了。乡镇企业发展，就是船小好调头，我找你干就干，不干就走人，就完了，也没有退休一说。

三、"格瑞"关停与滇池的污染

袁：当时关闭的主要原因说是污染，提供了哪些证据？

赵：没有。

曹：他没有一个详细的东西给你？

赵：没有。

巴：种植蔬菜对环境应该没有太大污染吧？

赵：对环境还是有污染的。蔬菜当中有三种水，即表皮的绿水、自然水及营养水。三种水通过处理流入滇池。我们当时是有污水处理厂的，国家当时提倡要保护，我们就建了污水处理厂，没有一个人说你好，只说你坏。

袁：当时建立的污水处理厂，是如何处理的？

赵：采用沉淀。我当时投资几十万元进去，现在还在呢。微生物净化水，还是我先搞的。每天处理那么多蔬菜，我当然要考虑这个。

曹：每天生产量大的时候用多少水？

赵：200 多吨，用于清洗与冷却。最大的用水量在清洗这块，蔬菜要用水洗干净。

袁：以前的蔬菜有没有？给我们看一看？

赵：有，可以。

曹：每天 200 多吨的水，是怎么来的？

赵：我打了一眼井，320 米深，是地下水，深水。

米：当时有没有比您的企业污染得严重的企业，没有被关掉？

赵：我们不会自己关闭自己，我们自己就是觉得对滇池有污染了，而且我们从小就喝滇池水长大，然后呢，看到这种情况，建议提出搞污水处理厂，不能破坏滇池，这是我们当时就搞的，当时国家没有硬性规定。

巴：您的污水处理厂是什么时候建的？

赵：公司成立之后第二年就建了。

米：当时周边的企业有没有建污水处理厂的意识？

赵：没有。我是第一个提出来的，国家还没做，我就开始整了。

袁：当时倒闭的时候，一个主要的原因是污染，当时条件下，跟您一起的，不是您单独一家，而是有一小批相似的企业吗？

赵：没有。因为滇池边的加工厂停了以后国家给补助，我们就是一声令下，直接关闭。我们党的方针政策是分化瓦解、围点打援、各点击破。

米：倒闭之后，您企业的员工是如何安置的？

赵：都走了。

袁：您说的一天 50 吨的蔬菜，是基地上的还是有其他地方的？

赵：都是我们基地上的。我的红萝卜基地是建在现在大理种蒜的地方。

曹：您一共有几个基地？

赵：多了，寻甸、陆良等，反正都有，几十亩、几百亩的都有。因为以前的集中不了，农民不愿意，你不可能去集中。

袁：当时加工的有哪些蔬菜类型？

赵：小葱、大蒜、莲花白、西芹等。

袁：销往国外，每年产量大概有多少？

赵：一天 50 吨的 20%。

米：那出口的价格是多少？

赵：出口的价格不定。

米：出口的时候哪个国家的贸易额最多？

赵：日本。

米：出口额最高的是哪个时段？

赵：1995 年或 1997 年左右。这个厂子经营了十年，正儿八经起来也就是三五年。倒闭以后，我去了寻甸，市政府给了我支持，我在寻甸的基本设备由市政府来买单，设备进来以后，市政府报账，也同样是蔬菜加工。我们厂子已经是属于政府的重点企业了，当时我们是世纪龙头企业之一。

袁：当时有没有罚款之类的？

赵：没有，就是让自然关闭。

袁：这个生态园是您参考过其他案例，还是自己做起来的？

赵：生态园是我自己想的，我总结以前乡镇企业出现的弊端，以前当乡长的时候，我总觉得我干的事情太多了，当了书记又当了公司老总，总觉得自己的精力、文化都远远不够，然后我就悟出一个道理，写了一篇文章——《乡镇企业领导必须充电》，我记得，大概写了几千字。最后写了"如果不充电，就好比瘦狗爬墙，后劲不足"。

第四节　大观河河道绿化和污染治理①

一、大观河河道绿化和污染治理概述

袁：入滇河道的污染治理关系滇池水体质量的改善，大观河作为一条人工开凿的城市景观河流，其绿化建设不仅能净化空气，美化河岸景观，同时，多层次的植被覆盖率有利于保持水土，以及河流水质净化，减少汇入河岸的泥沙量。大观河篆塘公园位于大观河与篆塘河交汇处，也是明河与暗河的交汇点。在此处，从滇东牛栏江引来的水流经水泵进入大观河，使静止的水流"活动"起来，从而稀释河水净化水质，对改善大观河水质有极大作用。

阴叔叔，您当年从部队退役之后就来此工作多年，多年来从事五华区内的绿化工作。其中，也包括大观河河岸的绿化建设。您所在的单位五华区绿化管护队刚好位于大观河篆塘公园，从您自身多年的工作经历来看，这些年来您肯定对大观河的污染治理和环境变迁有一定切身的体会与感悟。尽管大观河水质治理和改善问题属于五华区水务局负责，但河岸绿化对水质的影响和改善是一体的。请问：您自工作以来觉得大观河的污染治理经历了哪些重要变化？您认为大观河河道绿化工作对大观河河道污染治理有哪些作用？

阴：我是山西平遥人，作为一个外省人，我对大观河的历史并不了解，而河道整治和河道绿化并不是同属于一个部门管辖，河道水质改善由五华区水务局负责，我们只负责河岸绿化，两个部门各司其职。同时，我是从部队退役之后才分配到这儿工作的，来此也不过五六年时间，体会不是很深，但对大观河最深的印象就是水质的改善。以前大观河叫做臭水河，水又黑又臭，人都不敢靠近。我观察到一个小细节，就是用小龙虾来判断水质，小龙虾在水质很差的

---

① 受访人：阴光裕，男，45岁左右，山西平遥人，是退伍的军人，现任职于昆明市五华区绿化管护队，其日常工作是负责五华区内乔木类的绿化种植、修剪树苗等工作。主访人：袁晓仙。协访人：邓云霞、米善军、巴雪艳、唐红梅。整理者：袁晓仙。时间：2017年8月29日14：00—15：00。地点：大观河五华区篆塘公园绿化管理处。

地方总是生长得很好。现在大观河的水质确实改善了很多，但还是有一些小龙虾存在，这也说明，水质的改善还需要再努力。大观河水质的改善很大程度上得益于牛栏江引水工程，从盘龙江引水而下，进入大观河，使静止的臭黑水体流动起来，稀释水体，进行水体交换和更新，至少现在的水体是流动的。所以，水质也就明显改善了。小鱼、小虾之类的水生生物在大观河也是可以见到的，这也是水质改善的标志之一。

当然，不可否认，河岸绿化对河道景观的美化和绿化效果也是很明显的。作为一个只负责实践作业的基层部门，城市绿化规划和树种选择并不由我们直接负责，但这些年，我认为大观河的绿化真的有了很大的进步。首先，绿化面积增加了。目前，单由我们负责的五华区绿化面积就达 3000 平方千米。其次，树木的品种更加丰富，树种质量也提高了。尤其是减少外来树种，增加本土树种，本土树种和外来树种的合理搭配对于美化城市景观有帮助，外来树种因气候异常变化而导致死亡的概率在逐渐减少。例如，2016 年冬天，下雪冻害的时候对那些不适合昆明气候而被冻死的外来树种全都进行了补种，补种的树种是本土树种滇朴和外来树种香樟树，约 11 万棵，具体数字我记不太清了。反正，榕树几乎都被冻死了。城市绿化的规模和面积对于城市空气质量改善是很明显的。反过来，增加空气湿度，减少土壤因雨水冲刷而汇入河流的泥沙量也是效果显著。现在大观河河岸的树种有 50 多种，具体的数据我记不太清，但树种增加和绿化面积增加对于减少河岸水土流失，降低大观河浑浊度是非常有效的。

袁：关于城市绿化中本土树种和外来树种的搭配问题：请问是否有明确的要求和树种目录说明哪些树种是推荐种植的，哪些树种是避免或禁止种植的？绿化树种的培育和引种的成本问题如何解决？绿化树种的选择反映了云南省党委和政府环境思想、决策上怎样的转变？

阴：绿化规划和树种选择由上级部门设计，我们只负责实践作业，文件规定该种什么树种便种植什么树种。具体的文件应该是有的，但我这边没有相关文件，但这几年出现的一个主要趋势是提倡种植本土树种，减少种植外来树种。主要原因就是本土树种适合当地的气候条件，易于生长，不会被轻易冻死，也就不需要重新栽种。昆明始终重视常绿阔叶林树种，因气候温和，一年四季都可以栽种。滇朴是目前比较推荐种植的本土树种，而外来树种香樟树也因为比较适宜昆明的气候，种植比较多。关于成本问题，我们这边并不负责，但昆明本地有专门的育苗基地，提供滇朴等本土树种，而香樟树之类的外来树种尽管本地也有栽培基地，但多是从四川、湖南等地购买引入的。每年都会引入很多，具体的数量依据栽种面积而定，价格需要根据树种质量确定。这些购买成本都是商业机密，是不能对外公布的。同时，不同的路段的种树间距依据路段面积而定，栽种面积较大的大多以投资招标的方式由私人企业竞争、承包，少量的补种则直接由我们来操作完成。对于栽树工人的工资问题，一般都是由企业自己决定。我们内部的员工不多，日常工作是负责绿化修剪，有固定的工资和补助。植保办负责地被，我们负责乔木。可以说，重视本土树种是比较节约资源的，也是很生态的一种方式，说明政府对绿化工作的重视和投入都是较大的。

袁：地被这一块的种植是直接关于水土保持的，地被植物丰富则保水保土性强；地被植物稀少则黄土裸露，易发生水土养分流失。刚才我们注意到篆塘公园的几处草地上有几口袋被拔除的杂草。您是否有关注到拔除杂草对水土流失的影响？

阴：目前我们单位（五华区绿化管护队）固定的工作人员只有 18 人，临时用于绿化维护工作的人员有 300 人，日常工作就是负责五华区的树苗翻种、修枝剪叉等。拔除杂草是我们日常绿化管护的重要任务之一。出于绿化景观的美感需求，我们要定期拔除文件规定种植之外的植物，如辣子草等。拔除的杂草也是直接装袋当垃圾处理，并没有作为化肥、草料等进行绿化回收利用。尤其是雨季的时候，雨量充沛，杂草比较多。植被丰富确实有利于水土保持，但目前，我们的规定还是出于城市景观的需要，定期拔除规定种植范围之外的植物。拔除杂草的人工成本挺大的，但也降低了绿化回收利用的成本。

二、城市绿化忽视本土树种容易增加绿化成本

据五华区绿化管护队的工作人员介绍，大观河沿岸绿化带的植物有 50 多种，既有本地植物也有外地植物。其绿化设计由其他上级部门负责，该部门只负责实践作业工作。因此，相关人员对绿化植物的配套的生态性和合理性并不太了解。同时，他们也明确提出，每年冬天都会有几千株外地乔木树种因不适宜昆明气候而死亡，因此，每年都会补充新的树种，而新的树种大多是本地植物，如滇朴、梓树、银桦等，也有外来树种，如香樟树、构树等，但问及外来树种的来源和价格，工作人员表示大多来自省外，具体价格涉密不便告知。也许，价格的秘密涉及绿化成本问题，不得而知，城市绿化确实投入了大量的人力、物力和资金，但能否真正实现绿化、生态、环保的目标却令人怀疑。

五华区大观河绿化植物层落多样，但依旧强调只管护规定种植的植物，并拔除杂草，杂草定期拔除并直接当垃圾处理，不利于地被植物的丰富多样和保水保土性。五华区绿化管护队固定工作人员有 18 人，临时用于绿化维护的人员有 300 人。其日常工作就是按照直属部门的要求在五华区内翻种新苗，或者修

剪枝条、拔除杂草等。在篆塘公园，可以看到定期投入人力、物力拔除杂草，地表黄土裸露，导致地表植物和土壤的保土保水性大减，暴雨时节不免有黄土随雨水流入大观河，使河流浑浊。拔除的杂草直接装袋送进垃圾场，并未回归土壤，发挥植物化解养土养分的作用，黄色的土质也表明土壤肥力较差。拔除的杂草既包括本土的乡土杂草，也有外来杂草。五华区绿化管护队的工作人员介绍，他们拔除的杂草是绿化规定未种植的花草树木，尽管也有个别人觉得杂草的存在对水土保持和土壤养分有一定作用，但出于审美需求和城市绿化标准，也只能拔除杂草。尽管打着生态环保和建设保护的旗号，实际上却间接导致自然生态系统的破坏和平衡；不仅使绿化成本极大提高，还有可能造成绿化污染和建设性、发展性的破坏。

第五节　大观河河道垃圾分区管护①

一、分区防治：大观河垃圾打捞和水道管护

袁：大观河是云南省昆明市实行河长制的河流之一，大观河沿岸人行道上的公示栏和宣传栏上贴示《昆明市滇池流域河长公示牌》，在公示牌上公布了市级、区级、街道级和社区级河长的姓名、职务及联系方式以方便监督。公示牌上还有河道的基本情况介绍，以及每个行政区滇池流域河道的管辖范围。在公示牌的最下方还公布了投诉监督举报电话，有市滇池管理局的，也有区水务局的。在每块公示牌上必不可少的还有"河道三包"。一是包治脏：确保不向河道排放污水，倾倒垃圾。二是包治乱：确保河道整洁，无乱搭乱建、乱堆放等情况。三是包绿化：确保河道两岸草木、花草、绿地等完整完好。江叔叔便是负责打捞大观河河面垃圾的保洁人员之一（当时江叔叔正在打捞垃圾），请问：江叔叔，您从事河道保洁这份工作多久了？除打捞垃圾之外，还需要负责哪些工作？跟您一起负责这段河面保洁的工作人员共有几位呢？

江：我是经朋友介绍才来这边工作的，已经在这里工作十多年了，主要负责从篆塘公园出来大观河明河段到小人铜桥这一段的保洁工作，每天的任务是负责篆塘公园所辖范围内的河面垃圾打捞。每天的工作时间是 8 小时，早八晚五。一般河面的垃圾大多是行人随手扔进河里的塑料袋、零食、果皮之类，最

① 受访人：江干，男，47岁，现为大观河篆塘公园段水道清洁工。主访人：袁晓仙。协访人：邓云霞、米善军、巴雪艳、唐红梅。整理者：袁晓仙。时间：2017 年 8 月 29 日 15：10—15：40。地点：大观河五华区篆塘公园老年娱乐活动中心。

多的是沿岸飘落到河里的干枯的树叶、树枝。每天也就是能打捞两三箱左右。这一段主要有三个人负责。

袁：您这一份工作月平均收入是多少呢？除了打捞河面垃圾，是否还兼有其他任务，如碰上行人随手扔垃圾或在河边垂钓之类的，有上前阻止、教育的责任吗？

江：这份工作工资不高，100 元一天的收入。我们的任务就是打捞垃圾，现在分段治理之后，打捞垃圾的任务也相对较轻。上面河段的垃圾已经有拦网截留，所以，上游的垃圾就很少会漂到下游来，包括我负责的下游河段也是有拦网截留这一段的垃圾，我这一段的垃圾也不会漂到下面。分区负责，工作量减轻了很多，职责也很明确。现在已经很少有人随手扔垃圾到河里，一般都是打扫街面道路或者刮风的时候，才会将垃圾带入河中。遇上垂钓的人，我们一般也是制止的。现在都规定不能垂钓了。

邓：您在大观河打捞垃圾这么多年，有见过河里有哪些鱼吗？这河面上面的拦网是围网养鱼吗？那水面上的鸟儿是白鹭吗？

江：是的，那是白鹭。这几年陆陆续续回来了好多，以前都甚少见到。最近水质好了，都看见好几只了。平日打捞垃圾当然能看到有很多小鱼，一般都是鲫鱼、鲤鱼和草鱼，但数量不是很多。

袁：大观河上游有专门放生的地方吗？放生是政府组织还是民众自发的？你们是否知道有哪些鱼可以放生，哪些鱼不能放生？

江：对面那样凸出河岸的石台子就是专门提供给游客放生的地方，但一般人放生就随处放生了。政府组织和民众自发的放生都有，政府每年都会组织放生。但我们不知道哪些鱼可以放生，哪些鱼不可以放生，我们也不负责管这个工作。不过，我们见过的一般也就是放生泥鳅、黄鳝之类的。

二、外力"人工"投入治理大观河

从大观河河长制公示牌的地图可知：五华区的主要河流有大观河、新运粮河、永宁河、篆塘河，附近的其他河流有小路沟、麻园河、七亩沟、学府路防洪沟、教场中线防洪沟、冶金研究所大沟等。五华区管辖内大观河干流起点篆塘公园，止点环西桥，长度 1 千米。大观河支流有两条：篆塘河（起点在西坝路，止点在篆塘泵站，长 0.802 千米）和永宁河（起点在南疆宾馆后围墙，止点在永宁闸，长 0.66 千米）。

通过实地走访大观河发现大观河的河水治理存在完全依靠外力进行洁净的问题。原因主要有两个：第一，从牛栏江引活水，加快水流速进行净化。牛栏江引水主要经过大观河永宁河进入篆塘，在篆塘公园处设置水泵活水。大观河水泵主要设置在三个地方，大观河止点（篆塘）——大观河中点（环西桥）——大观河入滇口。大观河河水的流速：大观河上游，即篆塘公园的水泵站，因水泵运行，且河道三面光，河水流速相对急；出了三面光篆塘公园的两面光河道，即第一道小人铜桥则河水流速较缓；到了滇池入海口因水泵活水，河水流速又相对较急。人为控制河水流速可见一斑。第二，人工打捞河水垃圾。大观河上每天都有固定的清洁工人乘小船或者在岸边用长杆兜网打捞。垃圾大多是两边河岸落下的树叶和其他垃圾，用竹篮装，有五六篮。经询问，打捞垃圾的工人每天都会打捞。大观河引牛栏江活水治污，但远离水泵的河水依旧静流，看不到水流状态和水生生物，尤其是水生植物稀少。

在实施河长制分区分街道治理之前，五华区和西山区分管的大观河河段并未进行分区拦网，所以，打捞垃圾不方便，还能偶尔见到垃圾。自从6月实行分区分解到的河长负责制之后，在环西桥处设置了拦网。两区的垃圾工作分区分量，河面也几乎见不到垃圾。

可见，作为一条人工开挖河流，几乎完全依靠外力保持河水洁净（外力是指人工打捞和牛栏江引水活水工程），其因首先是大观河的自然流淌能力较弱，且因地形地势平稳缓和，无落差，河流先天不足，难以自流净化水体。其次，人工开挖河流主要是用于通航，河道比较直，无自然河流蜿蜒曲折的先天流速和滋养水生生物的环境。这样，大观河内部的河流自净功能差，鱼类少、鱼不能吃、水生植物稀少，水体静止、缺氧等状况都说明其自净化自循环功能差，因此，并无适合水体自养水生生物以实现河水自净化自循环的功能。同时，大观河分区治理在很大程度上明确环境治理责任，有效地提高了区域河流的环境质量，同时，也在一定程度上人为忽视河流治理的整体性。可以说，目前大观河水质改良主要依靠的是外部力量，河流自身的自净化自循环功能并未实现。然而，人力修复河流环境其成效毕竟是有限的，而恢复河流自然径流量和自净循环能力才是真正遵循自然规律，实现可持续的保护和发展。因此，大观河生态治理工作尽管初显成效，但依旧任重道远。

第四章　人不负青山，青山定不负人

"人不负青山，青山定不负人"——习近平主席 2022 年新年贺词深刻诠释了"人与自然和谐共生"的至简大道。这既是以习近平同志为核心的党中央努力构建"人与自然生命共同体"的伟大实践，也昭示着中华民族在实现高质量发展的征途上守望家园、笃定前行的方向。

第一节　滇池环境保护事业的开创及成就①

一、关于项目组系统搜集和整理当代滇池环境保护史资料和研究工作的开展，以及《滇池志》编纂小组的工作开展

曹：中国当代环境保护史研究的工作已经逐步开展，由环境保护部"环境宣传教育工作—科普工作"委托南开大学生态文明研究院当代环境保护史项目组负责的专项"中国当代环保史记编纂和资料整理研究"，非常重视滇池污染治理在当代中国环境保护史中的地位和作用，拟将滇池污染治理的历史作为一个案例，目的在于全面展现作为高原湖泊的滇池，其污染治理在当代中国环境保护史中的独特性和先验性。

何老师和刘老师，两位多年来从事云南滇池污染治理和环境保护事业，

① 受访人：刘瑞华，男，62 岁，河北邯郸人，大学毕业后来到云南昆明，曾长期任职于昆明市政府研究室，副研究员。现为退休人员，是滇池研究会成员，参与《滇池志》的第二篇"社会经济"的编写工作；何燕，女，59 岁，云南思茅人，大学毕业后来到云南昆明，曾长期任职于昆明市滇池管理局。现为退休人员，是滇池研究会成员，参与《滇池志》的第六篇"滇池管理"的编写工作。主访人：曹津永、袁晓仙。协访人：徐艳波、张娜。时间：2017 年 11 月 15 日。地点：金泰大厦旁冶金设计院东楼 303 室。

亲身参与、组织和领导了一系列重大决策和具体工作。滇池流域的污染治理和生态建设是一个关乎政治、经济、社会、文化、科技各个领域的庞大系统工程，需要从很多不同视角和层面进行研究，系统搜集和整理当代环境保护历史资料是第一步，也是最基础性的工作。请问：你们对这项工作的组织开展有何指示？你们认为应当如何从总体上准确把握当代滇池环境保护事业起步和发展的历史脉络？

何：滇池在 20 世纪六七十年代的时候，水是清的。20 世纪 90 年代末以来，水污染就非常严重了。到 2002 年、2003 年的时候，滇池的蓝藻非常严重，就像我们吃的凉粉、米粉，就是很稠的那种，感觉鸟都可以站在上面。现在可以看见，滇池的水已经逐渐清了，一个主要原因就是截污，还有河道的管护。在 20 世纪 80 年代以前，粪便、污水都是直接进入河道，再流入滇池。20 世纪 80 年代，我来到昆明的时候，西坝河、船房河及所有的河道，都是发臭的。这几年牛栏江引水过来以后，大观河的水就闻不见臭味了，一个很清楚、明显的就是通过不懈的努力，滇池水体逐渐好转。大家都说澄江抚仙湖的水好，因为它不在城市的下游，也不是省会城市，但是现在抚仙湖也注重保护，已经开始截污了。

曹：请你们介绍一下开展《滇池志》编纂工作的背景、原因及《滇池志》编纂小组开展工作的思路、方法和工作阶段。在资料搜集和分析撰写的过程中，有没有什么特殊的经验？

刘：滇池保护的资料收集非常有必要，因为它的污染治理成效非常显著，可以说滇池是污染非常快的湖泊，从治理的投入及治理的成效来看，取得的成效是比较好的。1996 年，国务院就把"三江三湖"列为重点治理的对象。滇池治理是走在前面的，从劣 V 类变成了 V 类水。那么很好地收集其资料，进行总结，对湖泊治理和保护是非常有必要的。

滇池研究会，从它的名称来说，就是为滇池而成立的，主要的职能就是滇池的保护及治理。所以这么多年来，我们一直呼吁要写一部《滇池志》，一直呼吁了十年。因为要写这部书，需要收集的资料是比较多的，不是什么时候要搞就可以完成的。我们呼吁了十年，总算成功了，得到了市政府领导的同意和支持。这部书从去年（2016 年）开始编撰，到现在基本上已成型。这部书涉及六个篇章，包括：第一篇，自然地理；第二篇，社会经济（没有滇池就没有昆明，所以说滇池是云南昆明的摇篮）；第三篇，开发利用（滇池是怎样为昆明的社会经济发展服务的，开发利用的结果就造成了滇池的污染）；第四篇，保护治理；第五篇，历史文化；第六篇，滇池管理，这是六大篇主题结构。另外，我们还有一些影视资料、大事记、滇池保护治理方面的政府文件、历史文献，全部算下来有 150 万字左右，工程量非常大。我们动用了在滇池研究方面的一些专家，还聘请了许多学者参与编撰工作，它的年限上至有文字记录以来。这部书原来有 200 多万字，后来删减后，才到现在的 150 万字，全部资料有三四百万字。

曹：为什么要删减呢？

何：有一些是重复的。写志与汇报材料不同，有些资料能用，有些资料不可以用，所以工程量非常大。

刘：李国春没有来，他要是来了就会跟你们讲。他在昆明理工大学毕业以后，就投入这一件事中。二三十年来，他原来在政府办公厅就管这个，后来筹建滇池管理局（原来叫滇保办），到滇池研究会，都是他一手操办的，所以这一件事他很舍不得离开。滇池的污染治理过程，在中华人民共和国成立初期还是Ⅰ类、Ⅱ类水。一直到 20 世纪 70 年代末，都还是Ⅱ类、Ⅲ类水，恶化得快的时期就是 20 世纪 80 年代以后。改革开放以后，有两大原因：一是人口快速聚集，流动人口增加特别快，昆明的流动人员增加到了 100 万人；二是滇池地区经济社会的发展，在滇池周边布置了一系列重化工业，包括钢铁工业，以及配套的一些东西。

何：20 世纪 60 年代，滇池周边有 5000 多家工厂，每天有 40 多万吨的水进入滇池。20 世纪六七十年代，大量的污水进入滇池。滇池污染不是一朝一夕的。就像我们写字的时候，一滴墨水掉进盆里面，看着不起眼，但是要把它拿起来是非常困难的。

刘：滇池污染到 20 世纪 80 年代急剧恶化，一个原因是我刚才提到了流动人口增加、工业污染，还有一个原因就是面源污染。农村为了提高产量，大量使用化肥、农药，再一个就是围海造田，把湿地都消灭得差不多了。加上治理跟不上，每天有大量污水进入滇池。虽然有污水处理厂，但污水是先排到河道，然后污水处理厂从河道取水，这样就导致了一部分污水没能处理。从治理来说，国务院、省委省政府、市委市政府，尤其是国务院，都非常重视滇池污染，来昆明都会到滇池边上看一看。最早的就是周总理，一直到最近我们的习主席，对滇池的生态文明建设作出了重要指示。滇池的大规模治理是四个五年计划，从"九五"开始，但投入最大最多的是"十二五"，投入了 500 多亿元。还有六大工程治理，形成了系统化、体系化的治理。原来只是末端的污水处理，到后来的六大工程治理，效果也好了很多。在这方面，昆明总结的经验还是比较多的，包括工程治理、法治建设，现在都比较配套了，软的硬的，都有一套一套的，意义重大，有重要的参考价值。

袁：那么，滇志办《滇池志》的工作量很大，有多少人参加呢？是如何分工的？这样一批人是怀着怎样的情怀与使命参与到这项工作中的？

刘：因为市委市政府非常重视，程书记、市长都做了批示，要把这一件事做好。市长、副市长等亲自参加文稿的评审，首先可以对情况有一个全面的了解，其次对下一步怎么做也非常清楚，做了一些非常重要的指示。这是领导层面上的。领导层面下还成立了一个编委会，但编委会起的作用不大。

下面就是我们具体的编撰人员，编撰人员都是这方面的专家、学者，一共分了六个组。第一组是自然地理组，由李国春牵头，下边参加的人员有气象局的、环保厅的，总之，和自然地理有关的一些专家学者都参与进来了，如果你们需要这个名单，我可以提供给你们。第二组是社会经济组，我也在做。1983年的时候，我原来有一个职称，是昆明市政府研究室的研究人员，是副研究员，但现在政府里都不允许评职称了。我们也从社会科学院、政府部门聘请了一些人员。第三组是开发利用组，由昆明市社会科学院的人主笔，也有一些其他的相关部门的配合。第四组是保护治理组，力量最为强大。因为保护治理是重中之重，所以专家、学者都有五六个。李晓燕是昆明市环科院的副院长，生态所的是高级工程师的所长、副所长，环保局的总工，都参与了编撰，他们都是有高级职称的，比较权威，如韩亚平、杜劲松、徐晓梅、刘丽丽等。第五组是历史文化组，历史文化组由昆明学院昆明滇池（湖泊）污染防治合作研究中心的钱春平负责，他带领着一些研究生在做，主要是一些历史资料的收集。最后一组是滇池管理组，我们的何老师也在做，所以滇池治理的资料收集、保护制度等的收集也比较多。所有编撰人员中，有高级职称的占一半，可以说都是精英。

因为它不像搞一个课题研究，它要经得住历史的检验，所以我们最后要经过市志办的审核，市志办又请了一个退居二线的主任，他将各篇通读了一遍，按照志书的格式、要求来做，但是这个工作还没有完成，因为六篇中还有一些重复。例如，自然地理涉及的内容非常多，它和社会经济中的河流会有一些交叉，和保护治理中的河流也会有一些交叉，和历史文化也会有一些交叉。这样的问题必须做一定的处理，不能整篇地重复，否则就没有意义了。所以最后的定稿还没有定下，我们争取在今年年底把稿子交出去，还有一个半月时间，这是非常困难的。

袁：刚刚刘老师也提到，写《滇池志》呼吁了十年，是从哪一年开始的？2015年这个申请通过时候的背景是什么？大概有多少人参与编写？

何：2004年的时候就在争取，滇池研究会就在写报告了。当时时机还不成熟，滇池的水还很差很差，就一直被搁置了，但我们一直在做滇池资料的收集。

到 2016 年的时候，政府才定下来，要修《滇池志》。现在是因为滇池各方面治理得不错，水也清了，人也退了，条件也成熟了，相关的数据可以通过查找具体的文件找到。总体上来说，每个小组都有五六个人，直接参与编写的有 28 人，间接参与的各种基层单位就更多了。

二、当代云南滇池环境保护事业的开创

袁：据我们所知：当代云南滇池环境保护事业，是在周恩来总理、李鹏总理等几代领导人亲自领导下开创和起步的。1972 年，周恩来总理对滇池治理问题做出了重要指示。"九五"（1996—2000 年）以来，滇池被列为国家重点治理的"三河三湖"之一，治理力度不断加大，滇池进入全面治理阶段。

请您简要介绍当年的一些工作情况，特别是介绍一下老一辈国家领导人和历届国家环境保护领导小组是如何关心这项事业的开创和发展的（如陈吉宁 2000—2005 年主持"滇池流域面源污染控制技术研究"项目），当时的云南各级政府是怎样应对的，做了哪些初创性的工作，也就是说，历任国家领导人和云南滇池的互动如何。

何：这个就需要查一查了，让我们说的话，一下子也记不起来。

刘：如江泽民、胡锦涛、朱镕基、杨尚昆、李克强……来昆明的历届领导人都会想去看一看，是从关心治理的角度想去看一看。我们本来想搞一个图册，我们收集的图片资料就有 3000 多幅，现在还保留着的可能还有几百幅。里面就有一些各级领导人来视察的图片。

何：习近平总书记也来过。2008 年的时候他来过。

刘：有些比如朱镕基总理，文件里具体讲了些什么我不清楚。习近平总书记来了就是讲生态文明。

袁：你们提到的一些点，我们可以回去查资料、补资料，如周总理和习主席，这些是当下我们可以重点研究的，我们可以先做。其他确实有功绩的，我们可以先做记录和资料搜集，不一定要公布。因为我们是学历史的，觉得还是有必要把它记录下来。

曹：云南省政府、昆明市政府是保证滇池环境保护事业长期发展的主力军，尤其是长期从事滇池保护事业并取得重大成就的干部和学者很多。请您简要推荐介绍其他几位长期坚守在滇池环境保护事业中的杰出人物是如何推动滇池环境保护事业的。

刘：李国春主任，从筹备管理机构开始，他就搞课题研究，做了很多事情。另外，有一个西山区民间环保人士，是个农民，叫张正祥，他的一生，所有积

蓄都贡献给了滇池。这个人物是非常典型的，还被评为了"十大感动中国人物"之一。我们看了报道，他的事迹很感人。

袁：张正祥老师，请问你们有没有他的联系方式？我们看过他的报道和事迹，但联系途径找不到。

何：没有。西山区水务局应该可以找到。

曹：除了他们，在《滇池志》小组里边，每一个分组负责人可以介绍一下吗？其实参与编撰的各位老师也是为滇池保护做出巨大贡献的。

刘：李主任很早就参与到了其中，做出了巨大的贡献。第四组牵头负责人徐晓梅，她是昆明市环科院的副院长，应该很有研究的必要。第五篇历史文化负责人，是昆明学院昆明滇池（湖泊）污染防治合作研究中心的钱主任，他筹建了滇池生态文化博物馆。我负责第二组社会经济，我在经济研究中心工作了许多年，一直负责城市保护与建设的工作，也是有优秀专家称号的。

刘：昨天滇池管理局把你们的采访转到我们这边来，我们就是配合你们，把这一件事做好，一是为昆明做贡献，二是我们滇池研究会的职责就是宣传滇池。通过你们做的事情，把滇池治理保护推动向前，是一件很好的事。你们可以把提纲弄出来，我们提供文字资料。

袁：好的，我们会给你们先提供提纲，同时针对提纲跟你们当面了解做一个口述访谈，如果提纲有什么问题，请老师指正，我们及时修改。不知这种方式是否可以？

刘：提纲可大可小，但要有系统，关于口述采访，不管哪一个专家，让他系统地在这里口头地梳理出来也不可能，必须弄一点资料，几百多万字的内容，几分钟我肯定说不清。

曹：据我们所知，滇池流域是最早提出并实行"河长制"的区域，现如今"河长制"逐步推行到全国各地。请问"河长制"是如何出台的，背后有哪些考虑？现如今，云南滇池流域的"河长制"工作又开展了哪些创新性工作（如河流生态补偿机制）？与国内外湖泊污染治理相比，滇池的环境保护和环境政策的特殊性体现在哪些方面？

刘：关于"河长制"最早是在哪一个文件里面提出来都是有记载的，最早是在官渡区开始实行的。它肯定是先通过宣传，再通过政府的文件公布实行。

何：好像是 2008 年正式提出来的。后来 33 条河，一条河一个河长，换届了，另外一个人接着上去，所以盘龙江的河长都换了几任了。

袁：生态湿地建设是当前滇池流域的生态修复和建设的重要项目，湿地公园不仅成为重要的生态保育区、生物环境教育区，同时也是广大公众的休闲度假的旅游热点。其中，滇池流域有十大湿地公园被评为中国最美湿地之一，如捞鱼河湿地公园等，但当前滇池流域的湿地公园还未被纳入省级、国家级和国际级重点保护范围之内。请问：如何看待当前滇池湿地公园的规划和设计？限制滇池流域湿地公园成为重点保护区域的因素有哪些？如何看待当前湿地公园建设与房地产之间的关系？

刘：我们最近在搞一个课题，就是专门针对湿地的管理、建设，昆明滇池周边的环湖湿地，我们一直说它有 4 万多亩，但实际上它现在有 6 万多亩。湿地的运作及管理模式、取得的成效、存在的问题，我们都进行了分析。大家肯定了昆明的湿地建设为大家提供了一个可以休闲娱乐的去处，环湖形成了绿带，管理单位在环湖单位种植花花草草，搞旅游，也确实产生了一定的社会效益，但负面影响也有，湿地的主要功能是保护滇池，提供旅游只是附带功能。有一些企业为了追求利润，公园人流很大，会造成二次污染，你们如果需要，我们也可以提供详细资料。

袁：我们昨天在滇池管理局了解到，他们正在制定滇池流域湿地管理的细则、措施和划分的标准，这些东西好像正在审批当中，还没有出台。

何：《云南省滇池保护条例》修订的时候有一些人也在做调研。我们前几天还在想，应该向在滇池周边的房地产开发商，特别是在滇池周边的厂家，征收资源占用费。因为他们享用了滇池，所以我们在想能否收取资源占用费，用这些钱来管护滇池，滇池周边的湿地管护、市政府基础设施的建设，都可以用这笔钱。现在都只是一种设想。

袁：我在了解湿地问题的时候发现，之所以房地产开发能进来，就是因为他们有资金，而政府的资金不足。所以如果有一笔资金专门用于湿地管护，情况可能会好一些。

何：这些东西由规划的来定。

三、关于滇池环境保护的交流合作

滇池是昆明的一面镜子，昆明是面向南亚、东南亚区域的辐射中心和"一带一路"上"南方丝路"的重要国际贸易中心之一，滇池的环保事业肩负展现中国边疆生态形象的重要任务。因此，滇池环保事业须具有国际视野，并与周边国家和区域进行密切的互动。

袁：请您简要介绍一下 20 世纪 70 年代以来关于滇池环保事业的对外交流活动，如会议、合作、学术研讨会等，尤其是近年来开展了哪些关于滇池环保事业的国际交流活动，这些国际交流活动是如何推动滇池环境保护事业的，哪些重要会议对滇池环境保护事业做出过巨大贡献，在这些活动中体现的关于湖泊治理的经验和对策的差异性如何体现。

刘：滇池治理的交流合作，研究会牵头搞的有四五个。一个是香根草在湖泊治理当中的应用；一个我想不起来名字，好像是一个澳大利亚的过滤设备，还可以找到会议纪要，这个设备国外广泛用于市政、工厂的下水处理，这个是搞了一次学术研讨会；另外一个是和甘肃兰州一个科研机构办了滇池综合治理研究学术交流会；还有一个是在云南大学办的，开了两次会议，其中一次会议的纪要还得到了时任昆明市委主要负责人的批示，因为那次学术交流成果取得了实质性的建议，他非常认同，并让市政府、滇池管理局落实办理，但很多并未具体推广，因为它只是一个学术交流会，如武汉地质所、清华大学、云南省环科也开展了许多。

袁：刘老师，您还记得在云南大学开展的两次会议的具体名称吗？论文集或者会议纪要是否还有呢？

刘：具体名字记不得了，反正都是生态方面的。很多教授在上面发表了论文，后面也编成了论文集。论文集和会议纪要可以给你们看看，但是我们需要找一找。

袁：银行贷款这方面的信息，两位老师是否了解一些？如合作了哪些项目？

刘：滇池管理局可能更了解一些，它是具体操作部门。历时二十多年，一共给了我们500多亿元，要把500多亿元说清楚有困难。

何："九五"到"十五"期间，是世界银行贷款，好像还有日本协力银行、亚洲开发银行。世界银行贷款主要在"九五"期间，南北岸工程是日本贷款，其他的还有国家开发银行贷款，融资这方面都是滇投在做。我们了解一些，但是不够详细。具体的资料，我们可以找一下。

四、关于昆明市滇池管理局成立前后的机构变更

袁：据我们所知，滇池的环境保护事业早于昆明市滇池管理局成立之前，滇池环境保护行政机构在四十多年中经历了多次重大变化才发展到今天的昆明市滇池管理局。我们想了解一些比较具体的问题。请问：在昆明市滇池管理局成立之前，滇池环境保护工作主要由哪些部门负责？其机构设置有哪些？滇池管理局成立的背景是什么？其机构设置进行了哪些扩充和调整？上述机构变动，对滇池环境保护工作的实际展开产生了怎样的影响？成立专门的滇池管理局，对滇池环境保护及其权威性有何影响？

何：滇池管理局在2000年成立，滇池管理的机构，不管这些机构之前还

是之后如何演变，总体的一个趋势是，从省级转变为市级，在我看来它们的职能应该是扩大了。明清的时候，它只是管海口站，到民国的时候，成立水务管理委员会，也只是管海口站。一直到《滇池保护条例》出台之前，也有一个专门管理滇池的机构，好像叫环保局。1988年《滇池保护条例》出来以后，李主任才组建了滇池管理局，滇池管理局的职权范围很大，不仅是管理海口站，而且还管理整个滇池。之前水利局在管，环保局也在管滇池的事情，滇池管理局成立后，就有了职责分工，滇池管理局负责河道。

袁：我们想把机构变迁的线条梳理出来，我的预想是包括机构的地理设置、职权范围。治理机构就是从以前的海口那边，逐渐转换的时候，其实反映了一个问题，滇池问题以前是水患问题、渔政问题，而现在是一个城市的污染问题。

何：它原来是管水患的。

袁：从清末到民国末期，滇池管理的重点在于水利和渔政，主要由省级水利局负责，主要是防治水患，其机构设置和管理范围也多集中在滇池东南部、南部，还未转移到昆明主城区。同时，1978年昆明水利水产局成立，其机构设置在哪里？您能不能介绍一下当时的具体情况？这种机构设置和坐落位置的变化，给滇池管理工作带来了什么影响？2002年昆明市滇池管理局成立，其职责和机构设置也表明滇池治理的重点开始转向污染治理。从机构变迁来看，滇池环境问题的演变是否有合理性？

何：这是对的。刚开始只是河道污染，河道污染又流入滇池。河道原来可以洗衣服，现在没人敢去洗了。××河一大股臭味，到处都是垃圾，现在虽然水不浑了，但还是没人敢去洗。

袁：现在老百姓认为水质确实是提高了，真正涉及用、游、吃，有的很放心吃鱼，有的还是不敢。

何：海口那边还是吃的。南边的水比北边的水好，因为风往北边吹，城市污水口也在那边。

刘：污水现在被截了，有一个管道，在西园隧道那边，污水排过去，排到安宁，有一个水电站，也排到炼油厂去用。你们可以去看看，炼油厂有专门的设备。

何：总的来说，机构变迁的结果是它的实际作用肯定加强，作用是正面的。因为一个机构成立以后，有的工作可以统筹，包括规划滇池、财务管理，通过这个机构可以互相协调，不再像原来那样散。例如，今天要挖这条沟，很多东西可以配套，管理也会配套，就不会造成浪费。以前今天这个管一管，明天那个管一管，现在就不会存在重复的问题。就是解决了资源的浪费，总体上来说，它的作用是加强的，有一个指导、协调管理的作用。

五、滇池污染治理还存在的问题和改进措施

袁：根据我们的比较观察，和中国环境保护事业的国情相似，云南滇池环境保护事业是自上而下、政府主导的，在这项事业发展中，党和国家领导人一直高度关注滇池问题，云南省政府也把滇池环境保护和可持续发展作为工作重点。十八大以来，中央将生态文明建设和绿色发展理念纳入国家"五位一体"总体布局，使之成为"五大发展理念"的重要组成部分。云南自"九五"以来，也在不断调整滇池环境治理和保护的政策与措施，在滇池治理方面投入了大量人力、资金和技术。可以说，党和政府对滇池环境保护的重视程度在世界上是极其少有的，但中国国情特殊，滇池流域的自然地理条件的特殊性，使滇池环境保护既有特点，又有难点，环境保护依然任重道远。

曹：您能否谈谈云南滇池环境问题和环保事业发展有哪些显著特殊性？如何认识这四十多年来的成就和不足？为什么我们搞了近半个世纪的环境保护，环境问题依然严峻，恶化趋势仍然未能从根本上遏止？未来滇池环境保护和生态文明建设应当如何汲取以往的经验和教训？

何：滇池治理的困难，一个是它在城市的下游，所有的污水都往里面聚集，有这么多年沉积的脏东西，之所以要疏浚污泥，就是要把这些污染物取出来，以及周边的环境污染、面源污染、人口聚集、湿地面积减少、城市化进程加快，所以要做好这一件事情很困难。截污也是很重要的，如果不把污水截掉，一下雨，污水就全部进沟、进河、进滇池，所以污水管网的建设很重要。另外一个就是滇池周边的面山绿化、植被恢复，防止泥沙、泥石流进入滇池。还有一个就是面源污染，要尽量减少化肥农药的大量使用。现在湖里面氮磷多，就是化肥农药大量使用的结果，也取不出来。滇池周边的山磷矿石非常丰富，也会带来污染。

袁：如果简要概括滇池四十多年治理的成功与不足的地方，你们觉得成功与失败的经验和教训可以概括为哪几点？

刘：一个从软件来说法制建设必须跟上，有系统性的法规，这方面我们都有资料。另外，从工程治理来说，也要系统化，软硬都有。

何：还有人的素质的提高。现在创文明城市，为什么会创不上，人的素质很重要。所以加强思想教育，提高人的素质非常重要，也就是软件和硬件都要跟上。

刘：两手都要硬。软的也要硬，硬的要更硬。

何：还有执法要严。

刘：昆明的差距还是很大的。这次昆明没有创文成功，四个省会城市没评上的，昆明是其中之一。

六、其他重要问题

袁：刘老师，您之前在市政工作，昆明的城市规划对滇池污染的影响是如何的？

刘：从规划来说，对滇池的影响也有一个过程。在中华人民共和国成立初期的时候，还是离开滇池发展，工业片区都在北岸。中华人民共和国成立初期的规划思想还是比较明确的，而且把隔离带都留出来了。西山区和五华区之间都留有隔离带。改革开放以后，这个规划就打破了，开始靠近湖边发展。

何：围海造田是一个。

刘：在改革开放以前，还是分片区的。改革开放以后，西山区和五华区就连在一起了。这个时候规划的力度也不够，所以就一大片发展了。目前对昆明市的规划还有很大的争议，现在不是搞"一湖四片"，有一个学术观点认为，"一湖四片"就更摊大片了，把滇池搞得像翠湖一样。

袁：是的，这个问题也是我们想关注的，城市的无限扩张，昆明是否会成为下一个翠湖？我们放在学术范围内讨论，想听听两位老师的想法。

刘：有一种被政府接受的观点，即滇池是最好的自然资源，围着湖发展是最有利的，只要加强治理。这是一种折中观点，主动保护，主动发展。

何：滇池之所以搞滇中引水，就是要解决水不活的问题。难就难在水活不起来。牛栏江引水过来以后，草海就有的瞧的，这也是一种人类进步的治理方式。

袁：随着城市化进程不断加快，滇池是否会成为下一个翠湖？刚刚何老师也提到围海造田，以你们的经验，如何看待围海造田？即历史上围海造田是有的，现在类似围海造田的行为是否还有？你们是否还记得，当时围海造田刚提出来的时候，是否有人反对？

何：围海造田就是向滇池要粮，是 20 世纪 60 年代的时候，当时是有历史局限性的，现在度假区这片大都是当时围海造田搞出来的。

刘：现在宏观地来说，围海造田是没有了。

袁：有一个对政府的决策咨询报告，但是需要反复验证，各方请教是否有合理性。如果贸然拿过去，会有不对的地方。因为针对这个问题，昨天在滇池管理局，一个规划处的人说，1988—2002 年在修订条例的时候，有一个困难，即界桩界线不明确，有一些模糊的地方。一个原因是有的界桩的地方是完全隔离不开的，动不了，这些区域就是划分的难点。这些模糊的地方，问题就会比较突出。这些点你们可以去找一下，梳理一下，有的地方不会很明确，不会绝对地按照一级、二级、三级的标准来划分，这个问题你们怎么来看？

何：实际的我没有去看过，我只见过海埂大坝那边的。

袁：我们还需要实地多走几个地方，因为我们看到的还是比较有限。

曹：我们做的东西应该不会放在报纸上报道。如果发现问题，我们都是以论文和学术交流的方式公开。

何：你们看到的东西可以记录下来。如果发现问题，可以和政府汇报发现的问题。包括一些排污的，我也见过，相都照下来了，但是天黑看不识（天黑看不清楚），那种臭水，一大股往河里排，说难听点，政府投了那么多钱治污，而你们是排污。我当时就打电话给滇池管理局说：你们可以去看，我不想说了。

第二节　滇池治理和保护呈"起稳向好"的发展趋势①

一、滇池环境保护治理呈保稳向好的趋势发展

何：我们滇池管理局宣传教育处可以跟你们大概介绍一下滇池治理的情况，那你们今天主要是要了解哪些方面的信息呢？

袁：何主任，您好！我们是云南大学的学生，我们负责省级项目云南大学服务云南行动计划"生态文明建设的云南模式研究"，其中，子课题"滇池生态环境变迁和生态文明建设"主要是围绕滇池环境变迁和生态治理，总结滇池治理的模式。因此，特此到访，希望跟你们访谈了解以下几个方面的问题。

第一，滇池的生态环境治理大致经历了多少个阶段？各个阶段治理的特色是什么？哪些措施是比较显著的？第二，滇池管理局在全国范围内的独特性和重要性是如何体现的？第三，滇池环境治理的哪些措施在全国是创先的？其作用体现在哪些方面？效果如何？如河长制？第四，当前滇池环境治理面临的最大困境是什么？哪些问题是有待加强的？未来计划采取什么措施？如退居还湖、生态补偿、城中村、城市围建、面源污染等问题？第五，目前滇池水生生

---

① 受访人：何星逸，男，出生于云南省西双版纳傣族自治州，1996 年来昆明学习，2007 年 8 月进入昆明市滇池管理局工作，现为昆明市滇池管理局宣传教育处工作人员。主访人：袁晓仙。协访人：唐红梅、徐艳波、张娜、杨勇。整理者：袁晓仙。时间：2017 年 9 月 5 日 14：00—18：00。地点：昆明市滇池管理局 1 楼 102 室办公室。

态环境恢复的状况如何？第六，滇池治理的主要模式以自上而下为主，那么如何让公众参与，形成民众参与监管的机制是什么？第七，能否给我们推荐长期以来从事滇池保护治理的退休工作人员或环保人士，让我们能有机会跟他们学习访谈一下？

何：采访这一块，推荐你们可以去走访一下滇池周边的保洁员，因为他们是一线工作人员，滇池最好和最坏的直接情况他们都是最了解的，而且目前滇池存在的问题他们也是比较了解的，最大的困难也存在于他身上。

滇池治理是国家的重中之重，国务院非常重视这一块的工作。首先，我给你们介绍一下滇池的基本情况。请看墙上的地图，昆明主城区主要位于滇池上游，滇池位于主城区下游，这样的话，昆明市的主要生活污水和垃圾处理只能排入滇池，很不利于滇池的保洁工作。而且，滇池作为一个高原湖泊，并没有像长江、黄河那样的大江大河过境，因此，其自然的水体置换渠道是没有的。反而，其水位很浅，现在滇池最深处也就只有 18 米。这样一来，滇池周边 36 条入滇河流汇入滇池都是直接将周边污水带入滇池，滇池本身的自然条件就是不利于滇池保护的，没有水体的置换渠道，因此，滇池治理最大的问题就是换水问题。

滇池污染最严重的时候是 2000 年初，污染的主要原因是周边工厂和居民的大量的污染偷排口，那时候滇池的水都是臭的。滇池管理局也是在那个时候建立的。刚刚你提到的宣传工作，目前我们对内、对外都是共同宣传滇池治理的成效，同时，也跟国内外的专家学习，然后根据滇池自身的情况，慢慢摸索治理途径和模式，但那时候我还没有来这里工作，具体情况不太了解。

关于滇池保护，目前我们主要是开展"六大工程"。第一大措施就是截污工程。以蓝藻问题为例，蓝藻本身并没有问题，它只是滇池水质环境的一个风向标，而截污工程主要是改善滇池水质。滇池的截污工程，即管道污水问题大概在 1995 年就已经出现，城市排水管网问题加快滇池截污工程开展。目前，滇池的截污工程主要就是在滇池全流域周边开挖环湖截污工程，就是在滇池周边开挖壕沟，图上红色的环滇池的干渠就是截污工程，将入滇河流和排污管道的污水、脏水截流，流入壕沟，将这些污水经过污水处理之后先排入壕沟。然后，再将排污处理过的水流入环湖截污干渠旁边绿色不规则的那一片区域，进行自然净化，也就是滇池周边的湿地，通过湿地净化水质。因为，污水处理厂是使用化学物品进行净化的，其中还含有化学物质，只有经过自然的湿地植被的吸附净化才能不对滇池水质产生影响。因此，我们在滇池周边建立了大量的湿地，四退三还工程就是还滇池湿地，如海东湿地和捞鱼河湿地等，这样一来，经过污水处理厂给水体杀菌之后的污水，再经过湿地净化之后，这些水才能达到自然环境下的水质标准。这样经过两道处理之后才能排入滇池。

袁：那么，湿地净化的植物物种主要是哪些呢？是本地的还是外地的？

何：湿地净化的植物主要是滇池周边土著的水生植物，其对污染物质的吸附能力是很强的。同时，当前滇池污染最严重的化学物质是总氮、总磷，这些来源于人类和牲畜的粪便，是造成滇池蓝藻暴发的主要原因，也是滇池富营养化的主要原因，因此，蓝藻不是污染滇池的罪魁祸首，而是看不见的总氮和总磷在污染滇池，而这些主要是来源于人类。

唐：蓝藻问题导致滇池水体缺氧，确实是滇池一直存在的问题，那么，现在你们采取的新的措施有哪些呢？

何：现在我们主要使用水葫芦吸附水体中的氮和磷。水葫芦可以吸附大量的氮和磷，一般在五六月将水葫芦放入滇池，然后在九十月打捞起来，经水葫芦净化之后，滇池的氮和磷含量真的大大减少。

袁：不好意思，我打断一下，您刚刚提到的用水葫芦净化总氮、总磷是当前你们治理滇池富营养化的主要举措？当然，水葫芦在20世纪五六十年代引进来的时候，一是为了净化水体，二是为了做猪饲料，那现在你们用来净化水质的水葫芦经过打捞之后是否出现以前泛滥的情况？

何：圈养水葫芦以净化水质是经过环境评价的，当时圈养水葫芦的时候滇池的水质截污已经很到位。所以，现在并没有出现20世纪80年代水葫芦泛滥的情况。这项举措刚开始提出来的时候，也是遭到很多人质疑的。毕竟，以前昆明人都是"谈水葫芦色变"，当时都是动用军队来打捞水葫芦，花费也是上百亿了。有人就问：那你们现在靠水葫芦净化水质，你们能保证将每一根水葫芦都打捞干净吗？当然，我们也不敢保证我们将每一根水葫芦打捞干净，但一经发现水葫芦残留在滇池，我们都是派工作人员打捞的。不然，沉水的水葫芦腐蚀之后会对滇池造成二次污染。水葫芦没有泛滥的一个原因，主要就是滇池水质的改善。目前国务院和昆明市的环境监测数据已经公布滇池的水质是V类水，而不是劣V类水，而且，这个水质标准都是以最低的水质指标来确定的，也就是说，滇池最低标准的水质都是V类水，主要原因就是滇池的总氮和总磷超标，但总体而言，因为总氮和总磷的减少，无法给更多的水葫芦提供生存泛滥的物质，因此，也就不会出现水葫芦泛滥的情况。这也是我们滇池治理的一个大成效。

目前，我们的截污工程在滇池全流域已经完成，主要的任务是滇池的水体置换工程，就是将这些污水换成自然的水，主要的工程就是从曲靖德泽水库通过牛栏江引水。经过置换后的水体比较干净，耐污的蓝藻在干净的水体中无法存活，蓝藻暴发的情况也就大为减少。目前海埂公园那边的蓝藻是最为严重的，主要原因是昆明常年吹西南季风，大量的蓝藻都是被风吹到那边的，因此，海埂公园那边的蓝藻问题还是比较严重的，但其他地方很少出现蓝藻暴发的情况。尤其是湿地公园，以前都是很臭的，根本没有人敢靠近滇池，但现在大量的居民游客都愿意前往湿地公园游玩。

袁：针对海埂地区依然严重的蓝藻问题，你们目前采取的新措施是什么呢？

何：现在蓝藻的量相对以前大量减少，因此，也没有必要再通过机械船进行打捞，现在我们主要是安置蓝藻收集装置。我们在海埂公园那边搭了木板，也就是说，以前你能在很靠近岸边的地方看见蓝藻，现在在岸边往湖里搭了木板，木板接到湖面上，蓝藻就被遮盖到木板之下，我们就是在木板下面打捞收集蓝藻，而游客就不太能看到蓝藻了。当然，还是能闻到一些臭的味道，但这并不是我们掩耳盗铃在做面子工程、假工程，主要就是因为自然风力是无法改变的。滇池周边的蓝藻也只能在海埂那边看到，其他地方是很难再看到蓝藻了。现在的蓝藻也不像以前那样厚，只是一小层，都不需要用机械船打捞，现在用捞小金鱼的细网就能打捞了。

二、污水处理厂和调蓄池配套处理入滇水质

袁：您刚刚提到污水处理厂的问题，那么请问一下，目前滇池周边的污水处理厂的数量和分布情况如何？由于内海草海那一段是在主城区，其承担的排污量更大，那么，滇池污水处理厂的设置在区域上有没有差异性，就是排污量多的地方污水处理厂会更多一些？

何：不会，据我了解，污水处理厂并没有区域分布上的数量的差异。目前，滇池的污水处理厂有11个，但具体情况并不是由我们来负责，污水处理厂由滇池有限公司来运营管理，也就是在经开区那边，而这家公司也是由国资委管理。也就是说，滇池的治理工程都是国资委来管理的，我们滇池管理局不管工程的事情，我们主要是负责保洁和治理。

袁：也就是说，目前滇池的污水处理是通过市场化的方式来管理，那么，从你们主要的保洁和治理的角度来说，环保工作市场化这种情况对滇池的保护是否有一些负面影响？因为我之前在跟周边居民访谈的时候了解到，由于污水处理厂运行的成本很高，有些市民就见过一些污水经过污水处理厂，但污水处理厂的处理设备并没有运行，那么，这些污水实际上并没有经过处理就排到滇

池去了。所以，如何看待这种为了节省成本的污水处理对滇池治理的影响呢？

何：首先，污水处理厂的市场化管理确实是比较有利的，毕竟政府的资金压力很大。每一笔钱都必须进行量化，有可赚的利润才能让更多社会企业参与进来，因此，每个居民的生活用水都必须收取生活污水处理费，这也是滇池管理的经费需要。其次，我要说明的是不可能出现污水直排滇池的情况。污水处理厂正常情况下也不可能出现停运的情况，除非是特殊的检修情况和大雨汛期污水处理厂无法正常运行，或者无法处理超标水量，即使出现以上两种情况，也不可能出现污水直排滇池的情况。我们无法保证没有一滴污水进入滇池，但我们确定不可能出现大量污水直排滇池的情况。因为我们在每一个污水处理厂附近都会有一个调蓄池，如在石虎关立交桥那边就有一个污水处理厂，挨着第十污水处理厂，在菊花村公交车站附近，那边有一大片空地，其实那就是调蓄池，地下是用十多根柱子支撑着的，这个调蓄池很多人都不太了解。调蓄池的作用就是在污水处理厂无法正常运行的情况下，先收纳污水，起一个缓冲地带的作用，然后，在污水处理厂正常运行的时候再处理。因此，不可能出现大量污水直排滇池或者污水处理厂因为节约成本停运的情况。据我所知，大多数调蓄池也是配套污水处理设置，数量多少不确定，但至少每一个污水处理厂都有一个配套的调蓄池，而且一般都不靠近滇池，离滇池最近的也就是海埂公园那边的第七第八污水处理厂，其他的都是远离滇池的。

袁：您刚刚提到的调蓄池和之前的环湖截污的壕沟，能不能给我们推荐一个可以考察的点？我们实地去看看，平时去实地都没有注意到这个工程，觉得比较遗憾。

何：可以推荐你们去看看的，海东湿地公园对面就有一个。环湖路的对面有一个环湖截污展示室，下到地下之后可以很直观地看到环湖截污的那个断面。不过，平时派了人在那守着，你们什么时候过去还得跟我们提前联系一下，我们再跟滇投那边联系。滇池治理的六大工程的首要就是环湖截污和交通工程、引水及节水工程，即牛栏江引水工程、入湖河道整治和农村面源。农村面源要求滇池流域红线区以内禁止修建建筑物，所有的村子、农田、牲畜全部要搬离，就不能让这些在滇池边上继续污染。

三、宣传多样化，但市民保护意识总体较差

袁：能否跟我们介绍一下关于滇池退居还湖工程的进展和存在的问题？

何：退居还湖这一块，我们目前已经完成的差不多了，最大的问题就是资金问题，因为涉及搬迁问题，需要大量的资金，这一块资金补偿不到位是导致

该项工程难以进行的主要原因。毕竟用水泥房换海景房，很多人都不愿意，换做你，你可能也不愿意。总体而言，钉子户是比较少的，很多市民对滇池还是有感情的，目前滇池治理的成效是有目共睹的，所以大家为了保护滇池都还是很愿意退居出来的。

袁：我们在调研的时候发现，很多常居昆明的外地人对当前滇池治理的事情是漠不关心的，但这些人又是长久居住在昆明，如何让这些人也知道滇池保护的重要性？你们宣传部这边主要是做了哪些工作呢？

何：确实我们了解到很多外地人对滇池是没有太多感情的，但针对这方面，我们对滇池保护的宣传工作在学校和市民这一块都是一直在做的。至于地域上的差异，主要就是邻近滇池的地方，宣传力度更大一些，如呈贡、晋宁、海口、官渡，而远离滇池的地方，宣传力度小一点，如五华、盘龙，但一直都还是有宣传滇池的。包括联合学校和市民，在年底的时候，我们有"滇池宣传月活动"，每周末都会组织市民参观或普及滇池保护的原因、方针、方式和措施等。虽然我们都在宣传滇池是母亲湖，保护滇池对调节气候和改善人居环境的作用等，但很多群众并不在意，很多人觉得滇池和我没关系，看热闹的多，成效不太好。例如，钓鱼的那些人，现在不让钓鱼了，但很多市民都是偷着躲着钓鱼，滇池管理局综合执法队的人员每天都在盯着那些钓鱼的人，就跟城管赶小贩一样困难，层出不穷。

目前，盘龙区那边的洗车问题还是很严重，尤其是在昆明理工大学新迎校区和二环路段最严重，周边居住的人员、出租车和私家车都还是在盘龙江边洗车。几乎每一家的小车后面都会带着小桶、毛巾和洗衣粉之类的，以便随时洗车，因为盘龙江的水很干净啊，加上洗车才10块钱，很便宜，那些帮人洗车的就是直接从盘龙江用桶接水就洗了。洗了之后，这些污水又直接倒到盘龙江，流入滇池，所以，滇池污染防不胜防。另外，就是盖河道的问题。以盘龙江为例，随着水质的改善，很多居民都看到滇池治理的成效，也对其给予肯定。对河流美化景观、提升人居环境质量的要求也提高了，但是也正因为如此，有些人看到这河水可以用了，就随意使用，如沿河游泳、钓鱼、洗车、野餐等，做完之后也不带走垃圾，导致很多河段垃圾变多，经常都是打捞不完。对这种情况严重的地方，我们采取盖河，只能通过盖河才能让这些居民不在河岸乱丢垃圾。但是，这样一来，有些居民就不同意了，他们觉得盖了河道就影响景观，觉得不符合河流的自然景观性质。所以，做什么事都不容易。人员太少，很多工作都做不完，因此，现在我们推行河长制、四级制，详细落实到街道社区就是为了保证每段河流都能在监督管理范围之内，减少人为垃圾入河入滇。因此，现在滇池周边的六大工程治理基本是完成了，今后的工作就是加强监管。

四、不断增长的人口数量增加滇池污水厂的污水处理量

袁：那除了退居还湖这块的资金需求量大以外，目前，您觉得滇池污染治理的困难还有哪些？

何：目前，据我了解，滇池的本地人口 300 万—400 万人，流动人口 300 多万人，总人口 700 万—800 万人，而且每年的人口数量都呈增长趋势。这就意味着每个人的排污量都需要污水处理厂来承担处理，处理不好那就是滇池来纳污。因此，不断增长的人口数量实际上是增加了滇池的污染量，这就是当前滇池污染治理最大的困难。另外，违法成本低，执法成本高。例如，盘龙江地区的洗车问题，很多人都是为了私人需求省那么十块钱，就在盘龙江边洗车，但是，一旦污染了河水，污水处理的成本就很高。而且，每天还需要执法人员随时巡检，这些都需要大量的资金、人员来维护管理，成本是很高的。因此，市民的不自觉、不环保的行为实际上造成的治污成本是很高的，不管是技术、资金的投入，还是人力管理的投入。

袁：那么，针对滇池周边企业开发和居民个人的违规违建或污染滇池的行为，你们有何惩罚措施？

何：我们的惩罚措施针对的主要是捕鱼捞鱼，这一块的惩罚主要由我们部门来负责，工程型的违规违建由国资委那边负责。针对捕鱼捞鱼这种事情的惩罚，我们目前实行的市民河长制就是为了最大限度地减少类似的情况。

袁：关于滇池周边湿地的净化植物的详细种类和数量情况是否能介绍一下？对湿地净化的植物有何硬性的标准和规定？例如，哪些入侵植物是不能种植的？哪些物种所占的比例是比较高的？

何：湿地的净化植物最多的是中山杉，几乎在整个滇池流域都建起了生态屏障的廊道，原因就是这种植物的净化能力很强，这个树是从江苏引进来的。其次，是土著的植物。详细的我就不太清楚了，滇池生态研究所在负责这方面的工作。

袁：关于滇池湿地的绿化这一块，我们发现整个云南的绿化标准都是更多地围绕一些景观性植物，对杂草的重视度不够。拔除杂草是日常绿化的重要工作，耗资耗力，但其实杂草的节水性和保土保水性是很好的，目前北京那边已经强制性出台新的绿化标准，就是规定绿化植被中，本地的土著植物必须占到 70%以上的比率，而外地景观植物只能在 30%以内，但昆明这边好像还是以外地景观植物为主，这似乎是加大绿化成本的。关于这个问题，你

们是如何解决的？

何：这个问题涉及生态学的东西，这很详细了，这一块我们不太了解，但您说的杂草的问题，我相信滇池生态研究所肯定也是关注到了。至少目前，还没有发现拔除杂草会对水土流失产生特别严重的影响，因此，这个问题至少到现在还未受到关注。

袁：关于放生这一块，是否有强制性的规定要求哪些物种是绝对不能放生的？

何：这个是有的，渔政局给我们提供了一份关于绝对严禁放生的鱼种，就是为了保护土著鱼种，但问题在于，即使有图片宣传，很多市民根本不知道哪些鱼种是不能放生的。所以，很多市民在放生的时候几乎不在意是否应该放生，他们连自己放生的是什么鱼都不知道，他们就觉得放生是做好事。加上放生的地点都很隐蔽，滇池那么大，根本不知道在哪里放生，也是防不胜防的，因此，收效是很低的。

袁：您对昆明滇池的情况了解得这么清楚，请问您是昆明人吗？来这儿工作多久了？从您在昆明的生活经历和工作经历来看，您觉得滇池环境变迁最明显的是哪个时段？哪些问题是比较突出严重的？

何：我是 2007 年 8 月来滇池管理局工作的。我不是昆明人，我生在西双版纳，但是 1996 年我就来昆明了。从来昆明到现在的话，滇池整体的一个情况是平稳趋好的，20 世纪 90 年代末期是污染最严重的时候。

五、滇池流域红线保护区内严禁违搭违建

袁：到现在为止你们能够接到的信息当中违规搭建、违规造田的还有没有，在哪个片区是比较严重的？现在虽然是退居还湖，包括农村面源污染的治理，现在还是存在一些违规搭建，我们有看到相关报道，包括你们滇池管理局官网上也能看到这样的情况。在哪一个片区这种情况比较明显？

何：现在滇池周边违规搭建的情况已经很少了，因为是零容忍的，所以说在红线区内，也就是分级划界保护要求，在一级区范围内禁止构建物，不管你是公益的还是非公益的，没有一点余地可讲。一些能看到的保护区范围内的构建物，并不是违规搭建的，有一些是湿地公园的管理中心的基础设施，如厕所、行人生态栈道等，这是为游客在湿地公园内服务的，面积和规模有限，是受到限制的。修建这些基础设施也是为了避免游客在湿地公园内造成二次污染，而与湿地建设无关的都是不允许的，就算是有了也一定是要清退掉的。现在比较严重的情况是龙门村，龙门村（滇池大坝的尽头，高海公路下面）以前一个村

子都拆掉了，现在全部是绿地了。此外，城中村和村庄排污设施较差，污染治理一直都是"老大难"问题，加上现在城中村和周边城镇的排水设备很差，改造资金需求量大，赔偿问题也比较突出，因此，这一块也是滇池治理最头疼的问题。不过，可喜的是，新的城中村是完全按照城市建设的标准建的，加上土地审批很严格，目前，新城中村就不存在这些老问题了。

袁：现在正在拆的还挺多的，虽然有些还没有完全弄好。

何：对，还得一个过程，因为始终需要大量的资金，要补偿到位让他们搬走，要合法地拆迁。很多东西拆倒是很快，但是要做前期的工作是很难的，要先去做思想工作，做完思想工作再去补偿，补偿要到位，思想也要到位，两样都要到位才能有拆的前提条件。所以这些事情只能是慢慢来，不能说是急于求成，急功近利是做不了有些事情的。

六、口述史、图像史和环境史的交叉使用

袁：我看到你们的宣传上有不少老照片，包括刚刚我看到走廊上面也有老照片，柜子里还有影片，现在在我们历史学为新兴分支学科，有口述史、图像史和环境史，也就是通过不同形式的材料来共同证明一个事实。你们收集和宣传滇池老照片的方式有哪些？是如何通过照片收集形成一个图像的资料进行宣传的？

何：我们这边主要是联合了昆明市摄影家协会，通过摄影家协会组织了一次滇池老照片的征集活动，这是很多年前的事情了。只要是家里有的老照片都可以拿出来，因为他们都是喜欢摄影的人，这种信息在他们圈子里传播得比较快。一般如果说广发的话，很多人都不在乎、不在意，也就不了了之了，就过掉了。如果说有摄影家协会做后盾，很多人就觉得好像我爸爸之类的有滇池的老照片我见过，就去投稿，那么滇池管理局就出一部分的稿费，对这些老照片进行评选和收用。这些老照片也是有版权的，因为滇池管理局收用以后，老照片只能用于我们的宣传和治理，不能用于经营和他们非授权以外的活动，如果说要拿去经营或者别用的话，就必须跟本人说清楚，或者说有的人还需要收钱。

袁：那有没有可能这一部分照片我们能从哪里看一下，作为一个图像史料来使用？也就是说，你们这里是否有这些滇池老照片的图像集，可以对外公开吗？

何：我们没有一个专门的影集。我们有的老照片都挂在那个墙上面了，你们如果有需要可以用手机拍一下。因为原片是在他本人手里面，如果说你要收

集的话，只能是找他本人，通过邮箱给你传，那还是挺麻烦的。因为这些照片不是我们滇池管理局的，滇池管理局的照片你随便用都可以，那都是些工程治理上的事情，但是其他老照片就涉及个人的心血问题了。

袁：能不能给我们推荐一下您知道的，已经退休的，在不打扰工作的前提下可以跟我们多聊一会的老前辈，我们去采访一下，做几个深入访谈？

何：访谈老前辈是可以的，但我们需要跟处长申请之后才能给你们推荐。我给你们推荐滇池治理保护研究会，那里有很多我们退休的员工。此外，你们可以去访问昆明滇池研究会，这个研究会里面就有很多老前辈。老前辈这块，很多老人身体不太好，可能记忆方面也不太清晰了，现在也不会使用微信、电脑之类的，所以，联系也不太方便。我们这边给你们推荐的话，需要问问处长的意见才行。

七、滇池流域的环境治理和保护宣传活动

唐：关于滇池治理和保护的宣传，你们开展了哪些工作？刚才您提到年底会有专门的宣传月活动，那你们主要宣传的内容是什么呢？宣传的对象是哪些群体？

何：我们有一个滇池公众号，大家可以报名成为滇池志愿者，一般是组织市民一日游，让市民参观滇池保护和治理的活动。关于参观人员，主要是在滇池公众号推送活动，在报名的志愿者中直接随机地选取一部分人。例如，参观活动是去比较远一点、比较险峻的、比较危险的地方，那就选年轻体壮一点的；如果说不危险，就选年龄大一点的，不管是老人、小孩，我们都会有。当然做这个活动政府是不能直接参与的，我们大多和电视台或者是报社合作，如与昆明市的媒体合作签一个合同，由他们那边来负责，召集多少人，带他们去看滇池的界桩，把界桩上字不清晰的涂清晰了，因为这些也是日常工作。带领公众参观污水处理厂也是我们的日常工作，请他们去参观就是为了让公众了解政府为滇池保护做了什么，去看看滇池管理局到底在做什么。

袁：那近期有没有这样的活动呀？我们团队可以参加一下。

何：近期还没有，现在是在创文，所以说这些活动全部停下来了，只有等创文结束后我们才有机会再启动。不过创文结束后有可能大家都很精疲力尽了，就不一定会启动，也有很多像你们这种大学的团队，我们也很希望你们加入滇池的治理中，看情况来，目前不敢答应你们，因为它是一个大型的活动，每个周末都要搞的话，就需要大量的人力和物力。

唐：那你们这边周末或者是宣传月之类的活动，还有没有别的活动，比如

说进社区？这有这些宣传手册你们是以什么样的方式发送呢？

何：会，进社区宣传也在做。我们有一个滇池阳光艺术团，这个艺术团是以前昆明市工会主席杨丽组织带领开展的，社员就是一些退休人员，以歌舞的形式进行走街串巷的演出。每年滇池管理局都要求他们在每一个县区要有多少场的演出，有限制地安排。为什么要这样呢？很多最容易接近滇池也就是最容易污染的就是村庄，因为村庄的排水系统是很早以前就存在的，它是很简单粗暴地往沟里排污水，不像现在正常的楼房有正常的下水道，都要排到污水处理厂，所以只能对他们进行宣传要保护滇池，但宣传保护滇池不可能说直接冲到村子里面就说让人家读宣传手册，只能是通过这种歌舞的形式进行科普、宣传，在科普的时候我们有很多这种蓝色的环保袋，老大爷和老大妈特别喜欢，因为可以买菜用，我们提着几大包去十分钟不到就发完几百个，每个袋子里面就装一个小册子。不过我们也很无奈，他们一般拿着袋子看看里面的东西，拿出来就丢了。这些东西还是我说的不能急功近利，在潜移默化中慢慢地来、慢慢地灌输，相信滇池会越来越好，因为基础打得好就不怕以后的大风大浪。因为不少简单的表面工作，不是简单地把水换掉就好了，是要让以后再污染滇池都有难度。

唐：那你们的这种宣传活动力度是平均分配，还是某些片区你们会着重宣传？

何：临近滇池的片区会着重宣传，包括晋宁海口还有周边的西山和官渡区域宣传力度是很大的。五华盘龙这些地方要稍微轻一点，但是也不是说不管，只是说稍微少一点点。总的来说，我们宣传主要是针对老人还有小孩，我们也在一些学校进行知识问答、有奖竞猜等，尽量让小朋友从小时候就有保护滇池的意识，因为现在大人的自主思维很强，你不可能去支配他，所以说只能是通过小孩去影响他。小孩会说这个东西不能扔滇池，老师说了这是不对的，这样的话，他也会觉得说的是对的，我们还是应该遵守，能达到这种效果我们就很满意了。如果你直接去和大人说，他就会说别人也在乱丢你怎么不管，非要管我。

八、滇池流域"城中村"老大难问题

唐：还想问您一个问题，因为之前我们也去过五华区滇池管理局，他们说现在滇池治理有一个很大的问题就是城中村，河流流过村子导致治理起来难度很大。我们想了解关于城中村你们现在有没有一些治理方法、有没有想过未来如何改进。

何：城中村也是一个老大难问题，就像我之前说的不让一滴污水流进滇池就难度很大。城中村的排水设施很差，但是又不可能说把它全部拆掉，全拆掉这是多少钱呀，我们非常想拆，拆了后把它建成楼房，这样的话排水就好了，直接可以排到污水处理厂去，但是城中村一动可以说就是上亿的钱，因为很多人的赔款按照国家标准是很多的，有些房子的占地面积是很大的，所以我们的阳光艺术团会深入走街串巷而不是在人的密集区，如南屏街、世纪城等，因为这些地方的人就算不注意保护，他们造成的危害也不会太大，这些地方的污水是集中搜集的，但城中村这些地方就是难点，因为拆不掉，又不可能现建一套排水设施，没有这样的条件，房子已经摆在这儿了，不可能说挖个壕沟排水，已经没有这个条件了，所以只能不停地给他们宣传不要乱丢、不要乱倒水。

袁：您看城中村问题已经是遗留下来的很难治理的情况，那现在新建的村子或者安置房地区的新区还有没有出现排污设施不达标的情况？

何：没有，因为现在城中村都是标准建设，当然离城比较远的地方还是自己盖。现在昆明周边的这些村子土地的审批都是很严格的，没有出现新的城中村，就算是有也是标准化建设，就是我们说的回迁房，那些回迁房都是一栋一栋的，全部是标准化建设。因为现在农民的房子也被占了，拆了以后就占了，那就全部都需要钱或者是回迁。

袁：我想问一下，城中村我们还是偶尔能看见，现在还有哪块因为资金问题或者别的问题还没有拆迁处理或者没有解决好，情况比较严重的？

何：这个就不太清楚了，因为这个都是由区上负责的，每个区的城中村是由每个区在负责，我们这边不太掌握这种情况，都是区政府在负责它们的拆迁进度还有计划，我们这边就只负责滇池的治理和管护，和滇池有间接关系的东西我们就很不清楚很不了解了。

九、多部门合作提高绿化建设水平

唐：还有一个情况就是我们之前去过绿化那边，他们说流域旁边的绿化有一部分是由绿化部门做，有一部分是由滇池管理局做。您能不能跟我们说一下哪些我们看到的是属于你们做的吗？

何：这个的话，我们作为滇池管理局，细节方面的东西就不是很清楚了。绿化有一部分是由滇池管理局负责，如五华区滇池管理局、盘龙区滇池管理局，但是只是水务和滇池管理局合作，即两个牌子一个班子。具体的区域安排情况要到区政府去了解。关于绿化植被这一块，我们滇池管理局这边主要负责的是滇池流域的湿地绿化植物，但是目前的湿地也是承包出去的，每个区都做，如晋宁的湿地是由晋宁管，呈贡的湿地是由呈贡管。然后这边的绿化会叫一些绿化员去打捞，打捞水藻也好，打捞垃圾也好，这个就算是滇池治理的绿化，而不是一些实际的种植。

袁：其实她的意思应该就是在设计种植的时候有没有强制性的要求，比如说哪些物种，耗水量大一点的有没有规定说不让种？

何：这个情况我就不太了解了，因为绿化这一块对于滇池管理局来说已经是很边缘化的一个工作了。园林绿化局可能在这一块会更注意一些，而且他们发了一个文件，说不让种植什么，我们滇池管理局这边也不掌握，文件一般是发到县区去，由县区再发给绿化管理或者是发给县区滇池管理局，由他们来了解和执行。

十、滇池保护与治理的资金由政府主导，多渠道融资困难

徐：刚才一直谈到资金问题，滇池污染治理是一个长期性的问题，它的治理必须依赖经济支撑，如果一直依靠政府财政拨款，巨额的财政负担肯定会延迟或者滞缓这个治理过程。那么咱们有没有采取一些办法去扩展融资渠道，如宣传筹集一些社会资金？

何：有，像我们这个办公室就有云南滇池保护治理基金会，这个基金会成立的目的就是向民间融资，然后由民间资本进行一些治理上面的投资。举一个最简单的例子，就是刚才看到的《滇池志》，那部书编纂和印刷就是基金会出的钱，由基金会来运转。至于说是基金会运作情况的话现在不是很乐观，因为在社会资金筹集的过程中有很多困难。基金会的资金主要来源于一些企业的资助和赞助。如果说纯粹地募集资金的话，我们也有，但那只是两三千块钱，说难听点连工资都不够发，而且一年才一次，就是说我们要主动出去募集。当然我们也接受社会捐赠，而且出去募集资金是我们联合《春城晚报》搞的滇池放鱼活动，你们应该知道《春城晚报》也在报纸上写过。放鱼活动，就是希望来放鱼的市民也能主动地捐一些，但一天下来的话差不多也就是一两千块钱。

袁：那一年下来资金的数额有没有上涨？最近几年来金额有没有大幅度的波动？一年一次举办的这个募捐活动总的金额是多少？这样的活动一般是在一年当中什么时候举行呀？还是说是不定期的？

何：没有，因为我们举办这个活动的话只是一种公益、一种宣传推动，你说那一两千块钱对滇池治理能起到什么作用，基本上可以说是忽略不计，滇池治理国家是投入了上百亿的钱的，所以这一两千块钱是不算什么的。我们的经

费是由财务在管，最多的一次我记得应该是四千多块。一般是在年底举行，如果说快点的话是 10 月，晚点的话就是 11 月。

徐：就是说平常没有一些企业名人来捐款之类的吗？

何：没有，滇池治理还是以政府为主导。滇池保护治理基金会只能说其实是一种有益补充吧，意思就是我们也在做，但是我们不主推，因为它涉及大额资金的使用，大额资金的使用是要受监督的，我们的目的是想让市民自发地来保护滇池，不是说我们要靠这个钱来治理滇池。这是一个宣传的意思，大家来放个鱼高兴一下，这些鱼主要是吃蓝藻的花鲢鱼和白鲢鱼。其实这些鱼我们不搞活动的时候都会放很多进去的，只是说我们放这个鱼借此机会搞个活动，大家也挺喜欢这样的。

徐：那这样的活动宣传力度大吗？如云南卫视之类的有没有推广？

何：都有，在电视上新闻上都有。就是说宣传力度是很大，但是成效不是很好。因为你也知道老百姓喜欢看的都是一些花边新闻，像云南新闻、昆明新闻这些正式新闻一般很少有人看，如果说搞了一个滇池的活动，只有我们在监控，实际上有多少人在观看我们并不知道，感觉效果不是特别好。

袁：我看你们在公众号上推的也是挺好的。

何：对，因为我们也是考虑到微信看的人会比较多，我们微博也是在更新的，这些新媒体的话要与时俱进。其实我们滇池管理局在整个市政府当中，新媒体做得应该是比较超前的，做得也是比较好的。很多部门网址都不去更新，我们这边每天都是专人在负责更新。

袁：你们这个工作室总共有几个人呀？

何：现在是三个人。他们每天在网上查舆情，看有没有关于滇池不好的报道，就是说有没有哪家媒体突然报道说滇池水质恶化或者说拍个照片看滇池的水怎么样，都是由他们在观察。就是舆情的应对，还有对媒体报纸对滇池的一些正面报道进行搜集，每年到年底的时候我们还要进行报纸裁剪，对我们的一些报道都要搜集起来存档，这些都是我们宣传工作的内容。

十一、滇池流域近期水生生物恢复状况良好

杨：这两年滇池治理得比较好，它的水生动物恢复得怎么样？

何：你要说的这个生态的恢复，我也不能给你明确的答复，这个也是在生态研究所那边，我们这边只是说掌握一下滇池治理的大体情况。据我所知，滇池现在水鸟已经回来了，包括一些原生鸟类。前段时间报纸上还报道了彩鹮的事件，彩鹮是生态环境特别好的时候才会有的，多少年都没有出现过了，现在

回来了，从侧面也可以说明滇池的水质和滇池周边的绿化已经恢复得很好了。

袁：这样的资料详细的名单你们这边有没有呀？

何：名单我们没有，因为我们这边只掌握滇池治理的大方向，你说的这个已经很细了，应该是在生态研究所才有。其实生态这方面的东西只能说是滇池治理的一个风向标，不是滇池治理的内容。鸟类的话，有一个昆明鸟协，在这方面的资料他们会更多，我们只能说是通过这些候鸟或者水鸟的出现来判断滇池的环境情况。

杨：滇池还有湿地这些你们有没有划区保护动物呢？

何：没有，只是设立了相关的法规，如果说对这些野生的鸟类进行捕杀的话是触犯刑法的。没有专门的野生动物场地，整个滇池周边都是野生水鸟的栖息地。我们也不能说是它不想住这里硬要把它圈在这里，我们把整个保护起来，那不是变成整个滇池周边都是保护区了吗？不同的鸟住在不同的地方，只是说我们不对外宣扬鸟的住所和活动场地，鸟协知道水鸟之类的在什么地方，但是我们不对外宣传，因为如果宣传的话，担心有人去捉它们。

十二、滇池保护治理的资金使用情况

张：刚刚也提到了资金来源，我们还想知道资金的投入使用情况。

何：资金使用情况还是要询问昆明滇池投资有限责任公司，因为滇池治理的全部工程由昆明滇池投资有限责任公司负责，每个项目投入了多少钱、计划投多少、实投多少，这些主要都是他们那边负责。我们滇池管理局不负责资金投入，我们就负责滇池的治理，如保洁。河道需要达到什么效果，需要挖一个沟渠就是叫昆明滇池投资有限责任公司来挖。滇池管理局这边涉及的资金其实就是政府拨款，政府拨款主要就是针对滇池管理局的工资、日常的一些开销，大额的资金、项目治理的资金都是在昆明滇池投资有限责任公司那边。

张：那你们这边负责打捞的人员投入大概有多少？

何：他们的工资由县区上发放，人也是由县区上去招收。比如说我们官渡区需要招多少保洁员、需要发多少工资，从滇池治理的那块拨款出来，这些都是财务上的细节，我们这边都不掌握。

袁：那就是大概多少人是不清楚的？那每个片区至少需要招多少保洁员有限制吗？

何：对，不清楚。因为每个片区招保洁员的数量不一样，而且有变动，没有必要说招个保洁员还要报上来看一下。每个社区需要多少个保洁员没有数量要求，也就是说，只要拨款给你做滇池管理的钱够，你招多少都可以。

张：关于违建违法，你们会有罚款，那涉及罚款的居民比例还会高吗？比如说你们一天能有多少罚款？那最近有被罚款的这种企业吗？

何：罚款这一块其实主要不是针对个人，而是企业。就是说一个企业、一个公司，小到一个餐馆，大到一个集团，它在这个地方设立的工程也好、饭馆也好，它的这些污水脏水不按规定处理后进行排放，被查到以后就要被罚款，罚款由执法总队来执行，执法总队执行以后也是交到云南财政里面，就像交警罚款一样。最近应该都有的。官网上有公布典型案例，哪家企业因为什么罚了多少钱都有的。这些罚款也都会用于滇池治理。

袁：我想问一下，这些罚款近几年来有没有从多到少的变化？

何：据我们了解没有什么变化，而且可能还有点多。刚才我也说了因为昆明人口的增长，它一增长的话做生意的人也会更多，出去查的话几乎都能查到，就好比违章停车一样，车子越多交警罚款也越多。虽然也在大力地宣传，但是经济利益驱使，搞那些东西是需要花钱的，得过且过能逃就逃，这也是滇池治理的一个难题。

第三节　滇池生态治理和建设之路任重道远①

一、滇池生态治理的特殊性和成就

曹：韩老师，您好！非常感谢您今天能在百忙之中接受我们的采访，让我们有机会跟您学习。是这样的，我们今天来采访主要是两个项目的需要，一个是我们这边云南大学西南环境史研究所承担的"生态文明建设的云南模式研究"，以及我南开大学的导师所承担的环境保护部当代中国环境保护史编撰以及资料整理研究项目，都拟将滇池作为个案放到资料整理的项目中，希望通过口述采访和文献相结合的形式，总结出滇池在污染治理和保护等方面的可推广的经验模式。特此，希望听听您的意见以及围绕着滇池你们的工作开展情况。

韩：滇池这个案例有点儿特殊。特殊有两点：第一，它是高原湖泊，和

---

① 受访人：韩亚平，男，52 岁，昆明市滇池高原湖泊研究院副院长，正高级工程师。"国家重大水利专项滇池项目'十二五'实施方案"编制工作领导小组办公室成员；云南省湿地保护发展协会专家委员会专家。从事滇池治理保护科研工作 30 年，承担国家、省市科研课题 40 多项，曾获云南省科技进步奖 2 次，获得昆明市科技进步奖 4 次，拥有 4 项国家发明专利，在国内外公开发表科研论文近 20 篇。主访人：曹津永、袁晓仙。协访人：徐艳波、米善军、唐红梅、张娜。整理者：袁晓仙、曹津永。地点：昆明滇池国家旅游度假区湖滨路 3 号滇池高原湖泊研究院会议室。

平原湖泊肯定是不一样的，它的成因，包括整个湖泊的水质和来水或者排水这些方面完全跟其他湖泊不一样。滇池是高原断陷宽浅型湖泊，平均深浅5.4米，天然水源量少，大约年均157毫米的降水量难以疏散不断增量的入湖污染量，排水出口极少，一条自然排水口螳螂江入普渡河，另一条是1994年开建，1997年投入使用的人工排水工程西园隧道，所以，滇池本身的自净功能差。从水污染来说，它既有共性也有个性，这个是不一样的。第二，滇池是高原湖泊的封闭性流域，滇池流域经过城市和农村，工农业造成的水污染严重，和其他的，如巢湖等更开放的湖泊来说，它也不一样，更何况它绝大部分水都经过城市。因而，一是水少，二是水污染，这样就造成滇池受到两个压力。滇池周边流域的入湖河流、湖泊天然的特殊性、城市农村的集中性等问题在一定程度上表明，滇池的环境变迁和生态治理与其他湖泊既有共性，也有其独特的个性，因此国家着重治理三湖，重点是太湖，难点是滇池。所以把滇池作为一个案例的构想我持支持态度，但此次把滇池写到志里，需要把滇池的特点充分展示出来，将其作为高原湖泊治理的案例进行深入研究和探讨。

目前为止滇池的治理效果显著。20世纪七八十年代以来，滇池的水质经历了从好到差再转好的过程，水质变差是城市的发展等造成湖泊富营养化。现如今，水质又由差逐步好转，其继续变好的大趋势是不会变的。滇池是高原宽浅型湖泊，这和其他高原湖泊不一样，平均水深大概5.4米，而且是断裂型湖泊，和长江等流域的湖泊相比，则是非常浅又很宽。整个湖泊的生态系统，以及对水体的作用等和其他湖泊是不一样的，但是它又和其他湖泊一样，也是由于城市的发展、农药的污染、水土流失等造成的水体富营养化。

现在正在编辑《滇池志》，目前的初稿已经形成，建议你们可以从环保厅开具介绍信，我可以帮忙介绍你们进编辑组。《滇池志》里面的内容虽然不是涵盖你们研究所需要的一切，但有些信息可以作为参考学习了解，这对《环保志》或者《滇池志》都是公平的。前提是你必须有介绍信，因为这也是知识产权，我本人也是编辑组成员。

我们这个单位成立的时间短，我们主要是做滇池的湿地、水生生物、蓝藻等方面的研究，在整个滇池治理工程中应该说只占其中非常小的一部分，所以我可以介绍你们到滇池管理局，他们可以为你们提供一些帮助。我们这里是以生态作为主要研究方向，对滇池来说谈不上有很深的认识。实际上，我们二十年所做的工作远远不止在滇池，问题出现在湖泊，但是根源在岸上，也就是说，滇池承担了岸上问题的后果，因此采取了一系列的措施，包括截流治污、六大工程等，我们只关注其中的一块。

曹：哦，是这样，韩老师，滇池管理局我们之前也去过一次，还请您指示有哪些可重点关注的新问题。

韩：去宣传教育处，他们成立时间比我们还长，他们搜集掌握的信息和材料都很多，我这里还很少。我可以给你们介绍一个热心人——《滇池志》的主要负责人李国春老师，滇池不可能占你们的很多内容，主要是湖泊，湖泊中的水。有《滇池志》的支撑，我认为绝对没有问题。其他工程可以从滇池管理局那儿得到消息，如生态这块儿，想进一步了解的话，我们可以交流。

曹：哦，我大概明白您的意思了，我们单位的介绍信或者函行吗？

韩：这个可以，来路要正，或者我待会儿给你一个电话，你跟他们对接。

二、韩所长提出当代人的口述访谈资料作为志的内容可能不太合适

曹：针对你们工作中的生态方面，您给我们讲讲？如滇池生态的保护和变迁等。当前由于发展观和国家政策方面等影响，编志和以前的不一样，或者有些创新吧，需要一些访谈和口述的资料，环境保护部对当代环境史料的搜集整理也在计划将一些长期从事环保事业的老前辈的口述和访谈资料收纳进去。因此，滇池的生态可能除了那些数据之外，还有些像您这样的一些老前辈和长期从事滇池环境保护事业的老师或者老干部的访谈。滇池有两个脉络，一个是污染，一个是治理。梳理清楚脉络之后，将你们访谈的一些重要和关键的信息整合为一个有机的结合体。访谈对象包括三个部分，一是自己或者项目组的研究团队和机构；二是像你们这种学者型、研究型等对生态的专业研究视角的人员；三是对滇池关系密切的有直观了解的老百姓。

韩：严格上来说，这已经不是"志"，个人认为将当代人的感受和体验放在环保志里边不妥。志，是事实地记录这个历程，当事人是不应该参与志的编写的。修志肯定是后人修前人的志，找当时的文字记载等。我在参与编撰《滇池志》的时候也表明了这个态度，我认为不妥。因为功过由后人来评说，那我们这块儿，无论是谈老百姓的认识，还是学者或干部对这方面的了解和认知，只能是个人的传说。

三、滇池目前重在岸上工程性治理，湖泊生态系统恢复还任重道远

韩：从生态学这个角度来说，滇池治理首先是考虑水环境的问题。如果从

长远出发这是生态系统的问题，但是眼前我们只能解决"肿瘤"或者"发烧"的问题，也就是说，它必须要有工程的手段去抵御人口的增加、工农业生产的快速发展对滇池造成的负面污染压力。在现在的情况下，使整个生态系统得到好转这是不可能的，面对的污染压力还没解决。今年 7 月 20 日监测的雨量是157 毫米，极少的降雨很难将过去 20 多年我们所有积淀下来的污染源带走，在这样的情况下，它发挥的作用很小。同时，强降雨使大量的污染物进入湖里，对湖泊的生态系统造成了极大的污染。因此，过去我们所做的工作只是水控。外流域引水，使得水资源状况发生了很大改善。各种各样的污水处理厂、河道、环湖截污，这些措施都是围绕对水环境的改善进行的。

水生态这方面，严格意义来说，我们过去几年所做的只是保护湖生态。退耕进行湿地生态建设，在岸上为良好生态系统的构建创造条件。所以把滇池作为一个成功的案例来说为时尚早，我们所面临的压力还非常巨大。水环境的改善和污染物的控制是我们目前的工作。良性的湖泊生态系统的构建是我们的终极目标。一个湖泊的结构和功能完善的话，水清是必然的，但现在水不清，距离我们的终极目标还很远。

在历史上，人不断地接近滇池，滇池的湖面不断缩小，但是过去十年经过生态系统的构建，实际上第一次实现了湖进人退。这是历史性的转折，湖泊不断地扩大。我认为生态治理不能作为滇池治理的有效案例，更多的是水环境的改善。就滇池这块儿有个很重要的节点，就是对滇池生态环境进行的保护规划项目。这个项目是由环保部前部长牵头做的。我觉得他对这个事情有更深的认识，这个项目不仅是生态，既包括环湖截污，又包括环湖生态。截污包括河道截污和末端截污，将污染控制体系放在第一位。因此更多的信息可以找他进行访谈。然后是清华大学的环境系主任，清华大学一直在关注滇池，从 2002 年开始，滇池治理的项目规划他们都有参与和合作，这块你们也可以重点关注。

四、生态文明重在人的文明，解决滇池问题必须先解决城市文明的问题

曹：滇池生态建设的基本情况、问题，以及您对此的理解和看法是什么呢？

韩：我个人认为你们了解有偏差，什么叫生态文明？

曹：从整体上讲，生态文明是国家从上到下提出的一种新的文明形态，以生态和可持续的基本要求进行发展。我们对生态文明的理解，归结一点就是人在生态系统里边，怎么样能够以一种文明的观念、可持续发展的观念和行为更好地生存和发展下去，它包括经济、社会、文化和技术等各方面。

韩：我对生态文明的理解是，文明是核心词语，其落脚点必须是文明。文明是生产力的发展、生产方式的改变、整个社会文明程度的提升，这叫文明，跟野蛮是相反的。这个生态是可持续发展，并不是什么花花草草。例如，城市的生态文明是指整个城市的，无论布局也好还是整个发展的国内生产总值也好，是对环境影响最小的可持续发展，这样的文明方式才叫生态文明。另外，正如你说的，确实不能说人与生态没有关系，滇池对城市很重要，重要到它可以影响到城市的气候，尤其在高原地区，含氧不足，滇池可以提高湿度，使温度变化更小，氧的含量更多，还有山水之间最美的风景，但滇池的污染实际上是城市的这种无度的不文明或者不生态的文明所产生的结果，也就是说，它只是一面镜子，说明我们前边的文明是不生态的，因此解决生态文明，解决的不是滇池而是城市。只有解决城市问题，滇池的生态才能好转，但是如果把滇池作为生态文明的重要内容，它只是一面镜子一个结果，可以反映城市的生产生活是不是文明，是否基于环境的容量进行的可持续发展，而不是以牺牲环境、污染水体这样的代价来促进社会经济的发展和文明程度的提升。

五、水生生物和湿地恢复必须最大限度减少人为干预

袁：您的观点让我们受益匪浅，您刚刚提到滇池目前的污染治理工程主要是在岸上，而水中作业还停留在研究阶段。随着水质的显著改善，滇池的一些水生生物开始逐渐恢复，如土著鱼类还有植物的恢复状况。这种显现在很大程度上反映了我们治理的成效，说明不管是在湖边的治理还是在岸上的治理，水生生物的恢复是一个重要的指标。因此，能否给我们详细介绍一下滇池水生生物具体的恢复状况？如动植物和入侵鱼类控制这方面比较详细的状况？

韩：以滇池为背景谈论整个流域的水生生物恢复状况，很难，以个人学识真说不好。它包括水里边低等的细菌、真菌等，这是眼睛看不见的，浮游植物、浮游动物等，中层生物、底层生物、鱼类鸟类等，那么大的生态系统，让我详细阐述的话，还真有点吃力。确实，随着湖边的"四退三还"，退田、退塘、退人和退房，塘是用于生产的，田是耕作的，人是污染的，房屋等是湖滨不生态的情况，这些退出来就是减少人对自然的干预，这就使得滇池作为自然湖泊属性得到恢复，这是个大前提。以前是污染的现在变成至少不污染，这是反差。因此，滇池流域的水生生物确实出现恢复的现象。然而，人类的生产是以破坏生物多样性为前提的。例如，要使蔬菜生长就得使用大量的化肥、农药，使单位面积有更大的收获，但大量使用农药和化肥，一方面使生物多样性受到损害；

另一方面使我们的水、土壤甚至是食品安全变得越来越不生态。例如，土壤和农产品中的农药残留量，不仅影响生物甚至影响到人的生存。

六、外来物种的生态适应性引种有利于生态建设

韩："四退三还"是湖滨生态恢复的基础，为生物多样性的恢复提供条件。我强调在湿地建设中需遵循三个原则：自然生态最大化、人工干预最小化、管护投入简约化。遵循自然规则，这是生态的做法。

第一，在恢复建设的过程中注重本土动植物的恢复。对于外来物种方面，至少在管理办法上是有规定的。例如，滇池边种有大量的中山杉，这个严格意义上来说是一个外来物种，云南作为"植物王国""动物王国"，根本没有必要引入外来物种，但现在的情况是我们的本土物种因为污染出现了濒危甚至灭绝。现在造成的污染状况是对本土物种的大规模的灭绝，使本土物种不适应本地的环境。在这种情况下，非要恢复本土物种是没有道理的。因为恢复最后的结果可能是事倍功半。那就要依据现在的污染状况、水文条件和土壤污染状况，加上适当的人工干预，使适于目前生态环境状况的生物在生态和环保的前提下发展下去。不能说历史上没有就必须用以前的。为什么呢？因为环境变了。变了的环境还用历史的问题来看待它，我以为是没必要的。

第二，外来物种的引种必须经过长期严谨的科学研究和反复试验。例如，中山杉这个物种我们研究试验了8年，研究该物种对土地的适应和影响、对水体的净化能力，以及它一天内对光和水分的利用率，包括叶子的掉落对土壤的影响、对当地物种的友好程度及本身具有的经济价值等。最后证明它在滇池流域的适应性比在原来的生活环境还要好。另外，它投入低，效益逐渐增加，管护费用相对来说低。同时，它的种子不能自行繁殖，种一棵是一棵，证明它的物种安全性是得到许可的。对于外来物种，我们是非常慎重的。中山杉甚至能在水里生存，这个树还可以活一百年，一千年。我们认为这样的方式是对的。之后干部和百姓也逐渐认可它，中山杉被认为是绿化最明显、效果最佳的植物。

对于已经恢复的湿地，还要不断地完善，充分发挥它应有的生态效应、环境和景观功能。滇池被评为最美湿地，对于河道的治理逐渐发挥作用，对于这些不干预不干涉，使它作为自然存在，物竞天择，不去干预它，才能更好地维护土著生物。我们所能做的就是利用自身所掌握的知识，以尊重自然的方式去治理湖泊。然后通过检验，证明它是不是有效，在自然面前我们每个人的生命都是有限的，微不足道，但是我们必须持一个很慎重地对子孙后代负责的态度。

七、多元化需求使得科研规划与生态实践往往存在一定差距

袁：科学引种和控制外来物种确实很重要，除了进化方面的生态性条件外，在外来物种和本地物种的种类搭配方面有没有严格的比例管控？

韩：这个问题实际是被我隐藏了，又被你揪出来了。我们所是滇池管理局下边的一个所，是市级的一个所，按理说它至少要具备三个功能：一是为政府提出滇池治理的政策做科技支撑，我们不负所学，能够作为政府决策的一部分，在滇池治理中起了一定作用；二是必须对滇池各个生态位进行基础性生态生物研究；三是必须对滇池治理做出很好的舆论导向作用。这三块对于我们来说负担很大。富营养湖泊治理是一个世界性难题，不同的时期、不同的季节、不同的人对这件事情的认识不同，所以任何一个国家面对富营养化都是一筹莫展，到现在都没有完全可借鉴的东西。因此，必须要建在强大的基础研究上。我们作为市级研究所来说，对这个事物变化的发展认识很粗浅，我们所拥有的研究设备和技术很单薄，更何况我们机构成立才十几年，和国内很好的研究所相比完全是小儿科。

为政府决策提供参考方面，尽管这几年我们为政府的决策发挥了参谋和助手的作用，但总的来说这个作用很小，很多政策出台也未按照我们的指导进行落实。我们很骄傲地说，"四退三还"就是我们最早提出来的，中山杉也是我们研究后告诉领导再进行实施的。蓝藻的处理处置，还有土著生物等，也是我们提出的，能够作为政府决策的一个部分。我们是一个平台，来自国内的、国外的、省内省外的各种各样的研究团体都可以在此研究和进行技术推广。我们为滇池所做的大致就是向领导提供技术导则和办法。

就湿地来说，一是生态期的管护办法，二是湿地生态建设的推荐植物名录，是研究所牵头来做的，三是现在进行的环滇池湿地的生态湿地管护办法。这些都是由我们研究所来负责的，如果我们不做让别人做，会对不起我们的职务，这些基本上是被大家所认可的。至于具体的建设实践，因为我们是研究所，没有能力去左右，我们只进行技术审查。此前更多的涉及水环境的问题，更多的工作是由环保部门在做，研究所成立以后更多的是做研究工作。监测与研究不是一回事，研究是针对某一时段的具体问题进行研究，监测则是形成完整的体系、指标、遵行的标准，最后上报。相关的研究也是基于2004年以后的研究，如鱼类、鸟类、藻类、湿地等。

曹：滇池生态研究所在滇池生态治理方面所取得的突出成就或者资料有哪些？生态保护方面遇到的问题有哪些？下一步该如何做？

韩：过去的东西已经成为历史，资料这一块，要收集只能到政府部门，去滇池管理局。因为我们对政府的政策只提供建议，没有太多资料。未来的东西有很强的不确定性，我们这里只是作为一个平台。例如，中国科学院、清华大学、复旦大学、同济大学等在这里做了很多工作，他们比我们有发言权，所以严格意义上说过去政府已经实施了，未来还不确定。

袁：您认为滇池的生态治理从 20 世纪 70 年代以来到现在重要的转变点或节点是什么事件？有何意义？

韩：水质监测都是由环保部门来做，我们所成立以后更多的是研究工作。监测和研究不是一回事。研究就比较局限于某个时间点某个问题的研究，监测就要形成一个完整的体系指标，所以这个标准和结果要上报，这是个系统。我们没这个系统，相关的研究只是基于 2004 年以后的研究。对于藻类、鱼类等要在短短的十几年里出现一个敏感的节点还不好说。2003 年以前这些东西都在环保部门。各项监测所执行的标准不一样，还真不好用一把尺子来衡量。国家对于这么重要的东西重视程度不够。我们对于这些东西每个时期和每个时期的认识还不一样。

总体来说，我觉得明确湿地的生态功能定位，这样才能更好地发挥湿地作用。现在针对湿地建设这方面的工作，至少有三个部门在关注，即林业部门、环保部门和城建部门，它们的出发点都不一样。林业部门强调湿地就是要生物多样性，就是要保育；环保部门就是净化水环境；城建部门认为要对外开放。所以不能说对错，严格意义上说任何湿地都可以找出它的不足。

八、尽可能避免"早上栽树、晚上乘凉"的急功近利的绿化模式

袁：绿化污染和绿化成本问题，不管是生态清淤还是滇东引水等，可以说，政府都投入了大量的资金和人力，滇池治理靠人工投入高成本维护，但是生态恢复不是很明显，您是怎么看待这个问题的？

韩：这个不仅是我们的问题，也是世界的问题。其实，我们这个生态系统本身能决定该种什么，而不是我们人类自己要种什么，种出来的东西不一定是对的。2016 年昆明市持续低温，使得多年种的榕树等绿化树百分之八十都被冻死了。可以说，二十年栽树毁于一旦。

实际上，老话说的"一方水土养一方人"，"一方水土也是养一方树的"，这个基本的道理就是说，这个地方该种什么树是由当地的气候、土壤和经度纬度决定的，而不是人为决定的。过多的人为干预是不科学的，也是不对的，生态系统是自然恢复出来的，而不是建出来的。所以说，"早上栽树，晚上乘凉"，

代价巨大，会造成巨大的浪费。我们都知道草本植物最容易成活，灌木、乔木就难一些。手指头粗的植物便宜，大的就很贵，价格很可能相差数十倍百倍，但是十年后相差不多，也就是说，人工干预和自然恢复 20 年后的效果等同，但人工干预的成本可能是自然恢复的一百倍。一个系统中，人工干预和自然恢复在长时段来说效益是一样的，但是现在人工干预太过。一开始就想选择大的树种，造成"绿化"的快速实效，这样一来，沙土要成本，树苗要成本，人力也需要成本。

人工干预绿化的另外一个表现是整齐划一，林业部门种树就是这样，比方说两米或者几米种一棵树，有固定的间隔，种出来的树整齐划一，好看吗？如滇池周围、捞鱼河周边的树未来十棵有一棵就足够了，那个树可以长几百年甚至几千年，直径能达到几米左右，但现在就是为了短时成效，种了好多树。大树成本太高，小树成本低但是必须等十几年。问题是我们的人等不得啊。所以，生态文明建设不能够急功近利来完成。

九、滇池的生态治理和保护需全民参与

米：您刚刚也提到，滇池污染的根源在岸上，只是问题表现在滇池水中。很多研究滇池的学者也认为，治理滇池首先要解决的是人的问题，对于滇池治理不是治理问题而是上升到人性问题，您是怎么看的？

韩：是的，因为从治理的历程来看我们最早认为这是环保部门的事，到后来发现环保部门做不了就变成了政府的事，再发现只靠政府有问题，实际上真正的治理需要全民参与。我们以前认为污染是水环境的问题，但后来发现不全是，它还包括水资源。还有单纯的工程治污，污水处理厂的污水达到一节一标，但是水排到自然湖泊里边，恰巧是最大的污染源。实际上是对生态系统最大的破坏，因为处理过的水毕竟是投入使用了大量的化学药剂，这与天然的水是有差异的，哪怕是经过处理，水的颜色、味道等物理、生物和化学属性已经发生了变化，没有完全净化，所以我们需要它进入湿地再进行自然净化，但也难以保证完全净化，所以，这样处理过的水再排入湖泊里对湖泊也是极大的污染。因此，治水历程是一个不断深入的过程，科学也在不断地进步。牛栏江引水，引过来的水里面的生物也是非本地的，到这里会不会造成影响？这样常年从牛栏江引水过来，很有可能几年之后滇池就变成牛栏江池了。因此，这也是很严重的问题。部门先行动，再由政府行动带动全民行动。

第五章　环境口述史的理论探讨

随着史学研究的深入及跨学科研究的发展,新型交叉学科也蓬勃发展起来,史料的内涵、外延与范畴不断扩大。环境史尤其现当代环境变迁、环境修复与治理等领域研究的展开,环境史史料缺失及史料书写意识淡薄的缺陷日渐突出,目前的环境史史料大多局限于"环境保护"资料。21世纪以后,环境变迁日趋剧烈,公众对环境的变迁及感受、记忆也日益强烈,但相关内容却未能进入史料范畴,甚至很多重要的环境事件没有被记录,史料现有的"量"与学术研究的实际需求间存在极大差距——史料的"供求"矛盾突出,"求"远大于"供",这就使环境史史料的"创造"及书写成为新时代环境史史料学暨环境史学科发展的重中之重。尽管环境史学者对环境文献及史料进行了诸多研究[①],对具体史料多偏文献的整理及解读,"文本"史料占了主流,忽略了极有学术价值的口述、音像图片及实物等史料。采用实地调研及口述访谈等方法,采集、创造并书写环境口述史料,无疑是当代环境史史料学的重任,也能为环境史研究提供强有力支撑。因此,挖掘散存在公众记忆和民间、新闻媒体或自媒体、官方或民间环保社团行业里,更贴近真实、更具体形象且多元特点更突出、更丰富的环境史史料,成为新时代环境口述史料搜集、记录及研究的热点问题,但口述资料

---

① 王利华,胡梧挺,朱宇强等:《论题:上古生态环境史研究与传世文献的利用》,《历史教学问题》2007年第5期;钞晓鸿:《文献与环境史研究》,《历史研究》2010年第1期;周琼:《环境史史料学刍论——以民族区域环境史研究为中心》,《西南大学学报》(社会科学版)2014年第6期;周琼:《环境史研究的史料、路径与案例》,《昆明学院学报》2019年第1期;徐波:《材料、取径与呈现——关于环境史史料的几个问题》,《昆明学院学报》2019年第1期;聂选华:《中国环境史文献特点探析》,《保山学院学报》2014年第6期;吴寰:《中国环境史文献的分类问题初探》,《保山学院学报》2014年第6期。徐正蓉:《中国环境史史料研究综述》,《保山学院学报》2014年第6期;李明奎:《近四十年来中国环境史史料研究的回顾与思考》,《鄱阳湖学刊》2017年第4期。

并非史料，资料成为史料，还有很多工作要做，口述史学似乎有意无意地忽视了资料如何书写为史料的问题，环境史学界亦未对口述史料的发掘、创造与书写等问题进行专门探讨。本章对环境口述史料的"创造"与书写路径、原则、方法等问题进行初步探讨，冀望对新兴的、正在发展及转型中的环境史研究及其史料学有所裨益。

一、现当代环境史学发展对史料的新要求

环境史研究及其学科发展，既是历史学自身生存及发展的需求，也是新兴、交叉学科发展的必然。尽管通俗意义上的中国环境史起步较晚[1]，但中国古代环境及生态思想、制度、措施等却在环境史上熠熠生辉——在汗牛充栋的史料中，环境史史料从未缺席。历史学新兴领域及跨界研究的拓展，使很多超越了传统史料范畴但对新学科、新领域发展起到支撑作用的新型史料，成为史学研究的新宠，故新型史料的"创造"及书写，是新兴史学研究领域发展的基础。通过对现当代从事环境工作、关注环境的人士及相关人物的口述访谈，抢救和搜集、保留一批不为人知的珍贵史料，以存史育人、资政经世，亦为环境史学科建设服务。

（一）现当代环境史学对新型史料的需求

在中国环境史研究的转型及路径选择中[2]，环境制度、环境保护措施、环境思想及区域环境变迁史等领域继续受到研究者的关注，新的领域不断涌现。现当代环境变迁路径的复杂性、变迁面向的多样性及变迁结果的不可逆转性，以及因当前生态文明建设的深入而兴起的"生态文明学""生态文明建设史"等新领域备受关注，环境史研究的视域陡然开阔，研究理念及主题开始多元化、丰富化。很多不被传统环境史关注的领域及专有名词如环境管理、环境治理、环境修复、物种引进等进入研究者视域，这些领域及名词所包含的内容，大多在历史上存在并发挥过相应的作用，相关史料虽然零星但踪迹可觅。

历史环境的变迁大多是自然及人为因素影响的结果，人为影响因素主要是工农业及手工业的破坏及其结果，且大部分在生态承载力范围之内，部分超过生态承载力的区域出现了环境灾害，而很多发生环境灾害的地方，官方或民间都有栽种树木、保护环境的意识和行动，也有制定禁止砍伐树木、限时渔猎樵

---

① 周琼：《中国环境史学科名称及起源再探讨——兼论全球环境整体观视野中的边疆环境史研究》，《思想战线》2017 年第 2 期。

② 周琼：《承继与开拓：中国环境史研究向何处去？》，《河北学刊》2019 年第 4 期。

采的制度、措施等，大都有史料可查。档案、实录、起居注、奏章、疏议、律令、正史、典志、谱牒、碑刻、地方志，地下文物、遗迹、遗存实物，以及笔记文集、游记、漫画、书信、回忆录、传记、日记、会议记录、照片、单据、票据、报表、学会年报、报纸杂志等传统文本史料中的环境史史料，尚可支撑相关研究，展现历史环境的特殊面相，总结经验教训并达到资鉴现实之目的。

当前的环境问题及生态危机层出不穷，很多环境概念、理念及现象是历史上不存在的，但在未来环境变迁中必将长期存在，相关学术研究及其领域也必将开展，如生态安全、生态屏障、生物入侵、生物灾害、生态形象、生态红线、生态问责、生态共同体等。传统史料记录的思维定势及方式、惯例，限制了这些资料进入史料的可能性，很多环境及生态变迁的新问题、新侧面等未能进入史料记录者的视野，使相关问题的研究无法进行，显示出了传统环境史史料的内容及覆盖面的狭小，凸显了环境史史料亟待突破、创新的时代需求。

史料是史学存在及发展的灵魂，离开了史料，一切历史研究都将成为无本之木、无源之水，而任何反映历史真实面相的史料，都是慎重选择、严谨考订的结果。环境史学也必然以史料为存在及发展的源泉，环境史新领域研究所需要的史料，就需要当代环境史文献学者去书写和创造。换言之，只有"创造"了新型的环境史史料，才能突破传统环境史史料的局限并推进环境史学科的发展，使环境史学的话语体系具有更强大的生命力。

目前，环境史史料已突破了传统文字史料的范畴，来源及存在形式更为多元，有语音（音频）、图像（照片、图画、漫画）、影像（录像、视频），也有实物如生物和非生物资料、固体和气液体资料等。其来源也极其丰富，有政府部门的文件、法规、公告，或档案、年鉴、专业志书里记录和保存的资料，也有媒体宣传报道、影视资料等，这些官方资料极为严谨、规范，数量却很有限。很多环境及生态的专业人员、摄影摄像爱好者制作的材料，以及文学和艺术作品里的零星环境资料，或民间具有环境意识而主动记录和录制的自媒体资料，环境保护志愿者和保护组织录制和记录的资料等，尽管具有私人或民间性质，其真实性、客观性需要进行严谨考证，但资料的海量存在及增长是不争的事实，为环境史史料的"创造"提供了坚实的基础。

现当代电子信息技术的发展，为各种形式及内容的环境史史料的记录、书写、保存提供了便利。因当代环境变迁更为复杂、后果更为严重，环境信息的量也更庞大，信息传递也更为快捷，各种复杂的环境变迁尤其环境灾害、生态危机的信息能迅速快捷地传播给公众，记载和保存资料的载体也更为丰富、存储量也更为庞大。不仅为史料的"创造"和书写提供了非常有利便捷的条件，也为学术研究奠定了坚实的基础。

（二）环境口述史料"创造"的必要性

"环境""生态"虽是舶来词汇，但体现其内涵和意义的传统史料极为丰富。现当代环境变迁的变迁层域及面向显得复杂多样，史料的形式与种类繁杂多变，很多信息及资料不能马上进入史料行列，田野调查和口述访谈就成为补充环境史史料最有效的方法之一。因此，口述史料的"创造"与书写，是环境史史料学的新任务，也是环境史研究的新需求及其现实服务功能的体现。史料的"创造"绝非易事，如何采集、考证和书写出合格的史料，是环境史史料学面临的难题。

首先，完成海量环境信息的选择及记录是当务之急。当前是信息爆炸的时代，是各种资料海量产生和存储的时代，也是环境变迁速度最快及变迁程度最强烈的时代，生态文明写入党章和宪法以后，生态文明建设的研究在中国广泛开展，各地有关生态环境状况及其变化的信息、生态文明建设进展及成就的报道层出不穷，环境评估、环境分析、环境考核不断规范化、法制化，环境工程及环境修复不断推进，环境数据呈海量速度在增长。很多研究者还没有从观念和思想上接受生态文明的理念与意识，对当前纷繁复杂的环境变迁状况、变迁断面及具体细节没有足够的学术敏感度，学术研究的问题意识尚未被完全激发出来，一时找不到突破口和结合点，致使很多很有价值的环境史信息和资料被闲置，发挥不了对学术研究的支撑作用。如何在海量数据中选择、分辨、记录、书写并准确使用史料，成为现当代环境史研究者最大的难题。

值得重视的是，大数据中的很多环境变迁信息和资料，还处在原初、表象的阶段，有的资料还不确切、不全面或不尽客观，不能达到史学研究需要的"史料"的程度和高度，专业的文献学者对其史料价值处于短暂的"茫然"状态，对其采集、整理、考订、规范、加工的工作滞后，使每天都以海量速度在增长的环境史信息和资料闲置甚至被作为"无效"整理而被抛弃、删除，很多重要的环境事件瞬息万变，如果不及时搜集、记录、整理，很多珍贵信息就会迅速湮没或覆盖，出现环境信息丰富立体多样，但学术研究史料极端匮乏的矛盾现象——资料"存在"与研究"需求"间的失衡现象，这是当代环境史研究依然处于起步和萌芽阶段的原因之一。

当务之急是环境史史料学传统工作路径的转向及创新，即从搜集、整理现成文本史料转向采集、选择、整理、加工粗糙的多样态信息和资料，进行考订、补充后规范、书写为史料，这是在开展专题问题研究前就要完成的工作。环境史史料的采集及书写路径有很多，以口述访谈的方式获取直接、详细的资料，无疑是最重要、便捷的路径，且其成本较小，可操作性强，是绝大部分史料搜集及书写者都能完成的工作。

其次，环境史史料学建立的实践路径及环境史学者的时代责任。环境史史料是环境史学发展的基础，环境史学的科学发展，需要建立在科学、准确的环境史史料学基础上。环境史史料学的良性建构及发展，是环境史学科及发展的首要任务。环境史史料学要发展，必须在马克思主义史学的基本理论和基本方法指导下，在传统史料学的基础上，建立一套具有跨学科特点的环境史史料分类、价值、特点的判断标准，具有本着实事求是、存史鉴今的目的，认真、严谨地搜集、整理和鉴定各种环境史史料，才能支撑并促进环境史学的发展。环境史史料学的存在基础，是必须要有丰富的史料，如果没有史料，环境史史料学就是空中楼阁。环境口述史料的采集、整理及书写，无疑是目前尚未出现系统研究的环境史史料学建立及发展较好的实践路径，也是起点最低、最具有可操作性的路径。

现当代环境的急剧变迁给公众留下了深刻而残酷、惨痛的印象及记忆，生态文明建设是正在进行并上升到国家战略的大事，生态意识、环境思想广泛普及，环境治理、生态修复、生态红线、生态问责、生态离任审计、生物灾害防治、垃圾分类、河（湖）长制等制度及措施普遍推行，资料及信息丰富、充裕，但却不是规范、专业、严谨的史料。选择生态文明及环境治理、环境保护第一线的工作人员及科研人员、环保组织及颇具环境情怀的人员进行口述访谈，获取不同阶层、不同人物的各类环境记忆及经历等第一手真实、形象的资料，从中选择环境史资料并进行整理、考证和规范，将其书写为支撑现当代环境史研究的基础史料，成为环境史学科建设必须完成的工作，也是环境史文献学者责无旁贷的责任。

再次，环境史史料应当改变传统的上层及官方书写路径，重视公众的环境记忆及环境感知。个人的环境记忆，必然是以某一区域的某个或几个环境对象为切入点，亲述、记录个人在环境变迁过程中的所见、所闻、所感，主要是从感官的视角对环境状况进行定性或定量的描述，改变传统史料记载以上层人物意志及官方轨迹为主的局面，让公众的记忆及民间叙事进入史料，才能创新史料书写的形式及内容，反映真正意义上的环境变迁历史，故"环境记忆""环境叙事"成为环境史史料的来源扩大并下移，实现环境史史料全民化、公众化的主要路径。因为公众的环境记忆及叙述能从个体或群体的观察、感知和表达的角度，呈现环境变迁的过程和细节、结果和影响，准确记录口述历史中的环境信息，"创造"公众记忆中的环境史史料，客观、真实地书写当下或不久前发生的环境变迁历史。这种方式更符合历史的全面性、客观性、人民性要求，更能推进现当代环境史具体研究的展开及环境史史料学的建设。

最后，环境口述新史料的"创造"是将"视听想"层面的丰富资料历史化，即将普通资料进行价值提升，成为具备历史书写资格的资料，并在记忆及感知层面拓展历史的内涵，支撑历史学新领域的研究需求。"创造"绝不是凭借主观意志去随意地制造，而是指史料学研究中依据现有资料，以新方法、新视域，发掘那些不被重视但具有极大价值的资料，以之建立新理论，做出新成绩或新东西（材料）。换言之，史料的"创造"就是将以前没有的、不被重视的资料按一定的学科需求及专业研究内涵联系，整理并书写出来，按研究专题及领域的自主需求，"制造"出一类既符合客观史实，又能充实丰富新型研究层域的需要并具有史学价值及高度、具有生命力的史料。

对传统文本资料而言，非文本的尤其是冲击和吸引视觉、听觉等感官层面的史料，就是具备"视听想"高度的新型史料。事实上，史学研究中所有被需要的史料，最先几乎都经历了一个从"视听想"到书写的"创造"过程，只是形成文本史料后，因存储及传播手段、能力的限制，不仅"左图右史"的传统湮废，图像声音功能也无法保留，其"视听想"功能被忽视、被过滤。因此，新史料的"创造性"书写及记录，虽然不可避免地带有主观性色彩，但却是历史学新学科、新领域在发展过程中，有意识地对可以作为研究证据的材料进行探索性、开拓性的一个创新过程。

总之，环境史史料学专业人才的缺乏，很多现当代环境变迁史资料未能成为史料就被过滤、覆盖及删除、湮没，导致现当代环境史史料出现极度缺乏的困境，很多重要环境问题的研究很难开展，对环境史学科建设及新领域研究的展开极为不利。环境史史料的"创造"成为环境史学科发展及学术研究拓展、深化的必由之路，环境口述史料的"创造"，无疑是环境史史料学发展中完全可以实现的新任务。

（三）"创造"环境口述史料的前期准备

环境史口述史料的"创造"并非随意编排、剪裁或凭空捏造、杜撰资料，也不是把口述访谈的内容完整记录下来就可以成为史料，而是在采集到口述资料后，辅以其他途径，挖掘客观存在过的、被口述访谈者有意无意忽视了的，研究者也未重视和运用的环境信息及资料，对口述访谈中涉及的环境事件及相关问题进行补充、考订、修正，系统整理后再规范、书写成史料。

首先，访谈人需要有"环境历史"的思想及心理、知识储备。除了准备好必要的口述访谈记录工具外，环境史史料采集及记录、书写者还要熟悉、了解国家当前环境状况、政策、制度及理念，了解国际环境史研究的发展状况及环境话语体系，与时俱进地更新环境思维。环境史史料的创造是个复杂而严谨的工作，只有拥有了最新、最前沿的环境理念和意识，才能发现新的环境史史料，在众多复杂、似是而非的资料面前，驾轻就熟地选择、确定合适的资料。

环境史史料的"创造"及书写者还要具有广博且准确的环境及生态意识。"广博"是指记录者的"环境"视野及其思维要宽广博大，不能把环境史理解为环境保护、环境制度、环境变迁及后果的历史；"准确"是指环境史史料的记录及书写不能因广博而流于形式，成为泛环境的、无所不包的大杂烩，需要精准反映环境及生态存在、变迁状况及其规律特点，以及环境问题及生态危机的后果及解决路径等。只有眼里、心里有环境的人，才能随时随地发现那些在现实中存在或即将消亡的环境史史料。

环境史史料的书写者还要具备多学科的视野，拓展跨学科专业知识储备量。环境史研究遇到瓶颈、需要转型的一个重要原因，就是环境史的跨学科研究只是停留在表层，缺乏真正意义上的学科交叉融合的成果。这与中国长期以来单一学科的人才培养方式密切相关，专业研究者短期内很难具备跨学科的、广博的知识储备量，影响了研究者对历史环境变迁的综合及全局性把握和考量，使环境史上很多重要问题的研究不能深入或很难取得进展和突破。这种单一学科培养模式的危害，在环境史口述资料的创造中表现得尤其明确，如很多受访者的学科背景、知识储备、专业特长、工作经历、具体工作等都复杂多样，人文社会科学尤其史学研究者对自然科学的语言表达体系不熟悉或完全陌生，不仅影响访谈资料的记录，也不能跟受访者自然放松且专业地交流，达不到充分发掘、采集口述信息的目的。即便涉及人文社会科学如语言学、民族学、人类学、宗教学、影视学等领域，环境史学者也不一定熟悉。因此，提前进行跨学科专业知识的储备，是环境口述访谈获得成功的重要前提，是采集、发掘更有价值的环境信息的基础。

其次，选择好口述访谈者及访谈地点，访谈人物及地点以了解和熟悉的为首选基础。要"创造"环境史史料，需了解访谈对象的经历、专业、习惯、语言表达等，提前查阅相关资料，设计好访谈问题或问卷，以便访谈时能听懂、明白口述话语的内涵，提出恰当的、有专业高度和深度的问题。若前期准备不充分，就会影响和口述者的交流，得到的资料就极其有限，很多很宝贵的、可以发掘的资料有可能因此而丧失，影响史料书写的质量和深度。

　　谨慎地选取熟悉环境史事及具体情况的访谈对象，尤其要选择熟悉、可靠的人为访谈对象极为重要，目的是保证其所叙述的环境变迁信息的客观性、真实性和可靠性。环境口述史料是采访者和被采访者双方围绕某一环境问题进行互动交流，并运用多种方式形成各类访谈专题的资料。最好选择从事过环境和生态相关的工作人员、研究人员、志愿者等熟悉情况、表述流畅、思维逻辑清晰者，尤其是亲历亲闻亲见的当事人并对整个事件有全面把握和了解者为佳，如果访谈对象是自己或亲朋熟悉的人，是最有利访谈顺利进行的。

　　应注意受访者的性别、年龄、性格、经历、地位、文化程度、民族、所属区域等会影响口述访谈的因素。不同性格的人口头表达的能力、方式、内容都不一样，不同年龄段的人对环境的认识、记忆、感受也不一样，不同性别的人看待环境的视角、对环境的感知及回忆重点，尤其环境变迁程度等的侧重点都有极大差别，故对一个环境问题的口述访谈，需采访不同年龄段、不同职业、不同区域的人，针对不同群体设计不同的问题，有环境保护意识、环境责任感、环境公众关怀情感的人，对环境的记忆及表达也不相同，能在最大层面、最大限度上表达环境事件及变迁的相对准确、客观的情况。

　　口述地点的确定也很重要，在受访者熟悉的环境中，口述表达会更轻松和全面，更能保障资料的全面性。若能到环境变迁或环境事件的发生地访谈，访谈效果尤其资料的全面性会更有保障。现场感会让访谈人记起很多重要的细节和主要场景，达到在办公室、家里或其他场合达不到的良好效果。

二、环境口述资料的内容和"创造"路径

　　环境口述史料是环境史史料中的新型史料，口述资料成为史料，当是新史料的"创造"过程及结果。其"创造"主要在环境史视域下，借助现代电子信息科技，通过口头访谈的方式，用叙述、问答等方式展现个人对区域环境的经历、记忆、感受及思考，并将访谈资料进行系统整理、综合分析和考证后，按史料学的原则及要求，撰写出符合史学客观规范的史料。

　　（一）环境口述史料与口述环境史史料

　　无论任何问题的研究，涉及专业领域时都存在概念的厘定问题。环境史的口述资料也不例外，面临"环境口述史料"还是"口述环境史史料"的区分及确定，二者主要是涉及研究主体和对象的差异，即需要考虑口述的主体及研究的主体是谁，环境史运用口述资料要达到什么目的，是展现不同群体的环境认知差异，搜集不同群体的环境记忆作为研究资料，还是通过口述的方法呈现环

境变迁的一个侧面和过程，即需要考虑环境史研究的宗旨和目的。

二者粗略看来是类似的概念。环境史和口述史两个分支学科交叉的结果，在实践过程和主题上有很多类似的路径与方法，都是采用口述史的理论和方法，通过口述访谈的方式获取环境变迁或环境问题、生态危机等的资料，再结合田野调研、现代科学技术等跨学科方法进行各类资料的搜集、补充，为环境史研究提供更多的支撑，也提供一种书写环境历史的方式和路径。

从学术研究的角度看，研究名词词序的不同意味着内涵及主旨的差异，"口述环境史料"及"环境口述史料"是两个侧重点各有不同的专业术语，名称、学术释义和实际应用领域均有不同。"口述环境史料"是在口述史的范畴之下，环境作为众多口述访谈问题及内容之一来进行，其研究方法、视野、论题都是在口述史的框架之下进行的，遵守口述史的原则和方法，"环境"只是口述中的一个问题和侧面。"环境口述史料"是在环境史的学科视域下，利用口述访谈的方法来搜集、记录环境史资料，记录口述者眼中的环境及其具体情况，是环境史学科视域下运用口述史的方法，实现环境资料的搜集及史料的书写，其研究方法、论题都在环境史框架之下进行，遵守环境史学的原则和方法，口述只是一种研究的路径和方法而存在。"口述环境史料"及"环境口述史料"不存在孰优孰劣的问题，只是学科视域及方法、路径的差异，从环境史学及其研究的角度而言，无疑是"环境口述史料"名称最为确切。

环境史的史料采集及其书写方法、路径多种多样，口述是其中获取直观、形象史料的重要路径，故本章需要使用的术语就是"环境口述史料"，即在环境史的学科框架下，运用口述史的路径搜集、整理、书写现当代环境史史料，需遵循环境史史料学的原则、规范，并以之为史料书写的标准。当然，在进行环境口述访谈时，也须按口述史要求的系统化和规范化原则进行。

环境史和口述史都是历史学新兴的分支学科，口述史不但是用口述的方式来展现更详细和感性的历史，而且其方法可以运用到更广阔的领域，如政治、经济、社会、教育、文化、军事、人物、制度、微信、艺术、体育、舞蹈、音乐、影视等。同样，环境史一词的定义也很宽广，所有自然及人类社会的一切活动，都是在环境中进行的、都不可能脱离环境而存在，不仅包括政治、制度、经济、思想、文化、宗教、社会、教育、民族等，还涉及交通、灾害、技术、生态、医疗卫生和疾病等，这些领域的理论、方法和资料，都可通过口述的方式纳入环境史框架及视域下进行。

环境口述史料的采集可以围绕不同阶段进行的环境监测、统计和环境管理政策、环境治理及其工程、环境宣传、教育及学术研究等主题及人物，通过口述的方式采集、记录、书写不同人群眼中环境变迁的历史侧面，并以文本、影音、图片等形式呈现出来，推动环境史新领域或新问题的进程，即"环境口述史料"是以环境史为本位及学科立足点，在史料记载缺失的情况下，用面对面访谈的方式获得资料及相关信息，再综合其他途径获取的资料，进行环境史料的书写及运用。

在环境史学科视域下，运用口述的方式采集环境史史料、书写环境志，记录当下或四五十年至一两百年前的环境状况，记录时人的环境感知及记忆或口耳相传的环境记忆，反映现当代人的环境认知及环境叙事的实况，记录并书写成环境史研究所需的基础史料，这也是当前必须进行口述环境史史料采集及书写的意义和价值所在。

（二）环境口述资料的内容及表现形式

环境史史料作为环境史学科发展和建设的基础，既具有中国史料学的基本特点和规律，也具备新领域史料的特点和学术职能，既包括传统史料中的文本化史料，也包括考古资料（出土文献）、实物及碑刻等固化类史料，还包括图像、口述、音影等视听化特点凸显的形象化史料。其中，口述史料是采访者和被采访者遵守口述史规范与要求，围绕某一环境问题进行互动交流的结果，这就决定了环境口述史料的内容只是现当代环境史，即便辅以档案、文件、法规等官方资料，以及笔记、文集、日记、书信等私人资料，也改变不了其时空属性。

第一类是最直接的第一手史料。这是面对面口述访谈中采用电子技术及设备，从不同视角和主题切入，得到的影音、图片及实物、文本等资料，再将其加工整理、考订、书写成史料，准确性、针对性及客观性较好。口述交流是回忆、叙述、发现历史的过程，能得到相对翔实的信息，从彼此对某些环境问题及其处理方式等的交流对话中，整理、书写出生动、准确的史料。

此类资料一般以笔记、录音、录像、图片资料的形式存在，整理后也能以文本、音频、视屏、图片等形式存在及流传、运用，既有口述访谈者和受访者的信息，也可以留下根据访谈需要及可能性对口述中涉及的环境变迁遗址、遗迹等进行补充记录的文本及音影、图片资料。此类资料如果能全面、完整地整理、保存下来，既可为环境史研究服务，也可为环境思想、环境心理、环境人物、环境感知、环境叙事等领域的研究服务。

视频（影像）资料是最全面、最能反映口述现场全景，尤其是口述者表情、声音、神态、情绪等喜怒哀乐的完整资料，能让观众直面口述现场，判断、感知口述者的感情，把握口述者对一些重要环境事件的态度和看法。此类资料包括对访谈涉及的环境变迁史事的现场及周围环境状况进行补录的信息，虽不能达到直击现场的效果，但能最大限度地反映环境事变后的现场，是最完整全面、直观形象的口述资料，是环境口述史料中最受重视和欢迎的类型，但此类资料记录只是访谈现场，不是环境事件的现场，且录制会对口述者造成压力，让不习惯面对镜头的人产生紧张情绪和心理顾虑，不能放松地讲述其对环境变迁尤其重大环境事件的真实想法，影响口述资料的质量、效果甚至是全面、客观的程度。

音频资料只录声音，口述者的压力和紧张情绪相对较小，访谈相对轻松顺畅，口述者能放松地陈述其环境记忆，顾虑较少地表达对一些重要环境史事的看法。其优点是能全面记录访谈双方发出的声音并保留声音的客观状态，但不能展现口述现场的场景，看不到访谈者的面部表情及其他情绪，影响听众对口述事件的客观把握和准确判断，也不能表现环境事件的现场，使环境史事的想象空间变大，而环境的想象往往会导致失真。

图片资料分三类，一是第三者访谈现场的照片，照片人物主要是访谈者和被访谈者，也可能会有其他陪同人物；或访谈者拍摄了受谈者的个人照片，图片背景是访谈所在地。二是对口述提到的某些重要环境事件现场补拍的照片，以记录环境事件原位置、原地点的状况，但因事过境迁，环境事件及变迁场景不可重复，资料的现场感不强。三是第三方即摄影爱好者或一般群众提供的照片，他们是环境事件的现场目击者，其抓拍的图片（或影音）是最为珍贵、客观的证据，是环境口述访谈最好的补充性资料。图片资料的优点是形象直观，被访谈者压力相对较小，也较为放松，但与影音资料相比，缺少动态及具体形象感，且照片数量有限，不可能完整呈现全景，只能展现访谈或环境变迁的一个侧面及短暂场景，很难从照片中还原事件的全过程。

文本资料是最简单快捷的信息，在被访谈人不同意录音或录像的情况下，采取笔录方式得到的资料，便于阅读和文本研究使用，受访者较为轻松，但缺少直观、形象、全面的场景，即便回到环境事故现场访谈，得到及展现的也只是枯燥简单的文字，不仅没有回到环境事件现场的感觉，信息也会因记录者的文字表达能力而出现差异，全面性及立体性较弱。受访人虽然能轻松表达其环境记忆、认知及其个人的思考、观点，但记录难免会存在遗漏或偏差，影响资料的客观性、全面性及准确性。

文本资料虽然珍贵，但无论哪种形式的第一手资料，都会让口述者有留下证据的心理顾虑，尤其后果及影响较大的环境事故、让公众产生恐慌的环境危机，或官方不愿公开报道的环境破坏事件，口述者的顾虑和表达更会大打折扣，甚至不同意使用和保存，致使资料成为不能入史的"虚拟"作品。因此，环境口述访谈资料的采集，人员及环境事件的选择、与访谈人的沟通及协商等工作都极为重要。出于资料的客观性、全面性考虑，当访谈时在征得口述者同意的情况下，最好能同时留下影音和照片、文本资料，环境口述资料的完整性、准确性及其学术价值就会大大提高。

第二类是转述及翻译者口述的间接（第二手）资料，其准确性、全面性也会有极大局限性。口述访谈是双方围绕主题的自由交流过程，语言是访谈的基础及深度交流的前提，访谈者对语言的掌握和熟悉程度、表达及叙述方式，直接关系到信息的多寡、真实性和可靠性。需要转述及翻译的环境资料，除国际学者的访谈或境外、边境地区环境史事的访谈外，还有境内民族地区环境史事的访谈。

中国是个多民族国家，很多民族有自己的文字及语言，和不同的民族人士进行口述访谈，语言沟通就有难度和障碍，需要找懂民族语言的人转述或翻译。对访谈区域环境状况及访谈双方比较了解的翻译最受欢迎，流利的语言表达和沟通、翻译能力能将访谈者的问题简明扼要地翻译给被访谈者，也能将被访谈者叙述的内容准确无误地翻译给访谈者，保证持续、深度访谈的顺利进行。

经过翻译的转述，信息难免存在疏漏和偏差，部分少数民族或较晦涩的民族语言，有可能需要多次转译，沟通的流畅程度、信息的全面程度会产生极大差别，一些环境变迁的关键节点及环境事件、环境灾害的细节也不可能兼顾，必将影响口述资料的全面性、客观性及其学术与现实资鉴价值。

此类资料也可以有录音、视屏、音频、图片及文字记录资料，虽然是间接资料，但却具有抢救性功能，尽管不是所有资料都能为环境史史料的创造及书写所用，但却直接记录了访谈民族的语言、文化、服饰、环境等状况，保留下不同民族语言版本的资料，以及访谈者的原对话和叙述、访谈原貌和原场景，为其他新领域研究提供完整、真实的场景及原始资料，也为语言学、民族学研究提供另一类型的资料。随后进行口述资料的文本再加工，对一些语句进行归纳或通俗化处理，用汉语中对应的专有、专业名词表示，再与访谈者和翻译人确定认可后，就可以"创造"和书写出民族区域的环境口述史料。

由于文化存在区域性及民族性差异，在民族地区进行口述访谈时，应注意方式和技巧，尊重各民族的风俗及习惯、信仰，采用合适的表述及沟通方式，不能操之过急，也不能过于热情或淡漠，以自然轻松的方式融入当地人的生活和话语体系，深入民族环境保护及法制的核心区，获得真实有效甚至较详细的环境史信息，尤其是当地人对本土环境变迁的真实感受及环境变迁原因后果的真实思考，为本土环境史史料的书写提供较充足的证据。

（三）环境口述资料的"创造"路径

由于信息的多元化、快捷化、海量化，资料存贮载体的形式也随之多元化，存储量也呈海量化增加。环境口述史料的"创造"及书写路径也具有多样化的特点，其中最重要、直接的"创造"路径主要有以下三个。

一是专门性、多空间、多人的访谈得到第一手资料。这是与多个访谈对象的口述访谈资料，或是田野和实地调研者亲自观察、搜集及记录、拍摄的环境资料，主动讲述、提供给环境史口述资料记录、书写者的资料，或史料采集者在田野调研中找到恰当的访谈对象并将访谈的第一手资料记录、书写出来的资料，这是最为可靠的口述资料。能进入调研者、口述者视野的环境资料，一般是当地较突出的环境问题，或环境变迁程度较严重、典型的史实。由于是亲见、亲历、亲闻，具有很强的现场感及直观性特色，能反映环境状况及其变迁的形象细节，能让资料的阅读者、使用者身临其境。此类资料往往包含了自然界方方面面的信息，不仅有土壤、大气、水、岩石等资料，还有自然界最灵动的各种动植物、微生物的资料，只要是观察者、调研者能注意的内容，都能进入记忆的范畴，为口述史料的"创造"提供强有力支撑，但在书写及运用时需避免观察者与记录者因感情和知识面的限制，出现隐晦、曲笔、夸大等偏差。

这种资料的采集既可以由个体单独进行，也可以由群体、团队进行，具有很强的共时性、现场性特点，但团队调研的资料丰富性及多面性优势较为突出，即团队里不同专业、视域及关注点的人记录的资料及其有效整合，能在最大程度上反映该区域环境历史的整体面貌，对区域环境史研究具有非常重要的支持作用。要将不同风格的人采集、记录的资料"创造"、书写为史料，需要书写者具有极高的史料学功底及资料的统合、把握能力。

二是在工作及研究场所，与单一访谈对象进行面对面口述访谈得到的第一手资料。这是有针对性地对某些进行过环境保护、环境治理、环境管理的专业或业余工作、科研人员进行口头访谈得到的资料。这类资料往往是就环境变迁中的某个典型、突出问题进行专门采访得到的，专业度、可信度相对较高，但也会因个人感情及为尊者亲者讳等原因，存在主观隐晦、曲笔和夸大等偏差。此类资料的客观性、全面性会因资料搜集及整理者对访谈对象的选择而受到影响，不同年龄、阶层、工作、性别，不同受教育程度及社会经历的人，对环境及其变迁的理解、感悟、记忆的角度有所不同，资料内容和时空范畴会存在较大差异，全面性及针对性也会减弱，这就需要有针对性、重点性地筛选书写史料的资料素材。

三是无专门访谈对象，以专题方式搜集某些现实中特别突出的、有针对性和典型性的环境问题及跨学科环境信息和数据，以此为基础，对相关人员进行口述访谈得到的资料。目前环境问题和生态危机频发，相关数据详细、表达专业，但很多跨学科数据和专业术语甚至是结论，并非环境史资料记录者熟悉和能把握的，也不是属传统史料范畴的类型，却对目前的环境及生态文明研究起到极关键的支撑作用，应该作为重点史料来专门采集及创造性书写。

这类资料的另一部分内容必须通过不同学科对同类问题的专门研究结论得到，即通称的非主观性资料，虽不能反映环境及其变迁的形象性细节和多元面向，但科学性、客观性、准确性较强。尤其对现当代环境治理、环境保护、生态修复进行专业性研究的数据及成果，就更具备多元史料的价值。若把某个环境变迁问题的多个专业数据、结论及相关信息，按学科及专题需求有效利用，进行比较分析及系统研究，就能在现当代环境史史料的"创造"中得到更确切、可靠的资料，对某些重大环境转折性问题或标志性环境变迁事件的研究发挥重要价值。环境史研究就能建立在更准确、科学的基础上，研究结论就更客观、更能贴近环境变迁的真实面相，但这些数据和资料、结论在环境史学中的史料价值，其受重视的度及发掘的量还远远不够，是环境口述史料重点"创造"及书写的补充性内容。

总之，无论是实地调研口述访谈而搜集整理的文本化或可视化、可听化资料，或访谈专业人士所得资料，以及自然科学研究中以详细数据及结论呈现的证据性、补充性资料，都是环境史"史料共同体"的"创造"中不可或缺的部分。这类使用"口述"方式获得的资料，就成为"创造"及书写环境史史料的重要内容。

三、环境口述史料书写的原则

环境口述史料作为一种新型史料，主要是帮助人们认识、解释和重构环境历史过程的一个证据。史料书写时需对环境口述搜集到的资料进行整理、选择、校勘和考订、辨伪、补充和规范等工作，必须遵守传统史料学及其书写的原则、规范和要求，才能书写出严谨、客观的环境口述史料。虽然这些常规的书写方法不必赘论，但书写此类新型的史料时，需要注意以下四个原则。

（一）环境口述史料书写者须具备"环境"无处不在的视域及思维

环境口述史料的"创造"及书写，是一件严谨、客观的工作，"历史学家从事的口述访谈,多是为了满足史学研究的需要,以口述的方式征集和保存丰富的口述史料,进而以口述访谈的方式改变历史研究的形态"[1]。环境口述史料的书写,在视域及思维上应该具备"环境""生态"的理念和思维方式,以及树立"环境无处不在"的思想及史料书写意识。

首先,具备"环境""生态"的理念和思维方式,明确"环境史"的内涵及研究对象[2],尤其要了解多学科视域及方法对环境史学科存在及发展的重要意义。在将口述资料整理、规范、书写成史料时,也需要具备多学科的环境与生态的思维惯性,更需要打破传统学科的藩篱,与不同专业进行交流和互动,借鉴相关理论和方法,整理、考订各学科门类的环境史资料,书写出的史料才能具有"环境史"韵味。

其次,树立"环境无处不在"的思想及史料书写意识。环境是所有生物及非生物存在及发展的基础,社会和自然的一切活动都是在环境中进行的,一切史料都不可避免地具有环境的影子及内涵。人参与的、所有在环境中的活动,都可运用口述史的方法记录下来,整理、规范后成为可供历史研究使用的史料。很多鲜活的、个人记忆中有关环境及其变迁的史料,都会成为环境史史料中比较具体、形象且充满人物特殊感情和思想的鲜活内容。

史料书写者做到了心里(思)有环境,眼里(视)有环境,耳朵(听)里有环境,"环境"内化到思想意识里,得到的资料里才会有"环境"的内涵,书写的史料才会是"环境"的史料。因此,环境口述史料书写的重要基础,就是史料书写者从内到外都具有"环境"的思维惯性,只有达到"我在环境中,环境在我心中"的境界,书写的史料才是历史学层面上可用、能用的史料。

再次,在思想上要明确人是自然整体环境中的一分子,与其他自然要素处于同等地位,人受自然的影响及制约,自然也受人类及其社会生活的影响。只有具有地球环境各要素都是有机联系的整体,才能在面对丰富的口述资料时,准确选择及判定资料的价值及地位,准确把握口述史料的内涵及其"环境"韵味,"创造"及书写出来的史料,才是真正的环境史史料。

最后,环境口述史料的"创造"及书写,还需要具有全球生态环境整体观的意识[3]。研究区域环境史,需要具有中国、全球生态环境整体观的意识,才能正确理解环境史学的当代价值。同样,通过口述的方式,"创造"及书写环境史

---

① 左玉河:《多维度推进的中国口述历史》,《浙江学刊》2018年第3期。

② 周琼:《定义、对象与案例:环境史基础问题再探讨》,《云南社会科学》2015年第3期。

③ 周琼:《边疆历史印迹:近代化以来云南生态变迁与环境问题初探》,林超民:《民族学评论》第四辑,昆明:云南人民出版社,2015。

史料，也必须具备中国生态及环境整体观、全球生态及环境整体观的意识及理念。只有这样，搜集、选择、考订口述资料后书写出来的环境口述史料，才能具有全局整体的特点，才能为学术研究服务，反映史料书写时代的环境意识和思维特点。

（二）环境口述史料书写必须本着客观真实、实事求是的态度

环境口述史料的书写，是为了保存人类关于环境变迁尤其是重要环境事件的历史记忆，建立个体生命对环境感知、环境叙事的记忆库，也为了以影音图片和文本等鲜活具体的方式，保存、传播环境变迁史的细节及人类的环境观察、环境记忆的真实场景，资鉴当下的环境保护、生态治理及生态文明建设。

环境口述资料大部分都是记忆及叙述的结果，建构环境记忆文本的过程，就是回忆环境变迁及其细节的过程，其难免会存在遗忘、疏漏的部分。即便口述访谈资料再详细、完备，也会存在因人为的感情因素而出现与真实事件不相吻合的资料。史料书写者也会因避讳、感性及理解偏差出现隐晦、曲笔或浮夸的内容，使口述史料书写存在"在历史意识的框架中用消除、毁坏、空缺和遗忘来规定记忆"，"记忆制造意义，意义巩固记忆"[①]等差误情况，故环境口述史料书写中出现失真情况就成为常态。鉴于传统史料的客观、严谨性特点，历史研究者在使用史料时，主观上或潜意识里都认为史料是客观、真实的，是可以作为研究证据的。这就要求史料书写必须尽可能贴近客观、真实。在环境口述史料书写时就有必要避免因客观或主观因素去主导或诱导口述资料失真的现象发生。

首先，口述资料与其他资料的互证，即恰当利用其他资料补充和佐证口述资料的方法。在整理、考订及补充口述资料时，既不能完全脱离口述资料，也不能完全相信口述史料。以口述资料为基础，全面查找、搜集其他相关的资料和信息证据，利用大数据查找口述资料涉及的环境变迁、环境灾难和环境事件的新闻报道、日志、现场记录、照片、录音、录像或档案资料等信息，与口述资料对照，考辨、订正后还原出贴近客观真实的史实资料，再书写、保存为史料。因此，环境口述资料书写成为史料，必须借助、综合其他类型的资料才能完成，很多环境实物、图像、音影、文献资料，都是进行考证、互补的资料。这种"创造"或"书写"环境口述史料的方式，为历史学新兴领域的研究提供

①　阿斯曼 A 著，潘璐译：《回忆空间：文化记忆的形式和变迁》，北京：北京大学出版社，2016 年，第149、233 页。

了搜集、整理和考证、运用资料进行学术研究的路径和范式。

其次，不同个体的口述资料的互证，即多份口述访谈资料互证补充、印证的方法。不是所有的环境事件、环境变迁都能幸运地留下不同的资料。尽管现在科学技术非常发达，记录环境史的手段非常丰富，但依然有很多环境变迁、环境事件发生在资料记录范畴或人的视线、记忆之外。很多环境变迁、环境事件发生时无人目睹也无人记录，或仅有个别、部分人目睹，或事后才被人知道、了解，口述资料很有可能就是孤证。当面临这种情况时，环境口述史料要如何书写？

有以下三个办法，一是保证现场目击者口述访谈的数量。尽可能多地找环境事件的目击者进行访谈，再将几份访谈资料进行对照、比较、分析、判断及综合，梳理出相对客观、完整的事件原貌，再完成史料的书写。二是事后目击者访谈及相关补充资料的搜集、整理。这是没有现场目击者的情况下采取的方式，除尽可能多地找事后目击者访谈外，还应到环境事件现场亲自观察、勘测并补拍照片和录像，作为口述访谈资料的补充佐证资料。部分影响和后果特别严重的环境事件、环境灾害，一般会有事后的文字、照片、音频、视频，甚至政府部门的相关记录、文件、档案等资料，也可作为后果性资料写进环境变迁史料里，使该类史料的丰富性、延续性更好。三是信息监控数据及工作人员的访谈。在没有现场目击者及事后目击者的情况下，只能尽可能收集气象、灾害甚至军事雷达、卫星、遥感、定位、交通及其他部门的监测、监控资料及数据，并访谈这些部门的专业人员。这些部门的监测、监控仪器会留下全景或部分环境事件、环境灾难的第一手资料，相关监控专业人员对很多环境事件的原因、过程、结果和影响的解说极为专业，他们的口述访谈资料，比普通大众的访谈资料更具有可信度，再结合监测资料，就可以完成客观、真实的环境口述史料的书写。

最后，理性分析及常规判断的互证。这就需要对访谈资料涉及地区的自然、生态、环境及社会背景，有全面、细致地了解和分析，对可能存在歧义的口述访谈资料进行理性分析和判断，还可以利用心理学的方法，对访谈人物的心理、心态和感情进行认真细致的分析及评估，对口述者进行伦理道德、行为习惯、社会规范、常识常规等的判断分析，辨别判定口述资料的真伪，准确把握口述访谈人物对环境事件、环境灾难的看法、态度和感受，分辨他对该事件是否存在夸大或贬低的可能。通过认真、严肃的分析，做出客观判断，再将其书写为史料。

（三）环境口述史料书写应全面展现细致且生动形象的场景

环境口述资料的采集需要保证全面、细致，史料书写同样也要保证环境变迁史事的全面、生动，使环境变迁历史借助现代电子信息技术呈现感性、真实的特点。

首先，以口述资料为基础，尽可能搜集与口述访谈的环境史事相关的详细资料进行补充、完善，完成环境变迁史事的史料书写。一些重要的环境变迁史事，尤其是区域环境重要转折史事的史料书写，全面性、细节性是必须坚持的原则。只有全面详细地保留环境变迁过程及其细节，史料反映的史事才能更客观、更接近真实，才更能为研究者和史料的其他阅读者甚至公众展现环境史变迁的形象、生动的历史场景。刻板的历史就能鲜活灵动起来，为环境史研究提供翔实的证据和支撑，展现环境变迁的动因及经验教训，让后人、读者有回到现场、亲历现场的感觉。这样的史料书写及其反映的全景式历史过程，才是环境史史料书写者及环境史研究者追求的终极目标，才能发挥补史、证史甚至修正人们对环境变迁细节模糊甚至错误的记忆，实现环境史宏观与微观视角的融合，故环境口述史料书写的全面性、细致性特点，能让环境史甚至自然环境里的每个要素及过程不再枯燥、晦涩，使环境史变得有血有肉、鲜活感性，达到存史、育人、资政的目的。

其次，基于传统史料学考订、辑佚、辨伪等方法，书写并生成严谨、准确的史料。辑佚是首要工作，因为环境口述史料存在局部性、碎片化、临时性的特点及弊端。绝大多数口述访谈的资料都是局部、短期过程的实录，不可能反映环境变迁的整体过程和全部场景，这就决定了很多口述资料反映的环境史事是碎片化的，局部场景多于整体场景。"完整历史"与"现场实录"存在天渊之别，即便是那些精彩瞬间与经典片段的影音、图像资料，虽然也能给人留下深刻、震撼的印象，能令历史书写增色，但很多经典也只是若干片段的重组与重构，绝不能代表自然界纷繁复杂的整体变迁史。因此，环境口述史在书写时，选择不同场景并补充相关资料（辑佚），尽可能书写出能展现完整区域环境变迁历程的史料。

辨伪、考订是环境口述史料书写者的重要任务。由于史料来源、形式及内容因电子化及信息化呈现海量增长的趋势，现代电子信息技术在改变传统史料形态的同时，扩大了史料的范畴和类型，史料来源宽泛、内容结构多重。海量信息数据构成的资料，如很多借助影像等现代传媒、信息技术生成的补充口述史料的信息及数据，往往鱼龙混杂、良莠不齐，存在大量不符合史料书写需求或篡改、伪造的资料，如借助各种计算机技术伪造、修饰的信息，若不注意就会以假乱真。部分访谈资料也会因口述者的政治倾向、个人好恶及曲笔避讳而发生偏差，或记录者因种种原因不可避免地带有局限性及狭隘性，会忽略一些重要信息和细节，给史料的选择、甄别及书写带来极大困难，增加了口述史料书写的难度。

电子技术的高度发达及大数据能伪造虚假资料，也能辨别及考证史料的真伪。例如，可通过其他渠道的记载及影音信息互证核实，或寻找信息源亲自核实，或通过技术鉴定图片、影音甚至文本资料的真伪。因此，即使一些被认为是客观、真实的口述资料，书写时的筛选、甄别、考证、补充等环节依然仍不可或缺。同时，很多佐证的影视、音像资料等是作为环境及生态层面上的新闻素材提供给大众传媒的，其新闻性、真实性及生动形象性能弥补传统纸质文本的不足；自媒体的自拍及微信、QQ 等资料多属"娱乐"性质，很多是口述访谈者没有接触到的信息，其承载、传达的环境信息也是难能可贵的资料，但却缺少了史料的严谨性及客观性。书写史料时就要辨伪存真、去粗取精。只有经过辨别、考订后的资料，才能写进史料里。因此，传统的史料书写方法，同样适用于新时代环境史新型史料的书写及运用。

最后，利用电子信息技术，汇集各种资料补充口述资料，或回访、核实口述资料，完成史料书写并展现环境口述史事生动、具体、形象的特点。环境口述资料的生动性和形象性可通过现代电子科技对资料的保存和展现方式呈现，史料的创造、书写和保存也可借助数字化、电子信息技术进行。可将访谈及其相关影音、图片及文本资料书写为同样式的史料，较好地达到形象、直观、全貌的效果。同时，现代通信及电子技术还可打破时间和空间限制，利用网络、电脑、电话、微信、短信、邮件、云服务等，以语音、视屏、图片等方式，便捷地进行口述访谈，搜集、补充、回访、核实各种史料，为史料的选择及书写、运用提供了极大的便利。

电子信息技术如网络及大数据，能较好地存储、传播及鲜活地再现环境口述史料。环境口述史料整理、书写出来后，可借助当代信息技术优势，发挥网络强大的链接及海量存储功能，将口述史料中的声音、文字、影像等多面性、立体性的信息全面地保存、传递给研究者和读者。这使环境口述史料的生成乃至生产、保存、传播样式发生了改变，可全景展现语音、影像及文本原状，"声情并茂"、生动形象地展现短暂时空内环境各层域的状况，最大限度地呈现客观全面、直观生动的具体场景。目前存在及流传的很多陆地环境、动植物生态系统、海洋环境及其生物生态状况的影音资料，在展现形式及效果方面远远超越了细致的文字描述，"数字化、信息技术、网络等为环境史史料的生成开辟了新的路径，使史料有了全新的外在形态"，凸显了"信息时代、大数据时代、自媒体时代的技术物化成果的优势"①。

（四）环境口述史料书写要突出典型性及科学性

首先，在书写环境史口述史料时，应选择典型性环境变迁历史或环境重要事件。每一分每一秒发生的事件都会成为历史，环境也会在分秒间发生变迁，但对史料书写来说，不是每个瞬息万变的环境史事都要去记录、都值得记录。历史研究的魅力和生命力之一，就是对那些具有典型性、代表性的重要史事进行深入研究，在一定层面上以点带面地展现宏大历史场景中的代表性侧面，以反映整体历史的一般状况。环境口述史料的记录和书写，也不可能全部记录每个时刻每个环境要素及系统的变迁过程，只能选择那些产生重要环境后果和影响、具有典型性和代表性的事件。例如，很多经意或不经意间拍摄、记录的某个环境场景、画面并描述出其具体经过的资料，不仅是环境历史的一个侧面，也有可能是区域环境变迁、发展史的主要转折点，这样具有典型性的史料无疑可以作为口述史料的补充性资料，成为史料书写的主要素材。

并非所有口述者讲述的环境资料都具有代表性和典型性。很多史事和信息极有可能与其他口述史料的内容相似甚至是完全相同，此类资料只能选其一二善者作为代表性信息而用之。这就需要口述史料书写者具备一双"识货"的慧眼，才能选择到合适、典型而具有代表性的书写素材。

其次，环境口述史料的书写必须以严谨、科学的研究结论为主。记录、保存环境口述信息并客观真实、全面形象地书写为史料，只是完成了第一步工作，此时的史料是粗糙的，必须经过第二步工作，即分析和挖掘这些信息形成的背景、原因、推动力和意义，确定其科学性、准确性，才能成为供研究者使用的真正意义上的史料。很多环境口述信息多是零散、不连贯的，也是浅表、不系统的，存在很多有争议、不确定的信息，需要进行系统考辨及研究，提炼出口述资料反映的环境变迁史实的规律及其对环境、对生态系统的正向和反向影响，把这些正确的思考和研究结论书写入史，提高史料的质量和深度，这是环境口述史料书写过程中科学性功能最好的体现。

总之，环境口述史在很大程度上就是呈现出环境问题、重大环境事件的公共性、综合性和复杂性，并寻求恰当的解决方案，同时也担负有搜集、丰

---

① 张晓校：《新样态史料与历史书写》，《北方论丛》2015 年第 4 期。

富和整理环境文献，形成、传承系列环境资料或史料汇编，为环境史数据库建设提供支持。当代环境口述史料书写的一个任务，就是将环境变迁及问题、事件所涉及的各类资料进行统计、分析，对各涉及环境污染、环境治理、生态修复和环境管理的机构、单位、群体做针对性访谈和记录，结合当事人、当事人对自己从事的环境工作历史及其环境思想、感知、记忆、看法、建议，整理并梳理出环境变迁史的脉络。此类口述史料中包含了环境记忆、环境认知、环境心理乃至环境伦理，能体现当代人、当事人对环境问题、环境变迁、环境保护及其政策、措施等的理解和感悟、思考，会成为史料书写及研究中重要的支撑性内容。

四、余论

史料是建构历史、书写历史的基础。历史学不仅关注各类史料对历史研究的作用和潜力，也关注到所有历史是依赖于自然环境而存在的事实，关注到任何史料的产生都与当时的环境存在联系。口述史料为历史书写提供了新资料、新路径，也提供了新视角、新契机。环境口述史料丰富了传统环境史史料的内容，跨越了传统史料的边界，为新学科、新领域的发展奠定了基础。

第一，环境口述史料的存在形式、书写样式及内容，丰富并扩大了环境史史料的内容及范围。环境口述涉及人对环境的感知、对生态的认知、对环境问题的理解、对环境事件的看法，以及对环境变迁的记忆及叙述、表达等，为史料书写提供了范畴更广、形式更新、内容更丰富的资料来源，使环境史史料的广度及维度发生了翻天覆地的变化。各式口述影像、影视等资料全面、直观、形象地展现了环境变迁的多维特点，为越来越多的史料书写者和研究者甚至公众所接受和喜爱。

第二，环境口述史料的"创造"及书写，对环境史及生态文明的学科建设及创新性发展具有重要推进价值。当代环境口述史料的采集、调查及信息实录、史料书写，强调多元化思维及实地调查，亲临采集现场核实、补充资料的书写路径是完全必要的，在各类资料的基础上进行考辨与综合研究的史料书写方法也是必要的。丰富、充实的史料是历史研究的重要基础，采集、整理、书写环境口述史料，对保存、书写、研究环境变迁史及其动因、结果、影响，对环境史史料学及环境史学科的发展具有极大的学术价值；对生态环境的治理、恢复、改善，对目前的生态文明建设及环境的共生共进式发展，具有极大的实践价值。

环境口述史料在"创造"及书写中，主要是通过对大众的采访及其环境记忆、环境感知的表述等方式，客观上提高民众对环境及其保护、修复、治理的关注度，普及生态文明意识，提高公民的环境担当意识和生态责任，成就环境史和生态文明建设研究服务当下的现实情怀及学术诉求。

第三，环境口述史料引领了环境史史料书写中的公众话语体系。在口述史如火如荼发展，全民都可以从事环境口述史工作及研究的大背景下，生态文明被写进党章、写入宪法并在全国轰轰烈烈开始建设，口述史将大众纳入生态文明建设研究和环境史资料采集的队伍中，让史料书写者搜集到大众对环境问题的认知、记忆及思考，追溯、还原、保存环境变迁的过往场景及重要事件，阐述民众对环境问题的解决路径和期待，梳理区域环境变迁史的脉络及环境治理的对策，让史学摆脱了上层叙事的传统，关注民众的环境叙述及需求，使环境史史料的生成、存在、传播途径发生了革命性改变，引领了环境史史料书写及学术研究的新方向，也使环境史成为真正意义上的反映人与环境互动关系、反映自然环境及其各要素相互关系及其发展演变、能让后人了解、掌握环境变迁特点及规律的历史。

第四，环境口述史料的采集及书写，呈现存在"双刃剑"效应。环境口述史料虽然是公众的环境记忆及环境叙述，在公众环境史史料学中占有较高位置，但却只是环境史诸多史料类型中并非尽善尽美的部分。一些内容及反映的环境变迁侧面带有大众偏激的生态中心观或极端环保主义的内容，也有个别为了宣传及达到某些目的而将事实进行夸大或掩盖、抹黑或粉饰的资料，这些资料无疑是不能进入史料的。因此，环境史口述史料的书写不可能以世俗、大众或通俗化的消费口味为圭臬，依旧要坚持历史的真正内涵及厚度、坚守史料的严肃性及本真性。

例如，音影图片等史料能够展现环境史事的具体、形象性特点，但过于直白及全局的情景展现，使一切历史过程都简单明了，一切值得品味的历史细节都清楚快捷，很多画面之外的内容、情感及可以留有余地的空间无法展现或被画面声音掩盖，成为事实上的快餐资料、简明史料，限制了史料及历史的想象、拓展、追问、咀嚼、思考及理性探究的空间，影响了对历史真实面向的回味与联想的维度，降低了静观与沉思历史的难度。因此，环境口述史料若过分单一地依靠影音、图像资料，则无法真正完成口述史料的书写任务，需要以理性的态度和思维方式，补充、增加、删改、修正失误的资料，让史料更有张力、更有想象和思考的空间。只有充满了自然韵味及多元面向的环境史史料，才能为环境史研究提供充分的支持。

第五，环境口述史料的"创造"与书写方式，只是诸多口述史料书写方式的一种路径及范式，其他专题及领域的口述史料的"创造"、书写及其保存、传播也可使用此路径。若把本章中的"环境"二字去掉，用历史学其他专题及领域的词语来替换，也可以有同样的思考及实践，故本章探讨的环境口述史料的"创造"与书写方法，事实上是为现当代历史学其他分支学科及新兴领域的史料"创造"及书写提供一个实践样本及批判的对象。

　　环境口述史料作为环境史史料的新形式和新内容，只是充实、丰富史料的类型及内容，不可能完全取代、掩饰传统史料及其存在的价值和意义。网络及电子信息资料确实具备了史料存贮中的海量信息承载与传播功能，对人类的生存方式和环境认知、生态思维发生了颠覆性冲击，也拓宽了史料书写者及历史研究者的视野，丰富了研究内容及旨趣，但并不是所有环境史研究需要的史料都可依靠口述获得，很多文本资料尤其是政府文档、政策文件及统计数据，都不可能全部依赖网络和电子出版物，传统意义上的环境史史料及其价值将会长期存在。

后　记

习近平总书记在 2015 年和 2020 年两次考察云南时，都指示要加强滇池的保护和治理，将滇池保护和生态治理作为践行绿色发展理念的"试金石"来推动，坚持湖泊的公共性、公益性和开放性，实现长治长效，促进人与自然和谐共生，生态保护与城市发展相得益彰。

滇池环境保护治理涉及水环境、水生态、水资源、水经济和水文化诸多方面的多维环节。从 20 世纪 90 年代云南省、昆明市全面打响"高原明珠保卫战"开始，政府部门投入巨资治理滇池换取美好生态环境，社会公众也费尽心力参与滇池的环境保护和治理，并亲眼见证了滇池保护治理走过的艰辛历程。将滇池的保护、治理作为典型案例，通过田野调查的方法，对相关单位和科研机构中参加过滇池治理与保护的工作人员、学者及社会公众，进行现场采访和深入访谈，以及系统的资料采集及研究，有助于人们深入了解滇池治理的方式方法，探讨滇池水域生态环境保护的路径及实践成效，更直接地呈现生态文明建设的目的及宗旨，是滇池环境史口述史的目标及任务。

由于各种原因，访谈资料只有少部分进入出版环节，图片及视屏资料都未能展现，大部分我们认为很有趣、很有价值的资料，因缺乏更权威的证据或考订结果未能收入。很多资料在访谈采集时觉得没有问题，但到整理的时候才发现无从核实，变成一堆堆的无效资料，无法进入史料书写及记录的层面，也就无法提取成为可供研究者使用的史料。目前整理的资料只展现了高原湖泊水与环境史口述史料书写的一个侧面，并且存在诸多不足。付梓在即，心怀忐忑，希望得到师友们的批评指正。

滇池口述环境史有幸得到王利华教授负责的国家环境保护部（现为生态环

境部）科技司委托专项"中国当代环保史记编纂和资料整理研究"（项目批准号：0747—1561SITCA037）的支持和指导，让我们有了机会进行水域环境口试史的尝试，并在其中得到了锻炼和成长。在调研的过程中，我们还得到中国社会科学院近代史所研究员、中华口述历史研究会秘书长左玉河先生和中国人民大学杨祥银教授、云南省社科院杜娟研究员等师友的支持，尤其是得到了一直支持、鼓励我们团队进行环境史及生态文明研究的云南大学林超民教授、尹少亭教授的指导及帮助，他们对田野调查给予了悉心指导，在此谨表示诚挚谢意！

本书是原西南环境史研究团队中各位参与调研的访谈人集体努力的粗浅结果，凝聚着受访者对滇池保护治理的系统认知和深入思考。从滇池口述环境史田野调查启动到调研日记和资料的整理，原西南环境史研究所滇池口述环境史调研团队的耿金、袁晓仙、杜香玉、米善军、巴雪艳、邓云霞、徐艳波、唐红梅、张娜、马卓辉、杨勇、吴亦婷、杜京京、万刘鑫、张瑜萱、李红霞及云南省社会科学院民族文学研究所曹津永研究员，还有一些未能一一列出名字的师友，也为滇池口述环境史的调查研究付出了辛勤努力和汗水，谨表感谢！

受访的老师，有昆明市滇池管理局离退休办公室主任文维先生、昆明学院马克思主义学院院长董学荣先生、昆明市政府决策咨询中心专家库专家（《滇池志》办公室）刘瑞华先生、昆明市滇池管理局副调研员何燕女士、昆明市滇池管理局宣教处处长张佳燕女士、昆明市官渡区福保村村民徐凤保先生、昆明市西山区浪泥湾村村民姜牙所先生、昆明市呈贡区江尾村村民杨智新先生、昆明市晋宁区牛恋村村民李有功先生和张卫先生、昆明慕尚精品酒店张伟先生、昆明市滇池管理局（市滇保办）总工程师（副县级）余仕富先生、昆明市滇池湿地瑞丰生态园赵志恒先生、昆明市五华区绿化管护队阴光裕先生、昆明市大观河篆塘公园段水道清洁工人江干先生、昆明市滇池管理局宣传教育处何星逸先生、昆明市滇池高原湖泊研究院副院长韩亚平先生、《滇池志》纂修办公室等人对滇池口述环境史的调查研究给予了鼎力支持……还有很多未能一一列举单位和姓名的受访老师，在百忙之中耐心细致地为团队成员讲述了内容丰富的滇池生态环境保护史实，在调研成员面前展现出来一幅幅环境变迁及生态治理的历史画卷，我们对此心怀感激，并诚挚地祝福这些为滇池环境史保护及生态治理做出过积极贡献，在水域环境史上留下印记的老师们一切顺利！

云南省社会科学院施磊对书稿进行整理和编排，杜香玉博士后在论文集的出版过程中与出版社进行沟通联系，特此致谢！

周琼

2022 年秋于北京